"健康中国"心理系列

温柔
影响
力

周壹

❤❤❤

著

中国出版集团

中国民主法制出版社

全国百佳图书
出版单位

图书在版编目（CIP）数据

温柔影响力 / 周壹著 . — 北京：中国民主法制
出版社，2025. 4. — ISBN 978-7-5162-3897-4

Ⅰ. B84-49

中国国家版本馆 CIP 数据核字第 2025WF7798 号

图书出品人：刘海涛
出 版 统 筹：石　松
责 任 编 辑：刘险涛
文 字 编 辑：高文鹏

书　　　名 / 温柔影响力
作　　　者 / 周　壹　著

出版・发行 / 中国民主法制出版社
地址 / 北京市丰台区右安门外玉林里 7 号（100069）
电话 /（010）63055259（总编室）　63058068　63057714（营销中心）
传真 /（010）63055259
http: // www.npcpub.com
E-mail: mzfz@npcpub.com
经销 / 新华书店
开本 / 16 开　710 毫米 ×1000 毫米
印张 / 18　　字数 / 285 千字
版本 / 2025 年 4 月第 1 版　　2025 年 4 月第 1 次印刷
印刷 / 廊坊市金虹宇印务有限公司

书号 / ISBN 978-7-5162-3897-4
定价 / 68.00 元

在韩国电视剧《请回答1988》中，有这样一个场景一直在我的脑海里反复出现。德善和姐姐在平日里的相处中，经常因为各种小事争得面红耳赤，大打出手也是常态。

她们的奶奶去世后，她们一起乘坐巴士去奶奶家。路上，德善的脑海里浮现出奶奶对她的各种偏爱，再想到最爱她的人以后都不在了，她开始轻声啜泣。突然，她被姐姐轻柔地搂入怀里，低声哭泣在姐姐的怀抱里，随即变成了号啕大哭。原来，被爱呵护的人，即使脆弱，也能在爱的力量里，肆无忌惮地脆弱。

我想，这应该是一种温柔吧，不是言语上的安慰，是在你难过时，给你我的肩膀，让你即使想哭，也能不压抑地哭出最大的声音。

序

那天周壹把书稿发给我时，我正被学生的一堆论文压得喘不过气。本想随便翻两页应付，结果目录里跳出来的几个标题，像小钩子似的拽住我的眼睛。我半开玩笑给她发消息："这几个标题要是能自圆其说，在我这儿你就算是通关了！"没想到她立马打来电话，用她对这本书的理解和相关知识的涉猎，成功引起我读这本书的兴趣。回想起她在学术道路上一路走来的模样，每一步都走得坚定且扎实，付出了超乎常人的努力。阅读是她的常态，从社会学跨到神经科学，再到畅销小说，都会看到她厚厚的注解和笔记。正是这份柔韧的坚持，让她笔下"温柔的力量"有了真实的重量。

这本书没有华丽的词藻，而是用涓涓细流般的文字，带着读者重新思考"力量"的模样。它把"温柔"从鸡汤文学里拽出来，放进了柴米油盐的生活现场。比如，人群里悄悄"卷"起的善意；又如，班主任用一句"我知道你很难过"代替批评，反而让叛逆期的孩子更容易被抱持。这些故事像邻家姐姐聊天般娓娓道来，却藏着锋利的思想：温柔不是软弱，而是另一种破局的智慧。她甚至把心理学实验室里的"心灵钥匙"搬进书里，让大家共同体验共情是如何激发出人们心中的善意的。作为她的博士生导师，我特别欣慰她把艰深的社会认同理论，翻译成人人都能懂的"温暖经济学"——当你给世界善意，世界会连本带利还给你。

当然，年轻作者的第一本书总带着青涩的印记。若要说遗憾，大概是周壹太急着把"温柔"捧到所有人面前，反而忘了给它穿上铠甲。就我个人的感受，书中的部分论述还可以在结构上再做些调整，或许在某些观点的展开上可以更深入一点，比如，多引入些跨领域的案例或者数据支持，这样论证会更加有力，也能让读者的理解更加深刻。同时，我也觉得在某些段落中，如果能再简洁一些、语言更精准，可能会让整体内容更为紧凑，更能抓住读者的注意力。不过这些留白，反倒让我对周壹未来的写作充满期待。就像她写到的溪流，暂时绕过巨石不是为了退缩，而是在更开阔处积蓄奔涌的力量。

读完整本书，突然想起初见周壹时，她总担心自己做不好学术，如今她却用这本书证明：真正的思想不必张牙舞爪。那些熬过的夜，在文献堆里埋过的岁月，最终酿出了她字里行间的暖意。在这个人人争当"人间清醒"的时代，她偏偏写了本"人间温暖"，像寒冬里悄悄围上你脖子的羊毛围巾，不喧哗，却让人从心里暖和起来。如果非要给这本书下个定义，我想它应该是块圆润的鹅卵石，在时光长河里磨亮自己的光，顺便把湍急的水流，抚成温柔的漩涡。

愿每个与这本书相遇的人，都能在平凡日子里，活成温暖他人的存在。

中国科学院心理研究所学术帅才研究员、国家级教授
中国科学院心理健康服务体系首席科学家、博士生导师

张向阳

2025 年 2 月

　　偶然间，我在一本书中读到一句话："温柔的人有福了，因为他们必承受地土。"我们习惯地认为，能够"承受地土"的人必定是强硬的，是那些无所畏惧、勇往直前的人。但本书却提出了一个全新的视角：那些真正能够改变世界、拥有深远影响力的人，往往是温柔的。

　　温柔不是软弱，它是一种强大的内在力量。影星林志玲，因其台湾语调常常被误解为纤弱易碎。但她曾在一次采访中说道："温柔也是一种力量，是很好解决问题的方式。"这句话让我深刻感受到：温柔从来不等于退让或者妥协，它是一种智慧的力量，是通过理解与包容去化解矛盾、触及心灵的方式。温柔就像涓涓细流，不争不抢，但却悄无声息地改变一切，改变人的心，改变世界。

　　在这个浮躁、焦虑、急功近利的时代，我们常常被外界的喧嚣与压力吞噬，温柔似乎变得越来越稀缺。每个人都在为了生存和成功拼命奔跑，却忽视了：真正的力量，并非总是在外界的竞争和胜利中体现，反而往往是在安静的陪伴、理解与包容中得以滋长。

因此，我决定写下这本书。希望在这个快速变化的时代里，能够有更多的人，记住温柔的力量，学会用温柔去待人，去理解，去宽容。而更重要的是，也希望我们自己能够在忙碌和焦虑中，找到那份属于内心的宁静与温柔，让它成为我们面对世界、面对自己的力量。在温柔中，我们能彼此安慰、彼此治愈，让世界变得更温暖。

目录

第三部分　如何在生活中运用温柔 / 201

第一部分

什么是温柔

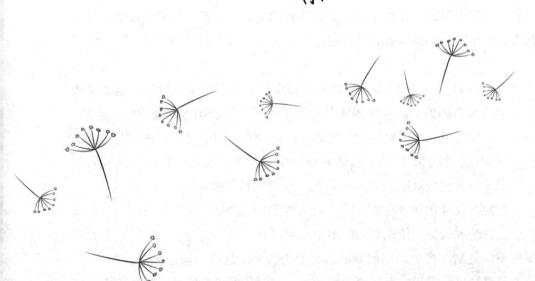

第一章 我眼中的温柔

> 温柔的力量可以改变世界，不是通过征服，而是通过触动心灵。
>
> —— 莎士比亚

治愈系动漫《夏目友人帐》里有一句话说："我想成为一个温柔的人，因为曾被温柔的人那样对待过，深深了解那种被温柔相待的感觉。"读到这句话的时候，我闭上眼睛，在心里琢磨我对温柔的定义。我想，温柔应该是一种无声却有力的温暖，如清风般轻轻拂过心头，让人不自觉地柔和了目光、安定了内心。

提到"温柔"，或许很多人会首先想到女性，想到母亲温暖的怀抱，抑或是女生柔声细语的关心。这些确实是温柔的表现，但温柔远不止这些。温柔，是一种内心的力量，一种对待世界的态度，一种不必用强硬的方式证明自己的自信。它深藏在我们的行为、言语和思想中。真正的温柔，超越了性别、年龄，甚至身份，它是对这个世界的善意，也是对生命的尊重。

小时候，我常在外婆身边打转。她虽然没有时时刻刻关注我的动向，但却用自己独特的方式向我传达着她的温柔。每当我背着书包去上学的时候，她总是不声不响地站在窗边，用慈爱的目光看着我渐渐远行。窗边无数次的驻足，藏着外婆眼神里的温柔；那轻轻挥舞的手，是对我无条件的爱。她从未用华丽的辞藻形容关心，也从未以庄重的仪式传达爱意，但她的温柔却在不经意间润泽了我幼小的心灵，让我对世界的认识多了一层柔软的色彩。

长大后，我在拥挤的城市中奔波，看惯了匆忙的脚步、冷漠的面孔，也曾以为温柔渐行渐远，难再重逢。然而，在一个阴雨连绵的清晨，我见到一位年轻人弯下腰，为困在雨沟边的小猫撑起一把雨伞；在繁忙的地铁车厢里，我看见一位白发老人努力侧身，为抱着孩子的陌生妇女挪出一小块立足之地；在春运的车站，我看见久别重逢的情侣，穿越人海望向彼此时，炙热又深情的眼神……这些无关财富与地位的小小瞬间，如同星光般闪烁在日常生活的暗角里，点点滴滴，照亮了我心中对温柔的坚持。

我眼中的温柔，不是任何一套可被量化的标准，它更像是人与人之间默契与理解的外化。它可能是外卖小哥提醒客户的一句忠言，是图书馆的管理员替迟到的学生留出的那个空位，也可能是朋友间彼此心照不宣的约定。温柔不仅仅是柔软的语气、清浅的笑容，更是体察他人难处的一份用心，是对生活、对自然、对一切有生命的存在抱持的一种珍视与关怀。这样的温柔，如同冬日的阳光，轻轻洒下来，不耀眼，却让人心安。

在我大学实习的那段时光，就曾感受过这样一种细微却有力的温柔，那是一种深深影响我至今的温暖。那时，我在一家中央媒体实习，恰逢单位刚创刊一本时尚杂志，我在其中担任编辑的工作。对于一个来自十八线开外的小镇女孩来说，时尚与奢侈品是完全陌生的领域。每逢例会，同事们总是热烈地讨论着她们的见解与创意，我只能坐在一角，默默聆听。看着每天装扮精致的同事们，再看看我——用不起昂贵的奢侈品，不会化妆，脸上时不时冒出的青春痘，仿佛都在提醒我，这里不属于我。那种严重的自我怀疑，让我从外貌到身心都陷入一种深深的自卑与焦虑之中。无数次结束一天的工作后，我关上电脑，呆坐在桌前，任由心里的挫败感一阵阵卷席着提醒我：生而为人，我很抱歉。在我满怀信心憧憬的职业生涯里，我感受到的尽是一个小镇女孩为了留在大城市的无奈与酸楚。

实习单位提供宿舍，我和另一个女孩各自有一个房间。虽然我们一起工作，也住在同一屋檐下，但平日里的交流甚少。还在校园的时候，我的生日通常会与私交好的同学以简单却热闹的方式度过：便宜而美味的串串火锅，小小的蛋糕，在穷开心的热闹氛围里拉长冬日的温度。毕业后，大家各自忙碌，曾经的"常联系"化作逢年过节才不紧不慢抵达的问候。锋利的时光，将过往的热闹切割成了如今的冷清。新一年的生日如期而至，而我囊中羞涩，身边无友，宿舍里仅有的一张小床是我在这座城市唯一的据点。冷风从窗缝中渗入，伴着工作的烦闷与刺骨的寒冷，放大了我思家的心绪。

那天，是我生日的日子。我如常拖着满身的疲惫回到住处，刚想放点音乐蜷缩在被窝里，门口传来敲门声。打开门，一个大大的生日蛋糕跃入我的视线，上面写着："生日快乐，小壹壹"。端着蛋糕的是那位平日里光彩夺目的同事，她微笑着对我说："我记得今天是你的生日，想给你一个惊喜。"看着那么美丽的同事，听着那么温暖的话语，我鼻子一酸，赶忙背过身，邀请她进屋。原来，如此平凡，甚至有些破碎的我，也能在这座城市的一隅被温柔相待。那一刻，那几个简单的字和那束烛光，如同一件光芒柔和的披肩，为我单薄的身心披上华美的温暖，让我重新感受到希望的温度。

从那天起，我深深觉得，温柔也是一种力量。它在我们的心间种下柔软，开出一朵有力量的小花。同事的善意让我明白，尽管有时生活会让我们感到无助和渺小，但总有一些人，用他们的温柔和用心，提醒我们这个世界的美好。正因为我被如此温柔地对待过，我也更愿意将这份温柔传递给他人。愿我们都能在这个世界里彼此温柔以待，在无声中感受生活的暖流。

那天以后，我不再一味沉溺于自卑与挫败的泥沼，而是尝试去感知周遭的善意，并在他人需要时传递出一丝温暖。温柔的力量悄然无声，却宛如蜿蜒河流，在人与人的心间流动。我们并不需要多么伟大的举动，只是一个微笑、一句关心，或许就可以改变别人的一天，甚至是一生。温柔，是一种温润的力量，使我们在这个偶显冰冷的世界里，找到彼此的连接，找到继续前行的勇气。因为温柔，我们看见了彼此心中最柔软也最有力量的部分。

正如那天，我站在门口，看着她举着蛋糕，笑容如春风般让我懂得：温柔悄然藏在人们的举手投足间，就像傍晚的余晖，柔和却不夺目，温暖却不炽热。它让一个在陌生城市孤独无助的女孩，重新找到了生活的温度。它让我相信，温柔是一种传承。当我们在他人那里感受到温柔，就会不自觉地用同样的柔光去照亮更多的生命。温柔或许微小，却有力量在一代又一代人的心中汇成河流，生生不息地滋养我们共有的人性与善良。

第二章 外界如何看待温柔

温柔的力量，不是软弱，而是无所畏惧的接纳与包容。

—— 温斯顿·丘吉尔

温柔，这个词在人们心中往往被涂上一层柔和、细腻的底色，犹如一阵悄然而至的春风，带来安宁与慰藉。的确，温柔的人仿佛天生就能化解紧张，将疲惫的心灵轻柔地抚平。然而，从外界的反应看来，温柔并不总是积极的。它常常被视作一种不带攻击性的特质，似乎与强大和果敢相距甚远。社会中有一种潜在的观念，认为只有强硬、果断的人才能在竞争激烈的环境中脱颖而出，而温柔常常给人一种"软弱"的印象，不足以在风云诡谲的世界里独当一面。

职场就是这样的一面镜子。在很多工作环境中，强势、果敢、决断似乎才是胜出的通行证，而温柔则显得"轻飘飘"。我有一位朋友，她工作踏实认真，从未出过纰漏，对待同事友好礼貌。然而，在事关重要决策的会议中，她的建议却屡屡石沉大海，总被忽视。只因领导们更倾向于那些表达强烈、有"杀伤力"的人。在领导的眼中，她的温柔似乎被视为不够"有力"，无法迅速做出决断，也没有表现出那种紧迫感和强势。所以很多时候，温柔也常常被认为是"慢性子""行动力不足""好欺负"的代名词。

不只在职场，家庭关系中对温柔的误解也甚为常见。曾经的我，在爸爸妈妈眼里，过于柔和，不够机敏，不适合开车。他们常常以"视力不好"否决我想考驾照的念头，却不知这背后暗含的是对我性格的质疑。我那时很想反驳：谁规定了只有强悍的人才能应对路上的突发状况？温和并不意味着迟缓，恰恰可能让我们更专注、更冷静。可那时的我，没有底气回击父母的话语，只能任由一股无力感在心底翻涌。

长大后，我才渐渐明白，我其实一直是那个为了赢得关注与爱意而听话的"乖孩子"。也只有我知道，在这层外衣下，裹着一颗倔强的心。我在家里排行老二，我们当地有句方言："偏大的，惯小的，中间夹个不好的。"我常常觉得，爸爸妈妈似乎更偏爱姐姐和妹妹，我只有听话、懂事，才能获得爸爸妈妈的关注。于是，温柔成了我获取爱的保护伞，那是我在家里生存的方式。不过，正是因为这种"乖巧"，让我看到了一个事实：外界对我们的期待和我们真正的内心之间，常常有一段无法跨越的距离。那种距离，可能会压得我们喘不过气，但也正是它，锻打着我们的行动力，迫使我们勇敢地迈出下一步，去破除世俗的偏见与成见。

于是，当我大学毕业、领到人生第一份工资时，我毫不犹豫地报考了驾照。这不仅是一次技术的尝试，还是我对自己的重新定义。拿到驾照后，我拼命攒钱，买下自己的第一辆车，在国庆假期里独自驾驶 1300 公里，来回穿梭于路途与思绪之间。抵达家中后，我带着父母四处游玩，用实际行动一点一点瓦解了他们心中根深蒂固的偏见。是的，我做到了！当我握住方向盘的那一刻，我突然明白，柔和和坚韧，并不矛盾。温柔，不是软弱，而是一种温和的坚持，它披着细腻的外衣，却有着强大的韧性。这种"温柔的坚韧"，会延展你向前走的距离，帮你走出一条属于自己的路。

我们常常会把"温柔"和"坚韧"看作是对立的，觉得柔和就是脆弱，坚韧就是强硬。但其实，真正的温柔，是一种深藏的坚强，能悄悄地推动你，去突破所有限制，去做自己真正想做的事。这一路走来，我知道，真正的力量，不是别人给你的评价，而是你敢于打破那些自我设限，去做内心深处真实的自己。只要你愿意，你就可以成为自己想要的样子，哪怕是从一个小小的驾照开始。

不管外界如何看待温柔，我们都可以在坚实的脚步里，将它化为内心深处的力量。温柔，是一股缓缓流淌的清泉，它不会大声宣告自己的存在，却能在漫长的旅程中赋予人以耐心与信念，让我们在无声的成长里学会坚持、懂得柔韧。或许这才是真正的"强大"：不以嚣张取胜，而以柔和的力量，悄然向前。

第三章 摘下温柔的人格面具

> 温柔不是缺乏坚韧，而是在坚韧中仍保持着一颗细腻的心。
>
> —— 马克·吐温

在生活里，我们常常会遇到这样的一些人，他们表达同意的方式永远是"我都可以啊""你们定就好了""好像我都挺喜欢的"……表面上看，他们似乎总是表现得温和、随意，愿意满足他人的要求，我们也常常认为他们是温柔的，但这些语言的背后可能是他们为了避免冲突、保持和谐关系而牺牲掉的自己的真实需求和感受。这是在顺从的庇护下，形成的一种害怕被拒绝的"温柔的假象"。

这种"温柔的假象"通常源于早期对爱和认可的需求。如果一个人在成长过程中学会了只有通过迎合别人才能得到接纳和爱，那么他们可能在成年后也会延续这种行为。温柔变成了他们的防御机制，目的是避免感到被抛弃、被拒绝或无法融入。他们的内心其实可能充满了焦虑、恐惧，甚至自我怀疑，但他们通过外表的温和来掩饰这些感受。

我就有这样的一位来访者，暂且称他为李先生吧。他的服饰很讲究，总是给人一种温文尔雅、绅士又体贴的感觉。他在表达自己的时候，会特别注意自己的语调、言辞和形象，在与他的多次交谈中，我始终觉得他和我的距离太过于疏远和客气，以致咨询已经过半，我们还没有走到问题的中心。在与他的对话中，我了解到他的妻子就被他的这种柔和及绅士风度深深打动。恋爱期间，他的体贴和细腻几乎无时无刻不让他的妻子感到被珍惜。他会为他的妻子做饭，带她去旅行，甚至在她心情低落时停下手头的工作去陪伴她。他的妻子时常会在自己的朋友圈晒幸福，也曾在她的朋友圈写下置顶文案："我今生最大的幸福就是遇见了我的李先生，他的责任感和稳定的情绪让我每时每刻都感觉被爱包围着，我想大声对他说，谢谢你，我的李先生，希望下辈子早一点遇见你。"

然而，随着时间的推移，李先生的这种温柔似乎渐渐变成了一种负担，尤其体现在他母亲和他妻子的冲突中。这种反差让李先生自己也开始感到困惑和痛苦。这也是第一次，他因为实在忍受不了内心的煎熬，终于敞开内心与我谈论他家庭关系的一次小突破。

温柔的面具：他想取悦所有人

李先生总是把"温柔"和"顺从"混为一谈。在他看来，作为丈夫，他的责任就是避免让妻子不开心；作为儿子，他的责任就是满足母亲的期待。所以，每次妻子和母亲发生冲突时，他总是试图通过"和事佬"的方式来化解矛盾，不愿意站队。他会说："我们大家都冷静一点，不要争吵。"又或者说："你们说了算，我没有意见。"这些话听起来像是温柔的调解，实际上却是一种回避冲突的方式。

最初，妻子并没有在意李先生的这种做法，反而会站在他的角度不断自责自己。但渐渐地，她开始感到不安。每次发生争执时，爱人的沉默和回避让她觉得自己是孤立无援的。当她需要丈夫的支持时，他总是退缩，避免表达自己真实的想法。她开始抱怨："你怎么总是对我和你妈妈的关系沉默不语，在我这么痛苦的时候，我多么希望你能站在我这边，哪怕只是简单地表达支持。"

婆媳关系的恶化：无立场的李先生

随着时间的推移，李母和妻子之间的关系变得越来越紧张。只要她们在一起，就免不了唇枪舌剑，李先生总是努力充当调停者，尽量避免让任何一方不开心。可是，这种行为并没有缓解矛盾，反而让婆媳关系越发恶化。妻子觉得自己被忽视，她的意见和感受在李先生面前总是得不到重视；而李母则觉得，李先生对妻子的宠溺让她在家庭中失去了地位和话语权。

有一次，李先生的妻子在家庭聚会中和婆婆发生了激烈争执。李先生本能地想要帮助妻子，可实际行动却是沉默，他默默地看着两个人争吵。当妻子又一次怒气冲冲地问他"你为什么就不能站在我的角度帮帮我"时，李先生无言以对，只能低声说："我没有意见，你们自己解决。"在妻子收拾好自己的物品，提出离婚，冲出门去的那一刻，他才突然意识到，原来自己一直佯装的"温柔"早已丧失了立场，甚至对于自己的妻子来说，有些冷漠和残忍。他盯着墙上的那张结婚照，第一次有了想通过改变自己挽回妻子的强烈想法。

内心的挣扎与反思

随着我们咨询的逐渐打开，李先生终于开始反思自己过去的行为。他说，他对妻子和母亲的"温柔"并不是无条件的关爱，而是一种回避冲突、避免做决定的懦弱。他还说，他一直让自己伪装得很绅士，就是害怕面对矛盾，害怕自己做出的决定会让某一方不开心。

带着有意识的觉察，他开始尝试改变自己的方式，不再一味地回避问题，而是学会了在尊重他人的同时，勇敢表达自己的立场。他找到妻子，和她一起坐下来坦诚交流。他说："我深爱着你，但是我却没能在你真正有需要的时候帮助你，我理解你现在的感受，但我也有我的想法。我希望我们可以共同努力，找到一个平衡点，尊重你的同时也尊重我的母亲。"他也开始和他的母亲开诚布公地进行沟通："妈妈，我知道你对我的妻子有很多不满，你们都是我爱的人，所以我希望能得到你的理解和支持，你们都是我生命中非常重要的一部分，我希望我们是完整的，不可以分割的。"通过这种方式，他不仅慢慢获得了妻子的理解，得到了母亲的支持，还逐渐找回了失去的自我。

从"温柔"到"坚定"的转变

后来，他邀请他的爱人也加入咨询，在我们的共同努力下，他的家庭关系逐渐有了改善。他的妻子开始感受到他更多的支持，而李母则默默退出了他们的小家庭，给了他们足够的空间。三个月后再见到李先生时，他的妻子挽着他的胳膊。李先生说："我终于摘下了我的面具，做自己的感觉太好了。"在挥别的手中，我目送了一对璧人美好的身影。

当我们长期带着假性温柔的面具时，我们会变得容易敏感，怕一不小心说错话，怕别人投来厌恶的目光，怕别人不再喜欢自己。这样的做法短时间内，让我们达到了一种自洽的状态；时间久了，就容易形成"讨好型人格"或"回避型人格"，让我们越来越无法接受自己真实的一面，从而无法和他人建立长久的深层的关系。所以，适时地摘下自己的面具，让那把"温柔的刀"在自己的手里游刃有余。

第四章 不同文化中的柔情力量

温柔是一种文化，它不通过外力强加，而是通过人心的变化逐步渗透，最终成就文明的伟大。

——罗曼·罗兰

温柔，这个看似简单的词汇，蕴含的却是深刻的文化内涵。在不同的文化背景下，温柔有着不同的表达方式和理解方式。尤其在东方与西方的文化中，温柔被赋予了各自独特的面貌，尽管它们都与关怀、体贴和情感表达紧密相关，但在背后的文化价值和社会期望中，却展现出了显著的差异。

东方的温柔：内敛的力量

在许多东方文化中，温柔不仅是一种美德，还是一种自我克制和隐忍的力量。它往往表现为含蓄、内敛，甚至是默默的忍耐。尤其在中国文化中，温柔常常与"柔顺"紧密相连，更多体现为对长辈的尊重、对家庭和谐的维护。温柔的人往往不轻易表达自己的情感和需求，而是倾向于通过细腻的观察和行为，去感知和照顾他人。

例如，在家庭中，母亲或妻子常常是"温柔"的象征，她们以无言的方式照料家人，为了维护家庭的和谐，她们愿意牺牲自己的一部分。这样的温柔，往往不言自明，它更注重的是"做"而非"说"。这种柔软的力量，似乎是一种隐性影响，不在表面，却能悄然改变周围的世界。

孔子作为儒家学派的创立者，被认为是东方文化的代表，他的温柔更多体现在他对弟子的教诲与对社会的影响上。孔子提倡"温良恭俭让"，其中"温"就是温柔的替代，但这温柔并不是柔弱，而是通过智慧与包容来影响他人。他的温柔是一种深邃的理性，他教导弟子要以宽厚的胸怀来接纳不同的声音，而不急于评判。孔子的温柔是沉默的力量，它通过谦逊与宽容，塑造了中国几千年文化中的道德标准。

以柔克刚的柔韧之力

《道德经》中有言："天下之至柔，驰骋天下之至坚。"所谓"至柔"，并不是软弱无能，而是能顺应万物、滋养万物的柔性之力。例如，水的特性，看似柔软，却能滴水穿石，不断冲刷岩壁。因为它能够顺势而为，不与万物相争，所以能够长久地改变坚硬的事物。再如，竹的启示，竹子中空，如同虚心，风吹来时能够随风摆动而不折断，正因其柔韧，才得以稳固生长。

这里的"柔"，更多是对天地、对人生的谦虚态度：不以主观意愿去强行改变外界，而是汲取自然之势，行于天地之间。这种"不争而能取胜"、不以霸道或刚强压人的力量，在人际交往乃至治国理政上，都蕴含着极大的智慧。

仁者爱人的温柔与慈爱

孔子的核心思想之一就是"仁"，其外在表现便是一种温柔敦厚、与人为善的力量。孔子主张"己所不欲，勿施于人"，即保持对他人的关怀与尊重。对于孔子而言，温柔并不代表退让和牺牲，而是对他人内在需求和价值的尊重，也是提升自身修养的重要途径。仁是人与人之间的情感纽带，强调尊重、体贴与礼让。当孔子讲"温柔敦厚"时，指向的是内在心性的涵养与对人、事的深刻理解。

因为懂得尊重他人、体谅他人，所以即使面对冲突，也能够先控制自己的情绪，秉持礼仪和善念去化解，而不是一味使用强力去对立。这种温柔所起到的是润物细无声、潜移默化的积极作用。

慈悲为怀的仁慈和悲悯

慈悲也是一种温柔之力。"慈"是给众生带来欢乐，"悲"是拔众生的痛苦。当人们能生起慈悲心，就能自然而然地生出宽容和柔软之心，与外界和谐相处，减少对立与冲突。它是通过修习观照自心到达观照万物的过程，会让人懂得以更柔和的方式与外部世界互动：先平息内在的执着和躁动，再于平和安定的心境中面对各种境遇。

慈悲心像一股清泉，能够滤去烦恼和嗔恨。与人相处时，若能够深切体察他人痛苦、共同面对问题，便能形成温暖而坚实的支撑。当社会或群体面临种种困难，慈悲与温柔往往能带来疗愈和团结，使得更多人愿意相互关怀、互相扶持。

东方文化中所推崇的温柔，不是一种外在的、被动的软弱或附和，而是一种与天地万物同频的通透之境。它源自对自然法则和生命规律的洞察，来自对自我内心的修炼与仁爱之心的培养。温柔如水，看似柔弱，却能赋予人们温暖与宽容，也能在人我之间化解矛盾，引领我们走向和谐与共生。正如古人所言"以柔克刚"，唯有真正理解与践行"温柔"，才能体会到那内敛而深沉的力量，在人生的舞台上生出更为深远的影响。

西方的温柔：显性与开放

与东方的温柔相比，西方文化中的温柔更为显性和直接。在西方，温柔不仅仅是一种情感的表达，也是对他人关爱的行动。西方文化中，温柔更多地强调通过言语和行为，清晰地表达对他人的关怀与支持。与东方温柔的内敛不同，西方的温柔更加开放、直接，常常体现为愿意表达自己情感的勇气和主动去帮助他人的决心。

例如，西方社会中提倡通过言语表达爱意，无论是在亲密关系中，还是在友谊和家庭中，温柔往往意味着坦诚、包容和关怀。它不仅仅是通过细腻的行动来表现，更是通过语言的力量，让对方感受到被重视、被珍视。这种表达方式无疑更具有外显性，给人一种温暖透明的感觉。

英国前首相温斯顿·丘吉尔，以坚韧不拔和激情四溢的演讲著称，然而他也有着不为人知的温柔一面。丘吉尔在第二次世界大战期间，虽然以铁腕手段领导英国，但他对下属、对家人及对民众展现出极大的关心和体贴。特别是在战时，他时常通过信件鼓励士兵、安慰民众，并在战争结束后为老百姓建言献策，帮助他们重建家园。丘吉尔的温柔表现在他的宽厚与关怀，他理解人在极端压力下的脆弱，也愿意为他人付出。

中世纪欧洲的博爱精神

在中世纪的欧洲，各种慈善机构的建立对社会文化有着深刻的影响。例如，开办医院、建立慈善机构，都成了"温柔之爱"的具体体现。相较于王权和骑士文化的强硬与征服，慈善机构的怜悯与关怀，展现出人性温暖的一面，成为人们彼此关心与帮助的道德指引，同时塑造了欧洲社会中日益增强的同情心与仁爱精神。

文艺复兴与启蒙运动：从人文关怀到理性仁慈

文艺复兴时期出现的人文主义将人的价值与尊严放在中心地位。诸如伊拉斯谟、托马斯·莫尔等人文主义学者，提倡宽容、互助与理性的对话。在追求科学与艺术的同时，他们将"对他人温柔"视为一种文明的标志。他们强调教育与文化修养能够培养人们的善意与关怀，从而使社会更加和谐。

启蒙运动时期，伏尔泰、卢梭、康德等思想家在强调个人自由与理性的同时，也十分注重社会的仁慈与正义。卢梭在谈论人的本质时提到"怜悯心"，认为这是"人之为人的最基本情感"。

亚当·斯密在《道德情操论》中探讨了"同情"和"共情"的重要作用，温柔、善良和对他人感受的体察被视为社会融洽的重要前提。在这个时期，温柔更多地与理性相结合，通过对理性的追求来指导人们的情感表达，从而形成一种更稳固、更有深度的社会关怀。

浪漫主义与现代思想：情感的解放与对"柔软"的呼唤

18世纪末至19世纪初，浪漫主义运动蓬勃兴起（代表人物如华兹华斯、拜伦、雪莱等），它强调个人感受与主观情感的重要性。在对自然、诗歌与个体内心的探索中，"温柔"不再只是理性的产物，更成为一种灵魂深处的柔软，是对美与爱的极度敏感。

对自然的赞美、对个体悲喜的关注，都流露出浪漫主义者对人性与情感深切的珍视。在这一思潮下，温柔被当作抵抗社会机器化、冷漠化的力量，唤醒了人们对纯真与善意的渴望。

随着20世纪心理学的兴起，荣格、罗杰斯、马斯洛等人开始关注人的内在需求、潜能与尊严。他们指出，真正的自我实现与健康人格往往离不开温柔、关怀和同理心。卡尔·罗杰斯提出"真诚、接纳与共情"是有效治疗与沟通的核心条件，温柔的态度对于修复内心创伤有关键作用。情商理论则进一步倡导人在职场、社会生活中，应学会觉察并温和地表达自己的情绪，以建立良好的人际关系与团队氛围。

在21世纪的管理学和组织行为学中，越来越多的研究表明，强势独裁式的领导往往难以长久保持团队凝聚力。相反，领导者若能以温柔、包容和支持的态度，倾听下属、尊重差异，就能增强团队的忠诚度和创造力。如今，西方社会十分重视心理健康领域的研究与实践，从冥想、正念到临床心理学，都强调自我关怀与接纳的重要性。温柔地对待自己，不再被视为"娇气"或"软弱"，而是身心健康、情绪稳定的基础。

在西方文化的多元发展中，"温柔"贯穿着哲学、文学及心理学等各个领域。它不是对抗与冲突的象征，更不是软弱与无能的代名词，而是人性光辉的一种外化与呈现。古希腊人把温柔视为与理性和谐相处的美德。慈善机构则以"爱与怜悯"的宗旨塑造了温柔的信仰核心。启蒙与浪漫主义让温柔的概念在理性与情感之间持续生长。当代社会把温柔提升至个人与组织发展的关键要素，将其与同理、包容、合作等理念融合在一起。

温柔的力量，在于它可以像春雨一样"润物细无声"，既能舒缓人与人之间的紧张，也能帮助个人更好地与自己相处。这种品质不仅能让人更好地承受世间的挑战，还能让这个世界更富有理解、友善与光明。

文化与性别：温柔的多重面貌

无论是在东方还是西方，温柔常常与性别紧密相关，尤其与女性的角色联系在一起。然而，随着社会的发展，越来越多的文化开始打破这种性别化的界限。在东方，温柔几乎成了女性的代名词，尤其是母亲和妻子的角色，常常被赋予了"忍让"和"顺从"的意义。而在西方，尽管温柔仍然与女性形象挂钩，但随着性别平等观念的兴起，温柔也逐渐成为男性的特质之一。今天，越来越多的男性也开始展现出温柔的一面，这种温柔不再仅仅是"弱者"的标志，而是成熟、睿智和关怀他人的体现。

这种转变反映了文化对温柔的重新定义，不再简单地将其视为柔弱的象征，而是将其看作一种力量、一种情感深度的表现。无论性别如何，温柔都不再是"服从"的代名词，而是一种选择，一种智慧和力量的体现。

温柔的力量，穿越了文化的藩篱，影响着无数人。它不仅仅是个人的品质，更是社会进步的动能。无论是东方的静默力量，还是西方的直接行动，温柔都展现了它独特的魅力和不容忽视的影响力。温柔在东西方文化中虽然有着不同的表现形式，但它们都在各自的文化土壤中扎根发芽，滋养着人际关系和社会交往。

第五章 温柔背后的科学：心理学的力量

。温柔地倾听你内心深处的声音，才能真正认识和接纳自我。

——卡尔·荣格

在我成长的环境里，外向似乎是一种被默认的理想性格特质。从家庭到学校，再到社会，所有人似乎都在传递一种观念：只有活泼、开朗，才能在这个世界立足；而那些沉默的、内向的孩子，则容易被冠以"性格不好"的标签。

小时候的我，总能听到这样的言语："多和同学出去玩，不要总是一个人待着。""别那么闷，多主动点儿，别人才能喜欢你。"在这些语句的暗示中，仿佛内向是某种需要纠正的"缺陷"，而外向则天然具备吸引他人的光环。

这样的观念不仅存在于家庭教育中，还深深根植于学校的文化里。班级里总是有那么几个活跃的学生，他们自信满满，能迅速吸引所有人的目光。在家长眼中，他们是"社交能力强"的孩子；在老师眼中，他们是"容易合作"的学生；在同学眼中，他们是"有魅力"的存在。而那些性格内向、言辞寡淡的学生，则常常被忽略，甚至被视为不合群。

在我的学生时代，有一个女孩，她几乎成了所有人心中的"神话"。她是理科最优班里的第一名，却在跨班参加文科考试时同样夺得第一；她性格活泼开朗，和每一个同学都能相处融洽；她家庭条件优渥，据说父母和哥哥都是成功人士；她长得漂亮，笑起来甜甜的，嘴角有两个小梨涡，似乎上天为她打开了所有的窗户。

这样的她，是男生暗恋的对象，是女生争相模仿的榜样。连代课的老师们都对她赞不绝口，似乎她已经提前被成功选中，未来的道路一片坦途。当时的我和所有人一样，默默崇拜着她，甚至无数次在心里幻想"如果我是她"，我的人生是不是会完全不一样？更让我难受的是，这种崇拜让我讨厌极了自己的性格。她的活泼外向和我的沉默寡言形成鲜明对比。那种对比的伤害让我常常觉得自己就像一块灰扑扑的石头，敏感、易碎，无论怎么努力都只是一块破石头。

更让我困惑的是，在这样一个偏好外向的环境里，"温柔"似乎也常常与内向捆绑在一起。很多人认为，温柔是内向性格的底色，是某种被动的、不具备力量的性格特质。人们习惯用"温柔似水"来形容一个人的好脾气，却很少意识到，水能柔能刚，它的力量可以滋养生命，也可以冲破坚硬的岩石。

温柔被误解为软弱，而内向被误解为缺陷，这种双重偏见让我在成长过程中感到更加迷茫。我开始尝试改变自己，模仿那些外向的孩子，努力让自己看起来更活泼、更合群。可是每当独处时，那些刻意伪装的热闹又让我感到疲惫不堪。

直到我深入了解心理学时，才意识到，内向和外向并没有高低之分，它们只是人类性格的两种不同表现方式。内向并非一种需要"修正"的缺陷，而是一种富有深思熟虑与洞察力的特质。内向的人往往具有一种独特的优势——敏感。虽然敏感有时可能导致我们过度解读或情绪波动，但它同样能帮助我们更细致地观察世界，更深刻地感知情感的变化。

在心理学中，性格通常指的是一个人相对稳定的行为模式、情感反应和思维方式。温柔则被视为一种人格特质，体现了个体在与他人互动时展现出的亲和力、同情心、温暖与关怀等行为倾向。温柔与内向、外向的性格特征存在一定的联系，但这种联系并非单纯的因果关系，而是更为复杂的相互影响。内向和外向是人格五因素模型中的两个维度，分别反映了个体能量的来源及与他人互动的偏好。在这一过程中，温柔与这些维度交织，共同塑造了个体的独特人格。

内向者的温柔表现

内向的人可能通过更加细腻的情感表达和倾听他人来表现温柔。他们不像外向者那样主动寻求社交互动，但在较为亲密的互动中，他们能展现出极大的同理心和关怀。

内向型个体的温柔表现可能是安静的、内敛的，而不是通过活跃的社交互动来展现。这种温柔更侧重于细致入微的关怀和对他人情感的敏感。

例如，一个内向的人可能不会在聚会上主动与陌生人交谈，但他们在朋友或家人面前则能表现出深厚的关心与温柔，倾听对方的烦恼并提供支持。

外向者的温柔表现

外向的人通常更容易在人际互动中表现出温暖和亲切，他们的温柔可能通过热情、善意的互动表现出来，容易建立良好的第一印象。但需要注意的是，外向的人在社交活动中可能会显得更活跃和外向，这并不意味着他们没有温柔。相反，外向的人可能通过主动关注他人、给予关心、带来快乐和正能量的方式展现温柔。

例如，一个外向的人可能会在聚会中通过鼓励和安慰他人来展现他们的温柔，或是通过外向的表现来活跃气氛，传递正面的情感。

因此，内向和外向本身并不能决定一个人是否温柔，但影响他们展现温柔的方式。无论内向还是外向，都可以在不同的社交和情感环境中通过不同的途径展示温柔。

从心理学视角来看，温柔是一种在人际交往中具有重要作用的行为特质，常常被视为情感沟通的纽带，也是人际关系的润滑剂。无论在家庭、友谊中，还是在职场环境中，温柔都能有效缓解紧张气氛，增进信任与理解，从而促进社会和谐。然而，温柔并非仅停留在外在表现，它更深层地植根于心理学的诸多领域，如人格理论、情绪调节、社会心理学，以及神经生物学。因此，温柔不仅是个人行为的体现，还是维护心理健康与推动社会关系的重要力量。

温柔的心理学定义

在心理学的语境中，温柔可以从多个维度进行定义和解读。通常情况下，温柔被看作是一种积极的人格特质，也是一种情感状态或行为模式，既涉及个人对他人感受的体察，又与个人调节自身情绪和行为的能力密切相关。

温柔与人格特质

温柔作为人格特质的研究可以追溯到五因素人格模型，其中的宜人性是衡量个体温柔、合作与亲社会倾向的关键维度。根据五因素模型，宜人性包含几个方面。

同理心：感知和理解他人情感的能力。

合作性：倾向于与他人合作而非对抗。

温和性：避免冲突、避免伤害他人，以柔和的方式进行沟通。

善良与体贴：对他人展现出关心、友好和帮助。

宜人性高的人通常具有较强的温柔特质，表现出更多的理解、耐心和宽容。这些人在与他人互动时，倾向于通过支持和帮助来化解冲突，增进社会和谐。

温柔与情绪调节

温柔的一个核心要素是情绪调节能力。通过温柔的行为，个体能够调节自己的情绪反应，避免情绪失控和过度反应。温柔的人往往更善于管理冲突、表达情感和解决人际矛盾，从而减少负面情绪的积累，提升情绪稳定性。心理学研究表明，良好的情绪调节不仅有助于个体应对生活中的压力和冲突，还能提升人际交往中的亲和力。

情绪调节能力较强的个体往往能够通过低调的情感表达与他人互动，在社交中表现出更高的耐心和宽容，从而达到化解矛盾、增强合作的目的。因此，温柔也被看作是一种情绪调节的表现，是心理健康的标志之一。

温柔与社会心理学

在社会心理学中，温柔被视为促进社会关系和谐的关键因素。温柔的人更容易建立深厚的社会关系，且在群体中常常扮演着和解者和桥梁的角色。温柔的人通常具有较强的情绪共鸣能力，能够通过敏锐的情感识别和回应，减轻他人的不安和焦虑。

研究表明，表现出温柔的人往往在群体中获得更多的支持和信任。社会心理学的研究还发现，温柔不仅有助于个体的社会适应，还能提升群体的凝聚力和合作性。因此，温柔被视为一种促进社会和谐的社会资本。

温柔的生物学与神经科学基础

虽然温柔作为一种心理学现象与行为模式主要关注社会与情感层面，但近年来神经科学的研究表明，温柔的行为也有其生物学基础。温柔不仅仅是情感的表达，它的背后涉及一系列复杂的生物机制，包括神经化学物质的分泌、大脑结构的激活及激素水平的变化。

催产素与温柔

催产素，也被称为"爱的激素"，是温柔行为背后的重要生物学因素。催产素在建立信任、促进社会联系和减少社交焦虑等方面发挥着重要作用。研究表明，催产素的分泌水平与个体的同理心、关怀行为和温柔的表现密切相关。

催产素不仅在母婴依恋中起着关键作用，还在成人间的社会交往中发挥着重要作用。温柔的人往往具有较高的催产素水平，这使他们能够更容易地识别他人的情感，并做出适当的温和回应。

温柔与大脑区域的激活

神经影像学研究发现，温柔的行为与大脑中特定区域的激活密切相关。特别是前额叶皮层和杏仁核在情绪调节和社会行为中的作用。前额叶皮层负责控制冲动、调节情绪和进行社会判断，而杏仁核则是情感反应的关键区域。研究发现，温柔的人在面对情感决策时，前额叶皮层的活动较为活跃，而杏仁核的反应较为平稳，表明他们在情感调节和处理冲突时更具理性和耐性。

激素与温柔行为的关系

除催产素外，其他激素如皮质醇和多巴胺也在温柔行为的表现中发挥作用。温柔的人通常具有较低的皮质醇水平，表明他们的生理压力反应较低。此外，温柔的行为还与多巴胺的分泌密切相关，这有助于提升个体的幸福感和内在满足感。

温柔在心理健康中的作用

温柔不仅对社会关系有重要作用，还对个体的心理健康也有着深远的影响。心理学研究表明，温柔的个体通常具有较高的心理韧性、更少的情绪困扰，以及更强的幸福感。

温柔与心理韧性

温柔作为一种情绪调节的表现，有助于增强个体的心理韧性。心理韧性指的是个体在面对困境、压力和挑战时，能够适应、恢复和保持心理稳定的能力。温柔的个体通常能够在面对压力时，以更加温和和理性的方式应对，从而降低心理困扰。

温柔的人更擅长通过社会支持来应对困境，他们会主动寻求并提供帮助，从而建立更为稳固的社会支持网络。这种支持网络在面对生活压力时，能够为个体提供重要的情感缓解和心理支持。

温柔与幸福感

温柔与幸福感之间也存在密切的关系。研究表明，关爱他人、表现出温柔行为的个体，通常会体验到更高的幸福感和生活满足感。温柔的行为能够增加大脑中多巴胺和催产素的分泌，这些化学物质与积极情绪和幸福感密切相关。

此外，温柔的人往往拥有更为稳定和谐的人际关系，较少感到孤独及社交焦虑，这也进一步提升了他们的心理健康水平。

温柔在日常生活中的应用

温柔不仅是心理学研究的一个重要课题，在日常生活中也有广泛的应用。无论是在家庭教育、职业沟通还是心理治疗中，温柔都发挥着重要作用。

家庭教育中的温柔

在家庭教育中，温柔的父母通常能够与孩子建立更好的依恋关系，提供更有安全感的成长环境。父母的温柔不仅能够帮助孩子建立健康的自我概念，还能够培养孩子的情绪调节能力和社会适应能力。

职场中的温柔

在职场中，温柔的领导者和同事能够促进团队合作，减轻工作压力，增强工作氛围。研究表明，领导者的温柔风格往往能够提升员工的工作满意度和组织承诺，并减少员工的工作倦怠感。

心理治疗中的温柔

在心理治疗中，温柔的态度是建立信任和情感支持的基础。温柔的治疗师能够帮助来访者感受到安全和接纳，从而更开放地表达自己的情感和问题。心理学研究也表明，治疗过程中温柔的行为能够促进情感修复，帮助个体恢复心理健康。

从心理学的角度来看，温柔是一种多维度的心理现象，涵盖了人格特质、情绪调节、社会行为及神经生物学机制等多个方面。无论是作为个体的性格特征，还是作为一种情感表现，温柔都在促进人际关系的和谐与心理健康的成长中扮演着重要角色。温柔不仅能帮助个体更好地应对生活中的挑战，提升心理韧性和幸福感，还能够促进社会的和谐与共同进步。因此，深入理解温柔的多层面特性，不仅有助于提升个人的情感智慧，还能为心理健康的促进提供宝贵的理论支持与实践指导。

第二部分

人为什么要温柔

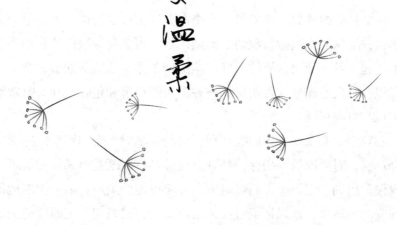

第一章 从怀疑到坚定——走出迷雾的第一步

怀疑是人类智慧的起点。

—— 亚里士多德

一、温柔与怀疑：在情感对立中寻找互补

一个初春的清晨，小阳第一次坐在咖啡馆靠窗的位置上，手中紧紧握着一杯热饮，细腻的奶泡微微颤动。此刻，她一边感受着浓郁的焦糖香气，一边在心中泛起一丝丝无法自控的怀疑：这次新工作、这些新同事，会不会再一次让她失望？她内心深处一直期待着一种温柔的理解和包容，却又时常陷入对人性的审视与自我怀疑。

心理学研究发现，人们往往在面对新环境时，会因不确定感而本能地提高"警戒度"，对周围的一切保持怀疑。这种怀疑，既是对未知的敬畏，又是一种自我保护机制。它提醒人们随时留意外部可能的威胁，最大限度地保障自我的心理安全。然而，如果怀疑过度，便容易为自己筑起一道厚厚的围墙，不仅阻挡了外部的伤害，同时还隔绝了潜在的温柔与支持。

温柔的外在与怀疑的内在

在小阳加入新团队的第一周，她遇到了部门的前辈——看上去十分和善的丽莎。丽莎经常面带微笑、语速温柔，每次与小阳说话都会称赞她的想法

新颖。一次午餐时，丽莎贴心地帮小阳选菜单，并告诉她："我也曾像你一样，刚进入职场时，很慌张。别担心，我们可以多交流。"然而，这个看似温柔的举动却在小阳心中激起一层涟漪：对方是不是带着某种目的？她真的愿意帮忙吗？还是事后会把我的想法"偷"走？一次看似简单的人际互动，暴露了小阳内在的对立心态：对于丽莎的热情，她感到舒适和渴望；但潜意识里又对"可能的背叛"心存戒备。

心理学研究发现，"温柔"能带来情感上的愉悦与信任，但"怀疑"又是保证自我边界的必要手段。事实上，这是一种看似对立但又能相互平衡的两极。当我们在社交中能够坦诚地表达出自己的感受，并同时留意自己的心理防御机制，我们就能在温柔与怀疑之间找到健康的平衡点。

对立与互补：亲密关系中的矛盾

不只在职场，亲密关系也常常被温柔与怀疑的对立包围着。想象一下，一个情感上渴望被关注与认可的人，因为过往的伤害，时常质疑对方的真心。当对方关心我们时，我们心里一面感到温暖，一面暗自怀疑："Ta 是不是哪天会离开？"当对方想要多一些独处空间时，我们又会不安地猜测："Ta 是不是不爱我了？"

有时候，那些频频出现的争执并不是因为对方做错了什么，而是自己内心没有处理好这份对立带来的不安全感。我们一面想要对方足够靠近，一面又担心被伤害，从而在相处模式中不断拉扯。心理学家鲍恩在家庭系统理论中提出，人际关系中往往存在一个"亲密—疏离"的张力，人们既需要独立，也渴望与他人连接，这种对立却又能够在互相配合和理解中达到某种平衡。

如何在现代社会找到那条微妙的平衡线

在信息爆炸和社交媒体高度发达的当下，人与人之间的交往变得更加复杂，现代人的焦虑与压力也因此随之加剧。我们一边用温柔的表达在朋友圈里展示自己的美好生活，一边却在内心深处埋藏了对他人评价的不安与怀疑。如何在怀疑和温柔里找到那个微妙的存在呢？

首先，我们需要觉察自己在温柔与怀疑、亲近与疏离之间的波动。比如，当你觉得自己在被对方"照顾"时，是否油然而生防卫感？学会静下心来记录这些想法，尝试区分理性判断与过度猜测。其次，在对外人保持应有界限的同时，学会运用合适的沟通方式表达自己的需求和不安。温柔不是毫无保留的付出；怀疑也不是彻底否定别人或自我封闭。当你感到被冒犯或困惑时，不妨温和、真诚地提出："我有点顾虑，能不能跟我解释一下你的想法？"让对方清楚地知道，你的质疑并不是攻击，而是出于理解和沟通的需要。再次，如果我们试着站在对方的角度思考，就会发现，很多被我们判定为"算计"或"不怀好意"的行为，或许只是对方在摸索如何与我们相处的方式。对方视角会让我们了解更多的可能性，也让我们看到对方和自己的互补之处。最后，"良性怀疑"可以帮助我们维持独立思考的能力，避免盲从；而"合理信任"则能让我们在社交中获得温暖和支持。在复杂的人际网络中，这两者并非非此即彼，而是一体两面。当我们既保留对不确定性的警惕，又能坦然地给予对方和自己机会，关系才能在冲突和磨合中稳步前行。

回到小阳的故事。新工作第二个月后，她慢慢学会在与丽莎相处时，适度地表达自己的疑惑，也尝试主动向她寻求帮助。某天，当丽莎主动邀请小阳参加团队项目时，她没有再一味地猜忌，而是给出了真诚的回应："我对这个项目特别感兴趣，你能告诉我更多细节吗？"两人的互动逐渐变得松弛而自然，原本的怀疑也在适度的沟通和接纳中，变成了安全感的来源。她们发现彼此的性格和思维方式其实能互相补充，让项目成果大大提升。

在当代社会，多元信息与高速变化让人与人之间时常处于"不确定"的环境里。温柔与怀疑，正如黑夜与白昼一样，是我们内心不可或缺的两种力量。它们在对立中彼此试探、彼此制衡，又在互补中相互融合，成为推动关系向前的动力。我们要做的，并不是选择其中的一端，而是在两者的张力中找到最适合自己的立足点，学会在对立中发现互补的美好。只有如此，我们才能在看似喧闹、实则孤独的现代生活里，获得一份踏实的安宁。

二、爱迪生与电灯：怀疑中的坚持，照亮世界的奇迹

在人类文明的长河中，总有一些名字如同璀璨星辰，照亮了人类前行的道路。托马斯·阿尔瓦·爱迪生，这位被誉为"发明大王"的伟大科学家，便是其中之一。他的故事，特别是他与电灯的不解之缘，不仅是一段技术的传奇，还是一次心灵的壮游，展现了在怀疑的洪流中，他以坚持为舟，驶向光明彼岸的非凡勇气与智慧。

怀疑与坚定：爱迪生的光明之路

在昏暗的油灯下，年轻的爱迪生顶着满头汗珠，依旧在狭小的实验室里忙碌。实验台上零散摆放着尚未完成的零件和半截烧焦的灯丝，空气中弥漫着金属与物料烧焦的混合味道。那是无数次失败的痕迹，也是他坚持不懈的见证。"夜晚愈加深邃，怀疑愈加汹涌。但正因为有怀疑，我才越发坚定。"他经常这样对自己说。

幼时的怀疑与被迫退学

爱迪生小时候就不被老师看好。因为听力问题和活跃的思维，他时常在课堂上显得"格格不入"。老师甚至怀疑他的学习能力，"他可能再也学不好任何东西"，老师在家长会上如此评价。可让人意想不到的是，他的母亲——南希·爱迪生却无比坚定。她选择将爱迪生带回家中，自行教导，用支持和理解代替了世人的偏见。多年后，回想起那段时光，爱迪生说："怀疑能够毁灭一个人的热情，但坚定却能创造无限的可能。"

数不清的实验与人们的质疑

走进爱迪生的实验室，总能看到这样一番景象：地板上堆满不同材料制成的试管和电线，墙角堆放着测试失败的记录本。在当时，几乎没有人相信他能够彻底改写照明历史。很多人嗤之以鼻，甚至讽刺道："世界上已经有煤气灯和蜡烛，还需要什么新玩意儿？"

爱迪生当然听到了这些嘲讽，但他并没有因此气馁。相反，他把这些怀疑的声音收入实验室的垃圾堆。"我从未失败，只是发现了一万种行不通的方法。"这是他无数次深夜自我鼓励时留下的"金句"。他相信，科学的道路从来都不是一马平川，需要一次次试错和再尝试。而怀疑，恰恰让他每一次迸发出更顽强的意志。

坚守信念：拨云见日的瞬间

在经历了无数次的试验之后，爱迪生终于找到了碳化棉线灯丝的最佳配方。当电流通过，灯丝发出柔和的白光，那是他第一次如此清晰地感受到内心的震颤：他用坚定穿越了怀疑，以点亮世界的方式回应了那些不看好自己的人。

街头巷尾迅速传开了消息：门罗帕克实验室的那一盏电灯，竟然能持续燃烧上百个小时。人们的质疑，渐渐被肯定和惊叹所取代。此刻，爱迪生向世人展示了什么叫"天才是百分之一的灵感，加上百分之九十九的汗水"。

怀疑的价值：自我突破的基石

回顾爱迪生的成长道路，不难发现，"怀疑"与"坚定"一直交织在他的生命之中。他成长于社会与周遭环境的怀疑，却用不断的努力和求知的渴望，证明了科学探索的伟大。他从不盲从权威或固有观念，反而利用怀疑进行深度思考，寻找更优解。这种大胆假设、严谨求证的态度，让他在电力系统、留声机等领域屡有建树。正如他所言："怀疑是燃料，能帮助我点亮新的思路；坚定是火焰，能将怀疑化作创造的能量。"在实验中，他敢于尝试各式各样的材料，数千次乃至上万次的错误教他不断修正方向。"失败不是终点，而是离正确答案更近了一步。"面对被社会和同侪否定时，他依然笃定地投入所有心血。"如果你希望梦想能照进现实，就请用坚持去滋养它。"他用行动为自己赢得了光明的未来。

怀疑，让我们不停地拷问自己：是否还有更好的方法？是否还有更广阔的路径？坚定，让我们在一次次受挫与失败中依然相信，只要再撑一把，再闯一次，或许就能抓住曙光。正因如此，爱迪生才走出了一条独一无二的光明之路。无论身处何时何地，我们都可以从他的故事里汲取力量：怀疑不是停滞的理由，而是前行的动力；坚定不是盲目的冒进，而是对梦想最顽强的捍卫。

三、怀疑的本质和影响：一场心灵的探索之旅

当夜幕低垂，一切喧嚣归于沉寂之时，我们常常会与自己进行一场无声的交谈。怀疑的声音从内心最隐秘的角落悄然浮现，考验着我们的信念与意志。这种怀疑，既像一把利刃，又似一面镜子。一方面，它可能割裂我们对世界的信任，将人推入踌躇与迷惘的旋涡；另一方面，它也能指引我们进行深层的自省，带来超越自我的觉悟与蜕变。

怀疑的本质：理性与恐惧交织的交响

从古至今，怀疑一直是思考者的利器。哲学家苏格拉底曾以"我唯一知道的，就是我一无所知"的名言，点出了怀疑本质中对"已知"的挑战。怀疑意味着对固有观念和既定结论的不满足，以及渴望探寻更深层真相的冲动。它如同夜空中一缕微弱但持久的光，刺破思维的黑暗，迫使我们正视内心的局限与无知。

然而，怀疑并非只依赖于纯粹的理性，也裹挟着恐惧和不确定感。心理学

研究指出，个体往往在重要抉择或崭新环境中产生"归因偏差"与"自我否定"，这是因为怀疑在提醒我们，现有的知识体系并不足以支撑我们驶向"安全"的彼岸。于是，我们一方面想要冲破自我设限，另一方面又在潜意识里被对失败、对未知的恐惧紧紧束缚。

怀疑的两面性：天使与魔鬼的博弈

怀疑，究竟是让人走向奋进的动力，还是困在自我怀疑的囹圄？答案往往取决于我们如何看待它，如何应对它。

天使的面孔：激发创造与求真

怀疑若与好奇心结合，往往能催生出最宝贵的创造力与探究精神。在科学史上，很多重大发现与发明，都源自对既有理论或常识的质疑。哥白尼、达尔文、爱因斯坦……无一不是站在"怀疑前人的肩膀"之上，才得以开辟属于自己的学术疆域。此时，怀疑是理性思维的火种，引领着人们不断跨越知识的边界。

魔鬼的面孔：吞噬自信与希望

当怀疑与恐惧联手，便会滋生"自我怀疑"的阴影。我们开始过分关注潜在的失败与批评，从而陷入一种停滞甚至倒退的状态。过度的怀疑会放大我们的负面情绪，一旦对自我能力失去信心，便难以迈出任何大胆尝试的步伐。"我不行，我肯定会失败"的念头，就像毒药一样潜移默化地侵蚀人们的意志。这时，怀疑从原本指向真理的向导，变成了阻碍自我肯定与成长的牢笼。

从怀疑到坚定：一场自我的修炼

面对怀疑的双刃性，我们究竟如何才能驾驭它，甚至反客为主？这就需要我们学会区分"建设性怀疑"与"破坏性怀疑"。建设性怀疑更多基于事实、理性和精进的需求，是对现状的反思及对更高目标的追求。破坏性怀疑则往往源于恐惧和自我否定，会阻碍行动或导致过度焦虑。认识到这两者的区别，我们就可以将怀疑转化为行动的动力。

当怀疑开始滋长，不妨问问自己：我究竟在担心什么？是不是还有办法去尝试和改进？每一次质疑都可以变成一次"证伪"或"再验证"的实验机会，通过行动来不断修正方法、完善思维框架。在这个过程中，我们既能保持对外部世界的好奇，又不会被内心的疑云束缚手脚。

真正的怀疑并不是全盘否定所有，而是先承认已有的成绩和能力，再去挑战更高的可能。

学会有效地寻求外部帮助。与值得信赖的朋友、导师或专家沟通，获得更多客观的视角与情感的支持。这样，我们在怀疑中依旧能找到肯定与力量，以保证前行的坚定性。

警惕"过度怀疑"所带来的精神内耗

面对浩瀚的信息与纷繁的选择，现代人更容易陷于反复思量、决策困难，乃至焦虑不安。当发现自己"想得太多"、久而久之丧失行动力时，停下来，用简化思维或行动策略替代复杂的分析与推敲。直面问题并及时采取措施，远比沉溺于无限怀疑中要来得更高效、更健康。

拥抱怀疑：为了更深刻的洞见与成长

怀疑的力量就在于，它不断提醒我们：脚下的路或许并非终点，身处的世界也充满待解之谜。若我们能主动拥抱怀疑，便会保持对新知识、新可能的敏感度；若能驾驭它，则能让怀疑成为自我迭代的火把，为我们的思考与行动提供源源不断的热能。

回顾历史长河，无论是科学突破还是艺术创新，无不是在怀疑与肯定的交织中不断向前推进。那些真正影响时代的先行者，从不因为怀疑而停滞不前，反而借由怀疑的火花激发出卓越的创造与突破。在每一个关键抉择的路口，他们往往会陷入自我怀疑的黑暗片刻，但最终，通过辨别、思索、行动与修正，走在失败筑起来的高台上。怀疑是自我超越的起点，坚定是跨越难关的灯塔。唯有兼具审慎与勇气，方能在命运的洪流中绽放出耀眼的光芒。

让怀疑成为自己的磨刀石

人无法永远远离怀疑，但可以选择如何与之相处。或许，在静谧的长夜里，怀疑仍会不请自来，让我们辗转难眠。然而，若能将怀疑当作磨刀石，锻造出更为锋利而明晰的思想武器，用坚定和勇气与之对峙，我们就能在追寻真理与自我成长的道路上行稳致远。

怀疑并非终点，它只是启发我们反思与改变的开端。借着这股对未知的敬畏与警醒，我们终将炼化出光亮，照耀那些曾经带给我们迷惘与无助的角落。只有这样，在怀疑与坚定的循环中，我们才会得到升华。正如有人所言："当你学会与怀疑握手言和，你就离真正的自我更近了一步。"

四、真实案例：一位插画师的人生蜕变之旅

我们每个人都曾经历过某种"裂变"或"蜕变"的时刻，在那一瞬间，一些旧的观念轰然坍塌，一些新的视野破茧而出。这种裂变的过程常常伴随痛苦和挣扎，但也因此带来了更广阔的可能性。就像毛毛虫破茧成蝶，需要忍受漫长的黑暗与狭小，却终能拥抱高远的天空，见识更丰富的世界。人生也是如此，这是一场关于自我突破的蜕变之旅。让我们慢慢进入这段旅途，一起见证从迷惘到坚韧的过程，读懂挣扎背后的意义，并由此迸发出更强大的生命力。

迷惘的起点

很多时候，蜕变的第一步并非来自豪言壮语，而是源于一次看似普通的迷惘与自我怀疑。小雨是一个再普通不过的城市青年。大学毕业后，她像绝大多数人一样选择了一份朝九晚五的工作，期望在城市里扎根。但工作仅仅半年，她发现自己对这样的生活毫无热情：日复一日的重复性任务，让她觉得在浪费时间；周围的人似乎对自己的"异样"并不感兴趣；而在社交平台上，她却天天能看到"创业成功""自由职业者环游世界"等耀眼故事。

最初，小雨很想说服自己，也许安稳才是唯一正确的选择；毕竟，父母一辈人的价值观就是这样，拥有一份稳定工作、买房、结婚、生子……似乎这才是人生理所当然的轨迹。然而每逢深夜，她看着自己桌面上堆积的画本和素描纸，却常常感到一种隐隐作痛的遗憾。她曾经的梦想是成为一名插画师，幻想着能用画笔描绘出五彩斑斓的世界。可现在的自己，早已被现实磨平了棱角，绘画的灵感也渐渐枯竭。

迷惘，就这样如同黑夜沉积在心底。她不知道该如何冲破这种内在的矛盾：既渴望自由，又害怕失去已有的安全；既想追求梦想，又忧虑失败的尴尬与不被支持。在漫长的犹豫中，她被迫开始思考"我是谁""我要去哪儿"的人生命题。这些疑问，正是人生蜕变的起点——因为只有当我们对现状感到不满乃至窒息，才会产生强烈的改变冲动。

追寻自我的召唤

机缘巧合下，小雨在微博上看到了一个国外插画师的个人分享。那个博主从小热爱绘画，大学毕业后就开始自主创业，开设了个人艺术工作室，定期推出线上线下展览。她还在博文中写道："一旦你听到心底真正的声音，它会指

引你一步步走下去，即使道路坎坷，依然无法抵挡你前进。"

这句话带给小雨巨大的冲击力。她一遍遍地问自己："我的内心深处，真的依然渴望绘画吗？如果是，那我究竟在等什么？"她开始追寻这个声音，去翻阅过去的画册，查看以前的练习本，感受那份曾令自己痴迷的艺术激情。她甚至找到了高中时期的一些涂鸦日记，上面写满了天马行空的创意和关乎梦想的只言片语。尽管那些笔迹略显稚嫩，但承载着她当时热切而纯粹的期待。

是的，她感到一股召唤，让她想要重新拾起画笔。这种召唤就像夜空中微弱却执着的光，虽然看起来还不足以照亮整个世界，却能让她在人生的十字路口看到一条尚未踏足的岔道。可即便如此，小雨也不得不面对外在环境的压力：家人的期望、经济的现实，以及自我能力的质疑。她并不确定自己能否走上这条路，更不清楚自己有没有足够的天分或资源。但想尝试的念头不断在脑海中回荡，支撑着她朝着梦想迈出第一步。

旧壳的破裂——挣扎与焦虑

人们常说，破茧成蝶最痛苦的并非化茧本身，而是破壳的那一刻，因为那象征着对旧有安全区的背离。决定让自己蜕变，必须承担被否定、遭受失败甚至放弃安定的风险。小雨开始在工作之余，尝试为一些初创公司做插画外包，为自己的作品寻找市场认可。

然而，这个过程并没有想象中那样一帆风顺。接到的第一笔外包任务，她兴奋地连熬三天三夜去做，交付后客户却说"画风太小众，色彩太过鲜艳"，并要求她"走大众化路线，最好仿照一些热门的商业插画风格"。这让小雨十分不适应：自己想体现的个人特色与商业需求相冲突，她一时间不知如何取舍。与此同时，家人的质疑也在不断加大。"你这样只会折腾，还能挣到钱吗？""万一最后画画也没搞起来，工作还丢了，怎么办？"这些现实的声音，让她从最初的热情满满变得忐忑不安。

深夜里，小雨一边对着电脑屏幕修改插画方案，一边怀疑自己的坚持是不是个错误。有那么一刻，她甚至想过放弃，觉得自己根本不具备成为自由插画师的才能。渐渐地，焦虑积聚在心头，形成一片沉沉的阴霾。她开始失眠，早上起床的时候会怅然若失，不知这条"梦想之路"到底会将自己带到何方。

这种挣扎与焦虑，正是旧壳破裂的征兆。蜕变意味着要打破原本固化的自我形象和生活形态，意味着要进入一个全新的未知领地。在这段过程中，我们会感到无比脆弱，会一次次质疑自己的选择。但也正是在这种痛苦和挣扎中，我们才能够真正开始与内心对话，明白自己最在乎的到底是什么。

破土新生——觉醒与自我发现

或许正是被这种不甘与痛苦撕扯得几近崩溃，小雨突然在某一天想通了。那天凌晨，她正在修改客户的第三次意见，疲惫、愤怒与无助一起涌上心头。她关掉电脑，直接拿起画笔，任由灵感随心所欲地流淌。她画了一只迷茫的蝴蝶，被困在厚重的灰色雾霾中，拼命扇动翅膀，却无法飞向碧蓝的天空。整整一夜，她没给这幅画考虑任何商业元素，只让内心驱使自己。最终，这幅带着个人生命体验的作品，成了小雨的第一幅"自我表达"插画。

当她擦干眼中因为委屈和释然而流下的泪水，重新审视这幅画时，她忽然感到一阵前所未有的平静。"也许我需要的，并不是所有人都来认可我的画风，而是我自己先学会接纳自己的灵魂。"这是一种觉醒，一种自我发现：明白了艺术和商业并非不可融合，但前提是自己先要坚定地站稳脚跟，拥有属于自己的灵魂与原则。

小雨开始更加系统地学习商业插画市场的需求和风格流行趋势，同时也在作品中保留着自己的个人特色。她不再惧怕那些"否定"或"差评"，而是把它们当作优化创意的参照。她还在社交媒体上定期分享自己的创作历程，把最真实的迷惘、热爱与思考都倾注其中。她说："蜕变不是一蹴而就，而是在每一次心灵的淬炼中，让自己逐渐学会怎样与世界对话，却又不丢失自我。"

这段从痛苦到觉醒的过程，正是蜕变最关键的时刻。破土新生，也意味脱离"旧壳"——不再拘泥于过往的安全区与自我设限，而是主动拥抱变化，用内心的声音指导行动，进而找到与外界平衡的全新方式。

理想与现实的平衡

不久后，小雨渐渐走上了"兼职插画师"的道路。她仍然保留一份稳定的收入来源，但将更多的空闲时间放在创作与推广上。她为自己规划了阶段性目标：在一年内完成20幅原创插画，在两年内筹备一次个人线上小型展览。她把自己对未来的期许细化为一个个可执行的项目和时间表，这不仅给了她前行的动力，还让她在实际运作中能够更好地管理时间与资源。

为了应对市场，小雨学会了与客户沟通和谈判，学会了怎样在商业需求与个人风格之间找到共鸣点。比如，有些商家想要"童话系"的插画，她就会在背景和配色上迎合大众审美，但保留自己的特殊线条感；若遇到"黑暗哥特风"的定制，她则会大胆地结合自己对于生命与死亡议题的思考，融入更深层的象征元素。让小雨欣慰的是，不少客户在看到她的作品后，开始认同她的价值观，也愿意给予更高的创作空间。

此时，小雨也终于找到了理想与现实的平衡点，她一方面坚持自己的创作理念，保留对艺术的赤子之心，另一方面，她合理评估市场需求，并充分理解那些希望作品"广为传播"的商业客户。这种平衡并不意味着妥协，而是意味着她在迭代、进化中学会了融入外部环境，让梦想更接地气、让创作拥有更广阔的舞台。

成长的馈赠——自信与感恩

随着小雨的名气不断积累，一些线上平台和艺术展览也开始主动联系她，希望她能担任客座插画师或举办线上活动。她在网络上积攒了一批忠实粉丝，这些人来自五湖四海，有的是同样在职场坚守梦想的年轻人，有的则是正在迷失方向的学生或文艺爱好者。她常常收到粉丝的私信，向她倾诉自己对未来的迷茫或对命运的不甘，而她也毫不吝啬地分享自己的经历：在最困难的时候，她依旧选择不放弃；在最动摇的时候，她常常告诫自己先冷静，再思考如何转化压力。

这样的互动，让小雨越发感受到自己的成长价值。"不是只有功成名就才叫成功，能够带给他人一丝希望与启发，也是一种成功的体现。"这是她在回复粉丝留言时常说的一句话。她意识到，自己并非一个孤立的个体，而是与整个世界有着千丝万缕的联系——当她在蜕变之旅中点亮一点微光，也可能照亮其他人心中的黑夜。

回首过去，那些让她痛苦挣扎的时刻，如今已经化作一块块奠基石，支撑着她站得更高、看得更远。她开始感恩这个过程，也感恩那些曾经质疑或否定她的人，因为正是这些外来的压力促使她更主动地反省与改变，更勇敢地拥抱未知。自信，也在这个过程中逐渐建立起来，并成为她面对更多挑战时的底气。

蜕变的深层意义

当我们谈及"蜕变"，很容易将它理解为"实现某个梦想"或"达成某个目标"。然而，小雨的经历告诉我们，蜕变的真正含义或许更广，它意味着对自我的重新定位、对生命意义的更深思考，以及对人际关系的重新理解。蜕变就像一场长途跋涉，我们在路上遇见各种各样的人和事，有些帮助我们，有些拖累我们；但只要我们依旧能保持那份初衷，学会在挫折中自省，那么每一个拐弯处都可能成为新的起点。

从更宏观的角度来看，每个人在人生不同阶段都会或多或少经历"迷惘—怀疑—挣扎—觉醒—平衡—成长"这一循环，而蜕变并不是线性的，而是一种反复发生的过程。或许我们在某一天觉得自己已经"成长了"，却在下一次挑战中重新被未知击倒；也或许，我们会在某些时刻质疑"这是不是又回到了原点"，却在更深层次上发现自己的内心已经不再相同。蜕变之旅的伟大之处，正在于它让我们可以不断向内追寻，又能不断向外突破。

走向更广阔的未来

随着时间的推移，小雨开始筹备线下个人插画展。她将最具代表性的作品做了系列策展，让参观者可以从她早期的"迷惘期"看到后来的"重生期"和"绽放期"。在展览的结尾处，她写了一段寄语："如果有一天，你感到特别无助，不妨拿起一支笔，写下或画下自己的心情。也许那一刻，你会遇见真正的自己。"

这段策展文案在社交平台上引起了广泛共鸣。有的观众留言说："我一直在纠结要不要辞职去考研，看了小雨的经历后，我决心先尝试做好眼前能掌控的事，再逐步迈向更远大的目标。"也有人说："其实我也喜欢画画，但总觉得自己没有天赋。看完展后，我决定先从每天一张简笔画开始，坚持半年看看。"这样的回馈，让小雨深刻体会到，蜕变并不只是个人成就，而是能通过个人力量，在人群中引发更多层面的联结与共鸣。

蜕变的过程是痛苦的，但痛苦并非毫无意义。它让我们脱离安逸，去直面那些被忽视的内心呼唤。痛苦让我们意识到，原来自己并不是对所有事都无能为力；我们可以通过努力和智慧去改变一些现状，也可以通过自省与学习，让自己拥有更多元的思维。蜕变正是如此，在破旧立新的过程中，不断地锻造出更坚韧、更广阔的自我。

未完成的蜕变之路

直到现在，小雨依然会遇到瓶颈，有时商业订单并不稳定，有时创作灵感枯竭，也会让她感到焦躁。但她已经学会在压力和期望之间找到平衡，并以平和的心态看待失败和成功。她开始意识到："蜕变并不是为了到达某个固定的终点，而是一种不断成长与自我更新的过程。"或许，这场蜕变之旅永远不会真正结束，因为每一个人生阶段都会有新的课题和新的挑战在前方等候。

对于你我而言，这也同样适用。我们或许在生活的洪流中感到渺小，也可能在巨大变迁面前心生畏惧，但蜕变之旅也因此显得格外珍贵。它让我们不被"应该如何"的外界声音裹挟，让我们始终在心中保留那一份对理想的憧憬与坚持。在一次次与现实的碰撞中，我们学会取舍，更懂得珍惜。就像一只不断进化的蝴蝶，我们扇动翅膀的每一个瞬间，都在让生命变得更饱满、更动人。

如果有人问，"这场蜕变之旅的意义究竟是什么？"或许可以这么回答："它让我们摆脱了自我设限，学会倾听心中最真实的渴望；它让我们在挣扎中看见自我价值，在失败中学会调整方向；它让我们不再惧怕改变，而是在改变中找到更加广阔的生存之道。"就像小雨的故事所示，当我们勇敢地冲出自己构建的牢笼，内在的潜能便会被唤醒，从而迎来一个面向未来、更充满可能的自我。

人类的文明史，也是一部不断蜕变的历史。从茹毛饮血到信息时代，每一次重大跨越都离不开对未知的探索与对自我的超越。或许正因如此，蜕变之旅不仅仅局限于个体的命运，也涵盖了整个社会和时代的成长。当更多人选择在迷惘之中开启自我挑战，这个世界便会多一些珍贵的灵光闪现，也多一份创新与理想的火种。

因此，蜕变不是我们与命运的博弈，而是一场与自己携手的漫长远行。在这场远行中，我们或许会遭遇挫折、质疑与冷眼，也会遇到同伴的支持和鼓励。我们走过黑暗，也会再次看见光明。最重要的是，我们学会了如何与真实的自己对话，让每一次坎坷都成为心灵的养分，让每一段黑暗都成为释放光芒的舞台。只要在心里留存一份对蜕变的渴望，并以行动去回应它，我们就能在多变的人生舞台上保持更新，不断迈向更壮丽的未来。

这，就是一场蜕变之旅的全部意义。它或许并不耀眼，却足以点燃心灵；它或许并非圆满，却照亮了无数个孤立的夜晚。在走向终点之前，我们会明白，真正的蜕变，不是为了证明谁对谁错，而是为了让我们切实感受到自己在活着的每一个当下，都能创造新的可能、遇见渐渐变好的自己。愿我们都能在各自的蜕变之路上，行稳致远，携手共赴生命的无限潜能。

五、认知失调理论：面对怀疑时的坚定

费斯廷格的认知失调理论，最早由美国心理学家莱昂·费斯廷格在1957年提出，这一理论解释了人们在经历信念、行为或认知之间冲突时的心理反应。简单来说，当我们在内心深处感到矛盾和不一致时，会体验到一种不舒服的情绪——这种情绪将我们心中的怀疑合理化，简单称为"认知失调"。为了缓解这种不适感，我们通常会采取一些措施来调整自己的认知或行为，使它们变得更加一致。

想象一下，你是一个环保主义者，你一直强调减少碳排放和保护环境的重要性。但有一天，你决定开车去一个很远的地方，而你的车排放了大量的废气。现在，你面临一个内心的冲突：你的行为（开车污染环境）与自己的信念（支持环保）不一致。这种不一致就会产生认知失调。

为了减轻这种不适感，你可能会采取几种不同的策略。比如，你可能会调整自己的行为，决定以后不再开车，转而选择公共交通工具；或者，你可能会改变信念，告诉自己其实车的排放也没有那么严重，或是找一些理由认为自己这次的行为并没有真正伤害到环境；又或者，你可能会选择忽视这个冲突，继续做自己喜欢的事，把内心的不和谐放到一边。

通过这个例子，你可以看到认知失调的核心：当人们的行为和信念发生冲突时，他们会感到不安，进而采取某种方式来恢复心理的和谐。无论是通过改变行为、调整信念，还是通过合理化来寻找一种"可接受"的解释，最终的目标都是让内心重新恢复一致性，减少那种让人不舒服的心理失调感。

费斯廷格的认知失调理论对我们理解人类行为有着深远的影响。它告诉我们，在面对内心的冲突时，我们会以不同的方式来减少心理的不适，而这种不适感和矛盾，往往是我们改变自己认知模式的驱动力。

一个经典的实验就是费斯廷格和卡尔·斯密斯在1959年进行的"无聊实验"。实验中，参与者被要求做一些极为无聊的任务，比如，转动一个轮子，反复进行没有意义的动作。实验后，参与者被分成两组，其中一组得到了一些报酬，而另一组则没有。那些没有得到报酬的参与者通常会觉得任务更无聊，因为他们没有任何外部理由去合理化自己的行为。而得到报酬的参与者，则会把任务看得相对轻松一些，认为任务并没有那么枯燥。特别是那些得到报酬的

参与者,他们为了减少认知失调,反而会把任务想得更有趣一些,给自己找借口来解释自己愿意参与这些无聊活动的原因。

从这个实验我们可以看到,认知失调理论的关键是"解释冲突",当我们的行为和信念不一致时,为了消除内心的不安,我们会采取一些策略来合理化自己的选择。这些策略可能包括改变自己的信念、对自己的行为寻找合理的解释,或者直接忽视冲突本身。

认知失调的理论深刻地揭示了人类如何应对内心的矛盾。在生活中,这种现象随处可见。比如,当我们买了一件价格很高的衣服,回家后发现并没有想象中的好看,我们可能会通过不断地告诉自己"这件衣服是我花钱买的,应该是有价值的"来减轻内心的不安,最终让自己觉得这件衣服还是值得买的。这个过程中,我们的内心其实就是在通过调整自己的信念来解决认知失调。

认知失调理论不仅帮助我们理解人类行为背后的动机,还帮助我们看到,在面对困惑和决策时,我们如何通过调整认知来维护自己的心理平衡。总的来说,认知失调不仅是一种心理现象,还是一种帮助我们调整和适应外部世界的心理机制。

六、如何逐步坚定信念

坚定的信念并非一朝一夕就能建立,它需要通过具体的方法和日复一日的实践来逐步强化。以下是一些经过实践验证的策略和方法,帮助你在生活中一点一点地坚定自己的信念,逐步消除怀疑的声音。

小步前行法:逐步建立信心

当面对庞大的目标时,我们常常会因其难度而产生怀疑。因此,分解目标、采取小步前行法是建立信念的有效方法。将大目标分解成更易实现的小目标,能够帮助我们在实现每个小目标时收获成就感,逐步增强信心,最终向着大目标迈进。

设定可实现的小目标:将长期目标分解成周目标、月目标,甚至是日目标。例如,如果目标是完成一项大型项目,可以将其分解为每天完成一小部分。每当我们完成一个小目标时,都能获得进步的正向反馈。

逐步积累成就感。实现小目标带来的成就感不仅能帮助我们在短期内增加信心,还能在日积月累中使信念变得越发坚固。例如,创业者多在怀疑中通过分阶段设定和完成小目标，逐渐消除了怀疑，增强了信心。

设定弹性进展。并非所有目标都能按计划完成，因此可以在设定小目标时留出一定的弹性空间，避免在未达成时产生过度的自我批评。

反思日志：记录进展与自我对话

写日记不只是一种简单的记录方式，更是反思和自我沟通的重要工具。通过写日记，我们可以真实地记录每天的想法、进展和情绪变化，将怀疑的原因和应对策略逐渐整理清晰，并找到应对怀疑的方法。

每日反思。记录一天中的关键事件，写下完成的小目标及感受到的成就感。这种记录帮助我们看到自己的进步和成长，即便有怀疑的时刻，也能提醒我们已经取得的成果。

情绪管理。怀疑往往伴随着不安情绪，记录下怀疑的原因和感受，有助于了解情绪背后的根源，找到应对策略。通过反思日志，我们可以看清怀疑的来源，并逐渐将其转化为动力。

积极自我对话。每当感到怀疑时，不妨在日记中进行积极的自我对话。比如，当对完成某个项目产生怀疑时，可以写下"虽然过程艰难，但每一步都在向目标靠近"。这种积极对话有助于改变对自我能力的认知，逐步增强信念。

情境练习：在安全的环境中挑战自己

建立信念需要在不同情境中不断地实践，而情境练习是一个在安全环境中挑战自我的方法。通过设定情境任务，逐步适应挑战，让自己在小的成功中增强信念，从而在面对更大挑战时变得更加自信。

设定情境任务。设定一些与自己目标相关的场景任务，并确保它们在可控范围内。例如，如果怀疑自己在公共场合演讲的能力，可以先在小组内练习，然后逐渐扩展到更大的群体。

不断积累成功经验。在小的情境任务中获得成功，不仅能增强我们的自信，还能通过不断重复的正面反馈逐渐消除怀疑。例如，如果怀疑自己在工作中的表现，可以尝试在每周的会议上分享小成果，从而逐步提升自信。

适应不同情境。当我们在小情境任务中获得成功后，可以逐步在更复杂的环境中尝试，比如，将练习拓展到工作项目或团队活动中。通过在不同情境中的练习，信念会在不断适应和调整中逐步增强。

寻求外界反馈：接受他人建议和鼓励

在我们面临怀疑时，往往很难以客观视角看待自身的努力和成就。因此，寻求外界的反馈可以帮助我们从另一个角度重新审视自己的进展。积极的反馈能够增强我们的信念，而建设性的批评则能帮助我们找到改善的方向。

向信任的人寻求反馈。在面对怀疑和困惑时，选择信任的朋友、同事或导师沟通，分享自己的进展和困惑。外界的反馈往往能帮助我们看清自己的进步，获得信念支持。

定期复盘。每隔一段时间，进行一次反馈汇总和复盘。记录从他人处获得的建议与鼓励，并将这些内容整合在反思日志中，帮助自己不断改进。复盘可以让我们了解在怀疑中做出的努力，从而增强信心。

与同伴分享经验。寻找志同道合的朋友，互相分享在应对怀疑时的心得，借鉴他人的经验并提供支持。这样的反馈交流不仅能让自己感到支持，还能让我们在过程中找到进一步改进的方向。

宽容自我：接受怀疑，逐步前进

怀疑是一种自然的情绪，完全消除怀疑并不现实。学会宽容自己，接受怀疑的存在，有助于在怀疑中前行。自我宽容不只是心理上的自我保护，更是建立信念的基础。每个人都会有脆弱和怀疑的时刻，重要的是如何看待这些情绪。

避免自我苛责。当怀疑和不安袭来时，不要急于自我批评或否定自己。告诉自己"这是正常的反应"，怀疑只是一种过渡情绪，不会影响你的整体能力。

给自己留出调整的空间。在面对怀疑时，给自己一个缓冲的空间，比如，一天的思考时间或一小段休息，让情绪逐渐平复，而不是强迫自己立即做出决定。

用成长心态看待怀疑。将怀疑看作成长过程的一部分，告诉自己怀疑是面对挑战时的正常反应，它并不会阻挡你前进的脚步。通过宽容和理解自己的怀疑情绪，我们可以在更轻松的心态下逐步前进。

在生活的旅程中，我们每个人都难免会遇到怀疑的时刻。怀疑像一层厚重的雾霭，笼罩着我们的内心，让我们看不清前方的路。然而，这并不是终点，而是我们转变的起点。

当我们开始意识到怀疑的存在，首先要理解它的本质。怀疑往往源于不确定性与恐惧，它告诉我们"你可能做不到"。但是，正是这些声音，提醒着我们需要更深入地了解自己的能力。要想走出迷雾，我们需要勇敢地面对这些怀疑，把它们转化为探索的动力。当我们相信自己能够克服困难时，许多看似不可逾越的障碍便会迎刃而解。记住，每一次小的成功都是在为未来铺路。正如班杜拉所说："我们对自己能力的信心，会在很大程度上决定我们的成就。"

第二章 在家庭与事业之间，寻找属于自己的平衡

> 生活的艺术在于在各种优先事项中找到平衡。
>
> —— 史蒂芬·柯维

一、家庭与事业的拉锯战

在这个快速发展的时代，我们每个人都在为生活奔波，努力追寻着属于自己的幸福。然而，现代社会对"成功"的定义似乎总是以事业为衡量标准，许多人在这条追求物质和地位的道路上，迷失了与家庭的联系。也许你曾在深夜还在加班，也许你曾因为工作压力忽略了孩子的一声呼唤，甚至对亲人未曾道出过一句关心。

或许我们都曾感到过时间的紧迫与生命的分裂。一边是事业的召唤，它意味着成就、尊重，甚至是对梦想的执着追逐；另一边是家庭的期盼，它是爱的归属，是人际关系最深处的连接。可是，当事业和家庭同时伸出手，呼唤你去付出、去担当时，你是否也会感到无力？无论选择哪一方，似乎都注定会让另一方失落。于是，在这场拉扯中，我们像一只旋转的陀螺，拼命维持平衡，却不知道自己何时会筋疲力尽。

但真正的平衡，并不是要两边完全相等。它是一个动态的过程，更是一种勇敢的选择。是我们在权衡得失后，选择一条最适合自己的路。而这条路，不

必迎合他人的期待，也无须服从世俗的标准。找到属于自己的平衡，才是对自己、对家庭、对事业最好的交代。

家庭与事业杠杆的"支点"

家庭与事业，并不是对立的敌人，它们更像是一对需要互相支撑的伙伴。在人生的杠杆上，事业是支点，提供稳定的经济来源与外界的认同感；而家庭则是杠杆另一端的重量，它承载着我们最深的情感需求和幸福感。

事业是通往远方的翅膀，而家庭是落地生根的土壤。如果缺少事业，翅膀就失去了飞翔的力量；但若没有家庭，翅膀即便展开，也会在失去方向后而飘然坠落。因此，追求平衡并不是割裂它们，而是让两者在我们的生命中相辅相成。

然而，这种支点与杠杆的关系，在实际生活中却常常失衡。许多人将所有的力量都压在事业的一端，日复一日地加班、赶进度，甚至以牺牲健康为代价换取成功。当某天他们疲惫地回望，却发现家人已渐行渐远，亲密关系变得疏离，孩子的成长不再需要他们的参与。

另一种失衡，则是将家庭的需求放在事业之上，尤其对于一些选择全职照顾家庭的父母而言，缺乏自我成长的焦虑感日益加深。他们可能会因为看不到事业上的进步而怀疑自我价值，陷入一种"牺牲换取幸福"的矛盾中，既想成为家人的支柱，又渴望属于自己的成就感。

平衡之难的难点在哪里

家庭与事业之间的平衡之所以如此难以掌控，并非仅仅是时间与精力的分配问题，更深层的原因在于——我们无法放下对"完美人生"的执念。

我们总希望能成为事业上的佼佼者，同时也是家庭中的好伴侣、好父母。可现实是，生命本身就是一场"有所失去，有所成就"的旅程。如果我们一味追求面面俱到，只会让自己被压垮在自责和疲惫之中。

平衡并不意味着完美，而是接受不完美的自己。这句话听起来简单，但真正做到却需要很大的勇气。许多人被社会的期待裹挟，以为成功的职业生涯和幸福的家庭生活必须齐头并进，却忘了，每个人的生命节奏都是不同的。对于有些人来说，家庭是他们的港湾，他们甘愿选择"慢一些"；而对于另一些人来说，事业是他们的追求，他们愿意为此付出更多的时间与精力。关键在于，无论选择哪条路，都要明确：真正的平衡，不是满足所有人的期待，而是找到自己内心的和谐。

重塑"平衡"的定义

平衡并不是一种机械式的"均等分配"。人生的不同阶段，平衡的形态会发生变化。在事业起步阶段，可能需要将更多的时间投入工作，甚至暂时减少陪伴家人的时间。而当事业相对稳定后，你可以选择更多地回归家庭，与亲人共同度过更多的时光。换句话说，平衡是流动的，是动态调整的。平衡不是每天做到50%家庭、50%事业，而是根据不同阶段的需求，灵活调整重心。

学会用"高质量时间"弥补"总量不足"

在现实生活中，时间似乎总是不够用，尤其当你同时承担着事业和家庭的责任时。我们常常陷入一个误区，认为只有"时间多"才会给家庭带来足够的关爱和陪伴。然而，真正的关键并不在于你陪伴了多久，而是陪伴时的质量。这就像一杯茶，时间长短并不重要，重要的是你是否真正投入其中，感受每一滴的滋味。

陪伴的质量决定了陪伴的深度。比如，当你和家人一起用餐时，是否只是形式上坐在餐桌旁，心思却飘向工作上的琐事？或者，当你和孩子一起玩耍时，是否仅仅是机械式地参与，而心神却在其他地方游离？这些看似无害的小细节，实际上是在悄然侵蚀着你与家人之间的情感联系。

高质量时间的关键在于：专注与倾听。无论是和孩子共享一个下午，还是与伴侣共享一顿晚餐，当你真正把注意力集中在他们身上，给他们你最真诚的回应时，时间的质量才得以提升。这种深入的陪伴，不是匆忙的，不是为了完成任务，而是你用心去体验、去感受对方的需求和情感。

另外，高质量时间的另一个层面是"共同创造回忆"。与其在家里一同看电视，不如带着孩子去公园散步，或与爱人一起探索一项新兴趣。那些共同的活动，尤其能够引发积极情感的经历，会在家庭成员心中留下深刻的印象，形成彼此的情感纽带。

很多时候，工作中会有紧急的项目和任务，确实会占据大量时间，但只要在有限的时间内做到全情投入，我们依然可以通过有效的沟通和情感连接，弥补那份"时间的不足"。比如，每天花10分钟和伴侣谈谈彼此的心情，或者在忙碌中抽空给父母打个电话，都是高质量的陪伴方式。这种方式不会让你错过任何重要的瞬间，也不会让家庭感到被忽视。

接受"不完美"是常态

平衡的过程中，注定会有不完美的时刻。或许你会错过孩子的第一次演讲，或许你会因为陪伴家人而放弃一个升职机会，但这并不意味着失败。平衡的关键在于学会与遗憾和解，并通过努力，让这些遗憾成为成长的动力。我们总想追求完美，尤其在事业和家庭两者之间，我们往往幻想能够做到天衣无缝、两全其美，但生活不会按我们想象的方式展开。我们无法在每一个时刻做到最好，无法在每一个角色中都扮演得尽善尽美。这才是生活最真实的面貌，也是我们最应该接纳的事实。

接受不完美，意味着你不再用理想化的标准去审视自己和生活，而是以更加包容的心态面对自己的不足和选择的后果。这并不代表你放弃追求卓越，而是在面对现实的复杂性时，学会拥抱自我，并在困境中找到平衡。比如，当你有了孩子，你可能发现自己没有足够的时间去维护自己的职业发展，或者觉得自己已经不再像以前那么有创造力和冲劲。你可能会自责，觉得自己在牺牲事业，忽视了个人发展。但其实，孩子的成长带给你的是无价的情感投资，虽然牺牲了一些职业进展，但你也在为家庭和未来创造了不同的财富。亲情的回报，无论多少年后，都会以另一种方式为你带来无可替代的满足感。

苹果创始人史蒂夫·乔布斯年轻时对事业极度执着，常常忽略与家人的联系。步入生命晚期的他在自传中反思称"家庭才是一个人终了时真正的成就"。他提醒世人，科技和事业的巅峰并不能代替人与人之间的情感连接。

一位全职妈妈在孩子上学后，重新拾起自己喜欢的设计事业。虽然起步艰难，但她通过家人的支持和自己的努力，最终成为一个独立设计师。她的故事告诉我们，无论是选择家庭还是事业，只要自己努力去创造，就一定能找到内心的平衡点。

接受不完美还意味着，你要学会从失败中汲取力量，而不是让失败定义你。比如，某次因为工作错过了孩子的重要活动，或者因为家庭琐事耽误了工作上的机会。这种遗憾是每个人生活中不可避免的一部分，但它们并不会消耗掉你的能力和价值。你要学会从这些"失误"中汲取经验，然后调整自己的步伐，做出更适合当前阶段的选择。在我看来，接受不完美并不意味着放弃，而是通过理解自己，允许自己在不完美中前行。这其实是一种成熟的生活态度，是我们每个人面对挑战时，唯一能带着轻松心态走下去的力量。

在家庭与事业的平衡中，我们不能过于苛求自己，也不能将完美的标准强加给生活。重要的是学会在有限的时间里，尽可能地给予家人你最真挚的陪伴，去创造值得珍藏的回忆。同时，面对生活中的不完美，我们应该学会宽容自己，接受偶尔的失落，并从中汲取力量。

家庭与事业的平衡并不是一种强迫的选择，而是内心自我认知的调整。找到平衡的过程，是每个人都要经历的成长过程。它没有标准答案，也没有一劳永逸的解决方案。真正重要的是，我们能否在这场寻找中，找到属于自己的生活节奏，活出自己的意义。当我们学会在这两者之间找到自己最自然的步伐时，我们的内心将会真正安宁。而这种安宁，将为我们在事业和家庭之间建立起更加牢固与和谐的桥梁。

为什么平衡是一种温柔的力量

在谈及"平衡"时，我们往往会联想到中庸、稳定与内心的宁静。相比于那些表面上轰轰烈烈、势不可当的力量，平衡更像是一股细腻而柔和的能量，深埋于我们日常的点滴之中，却能够长久地支撑我们面对生活的复杂与变化。之所以说平衡是一种温柔的力量，是因为它柔和了我们生活中方方面面的人情世故。

不以冲突为前提，而是以谅解为出发点

很多力量的展现都是在对抗或冲突中彰显，如"强迫性改变"或"权威式命令"；相反，平衡更注重彼此之间的理解与尊重。它鼓励我们在多种因素甚至矛盾之间，寻找一条彼此都能接受、都能承载的路径。这样的过程往往伴随对自我的审视与对他人的谅解，因而显得更温柔、更有包容力。

循序渐进，富有韧性

温柔的力量并非一蹴而就，而是在看似缓慢的螺旋向上中渐渐显现。平衡也类似——它不是一时兴起的妥协或退让，而是在日常的取舍与调整里，一点点摸索出更优的状态。当我们学会在小事中找准分寸、把握节奏、调配资源，便会发现，平衡之力恰恰是那种"柔中带刚"的韧劲，让我们在面对变化或压力时依然能够保持内在的稳定。

滋养自我与他人，让成长更可持续

追求极端往往会带来短期的爆发，却难以维持长久的成果。而平衡中的温柔力量，能够给内心和外在关系都留下足够的空间与呼吸感。如此一来，我们

温柔影响力

才能在与家人、朋友、同事相处时，既保持自我的节奏，又能倾听并回应对方的需求。这样的关系模式更为健康，也能够滋养彼此持续成长。

治愈与接纳，让生活多一份从容

温柔的力量，总是带着治愈与接纳的特质。平衡也是如此——它允许情绪的波动、允许环境的多变，给予自我和他人足够的理解和修正空间。在不苛求完美、不强行追赶的节奏中，我们能更好地觉察当下，从而在面对压力和挑战时，多一份从容应对的勇气。

让选择充满智慧

在我们的生活里，许多人都在追求"成功"，而成功的定义似乎往往与高压、拼命和争斗挂钩。然而，真正的平衡告诉我们，成功并不一定意味着一往无前的突破，它也许意味着在适当的时候停下来，审视自己，回望过去，了解自己真正的需求。比如，当你面对生活的选择时，平衡并不是完美地分配时间，而是敢于在事业和家庭、个人与他人之间，做出合适的选择。这种选择并不一定显赫，但充满了智慧与自省。

在失去和放弃中找回自我

我们常常认为平衡需要精确的控制，每个方面都要恰到好处。但实际上，平衡并非对每一件事都要力求完美，而是在"失去"和"放弃"中找回自我。当我们学会放下控制，接受生命中的不确定性，我们才能更好地感受平衡的力量。

平衡是一种艺术，艺术的精髓在于宽容与放手。生活中的许多痛苦，往往源于我们无法接受自己或他人的不完美。我们时常因为无法满足自己的期望，或是他人的期望，而感到迷茫与焦虑。而平衡，恰恰是一种宽容的力量，它教会我们在不完美中，看到自己的价值，在无法改变的事物中，学会释然。比如，当你与伴侣发生争执时，平衡的力量不是要你"胜过"对方，而是学会理解和宽容；当你面对职场的挑战时，平衡的力量不是要你急功近利，而是提醒你，在焦虑中保持清醒，从容面对每一个选择。

学会接受，学会释放，是平衡的真正意义。我们不需要因为某个失误就责怪自己，也不需要因为某个不如意的结果就放弃希望。真正的平衡，是放下自我设限的枷锁，是接纳自己与他人可能存在的不足，并在其中找到一种自由与安慰。

拥抱岁月静好

平衡是一种深邃的智慧，它提醒我们，生活并不一定非得是绝对的选择，许多时候，我们不必非得做出决定。人生的平衡，源于对生命的理解与体悟。那些找到平衡的人，往往不是为了某个目标疲惫不堪，而是通过平和的心态，去做自己喜欢的事情，享受生命的过程。

平衡并非一种消极或妥协的姿态，而是一种温柔而坚韧的能量。它不需要借由对抗或破坏来展示力量，而是在对自我、他人与世界的理解中，不断磨合、调适、升华。通过这种温柔的力量，我们不仅能更从容地面对生活中的变动与压力，还能让人与人之间的互动更为舒展，彼此坦然地交融与共生。平衡就像一汪清澈见底的水，默默滋养着我们的心灵，让我们在喧嚣中也能守住岁月静好的美意。

二、如何识别家庭与事业的矛盾信号

张宇（化名）是一名年轻的公司经理，他的事业发展迅速，正处于上升期。为了争取更多的业绩和机会，他总是加班加点，努力提升自己。然而，他的妻子李嫣（化名）却开始感到越来越失落。她明明希望与丈夫共度更多的时光，分享生活的点滴，但丈夫的忙碌让她逐渐感到孤单。即便如此，张宇依然在事业的道路上奋力前行，因为他知道，只有成功了，才能为家人提供更好的生活。

然而，矛盾也在逐步积累。李嫣的失落感让她变得越来越不满，每当两人坐下来谈论未来时，总是围绕着张宇是否能抽出更多时间陪伴她展开争论。而张宇则觉得自己已经付出了足够的努力，事业的发展需要不断投入精力，他始终无法理解妻子的需求。这对夫妻的沟通逐渐变得困难，双方的关系开始出现裂痕。

在许多人看来，家庭与事业如同两幅并行的风景线，各自描绘着不同的色彩与情感。它们既是生活的两大支柱，也是人生价值的两大源泉。然而，正如任何事物都有两面性，家庭与事业之间也时常存在着微妙的矛盾与冲突。这个矛盾，像一根紧绷的弦，随时可能断裂，给我们的生活带来巨大的冲击。如何识别这种矛盾的信号，成了每一个在职场和家庭之间游走的人不得不面对的问题。

夜深人静时的空虚

当一天的工作终于结束，回到家中，却感到空虚无助，仿佛两者都没有真正的满足感时，便是矛盾信号的初步表现。你可能会发现，无论是工作上取得了多大的成就，还是家庭生活中有着亲密的关系，但回到家中却依然感到孤独。你会忍不住怀疑，自己的努力和付出到底有没有换来真正的价值感。

在工作中，你可能是一个职场精英，外界看到你一帆风顺；但在家庭里，你却感觉自己无法平衡角色，无法专注于陪伴家人。你不再能享受家庭中的温馨和陪伴，而是陷入无休止的工作中，这种情感的割裂，往往会加剧内心的焦虑和不安。

工作与家庭时间的界限模糊

这或许是最显而易见的信号之一：工作和家庭时间的界限逐渐模糊。手机、邮件、会议和工作报告已经占据了你每天几乎所有的时间，晚上回到家后，手机屏幕上的通知却依然提醒你，工作还没有结束。家庭时间成了零碎的、被工作挤占的空隙。

如果你发现自己频繁地在家庭聚会中拿着手机、与孩子说话时却心不在焉，或是经常因为工作拖延家庭活动，甚至错过重要的家庭事件，那么这就是事业侵蚀家庭生活的最直接信号。

身体和情绪的警告

当你感到身体疲惫不堪时，可能只是感受到一种"过劳"的状态，但如果这种疲惫伴随着情绪的低落、焦虑，甚至抑郁，那么你就该警惕了。长期处于家庭和事业的双重压力下，身心健康必定会受到严重影响。

工作带来的紧张情绪往往会随着时间的推移慢慢积压，久而久之，让你开始失去对生活的热情，无法集中注意力工作或与家人互动。头痛、失眠、胃痛等身体症状屡屡出现，情绪波动明显，时而愤怒、时而沮丧。这样的身体和情绪信号，常常提醒我们，家庭和事业的失衡已经对健康造成了不可忽视的影响。

与伴侣和孩子的沟通不再顺畅

家庭中的沟通是维护关系的桥梁，而职场压力和长期的时间压缩，会让这座桥梁逐渐被忽视。你可能开始发现，与伴侣之间的争吵越来越频繁，或者你和孩子的对话变得越来越简短。家庭成员之间的情感距离开始拉大，而本该互相依靠和支持的关系变得越来越脆弱。

在这种情况下，你可能会感到自己无法真正理解伴侣的需要，甚至与孩子的沟通也充满了误解。工作上的焦虑、压力和责任感，将越来越多地转化为对家人的不耐烦和情绪爆发。家庭不再是一个安全的避风港，而是加重你负担的地方。

对事业成就感的失衡

你曾经为事业的成就感到骄傲，但如今当你回顾自己走过的职场路，可能会发现自己的职业满足感并不像以前那样强烈。你已经付出了大量的时间和精力，但获得的却是更多的责任和压力。这种持续的工作满足感下降，可能会让你逐渐意识到，自己忽略了更重要的家庭和个人生活。

这种失衡感不仅来自工作本身，还来源于你对生活的期待和目标。如果你发现自己开始觉得事业成就并不能带给你内心的平静和满足，甚至觉得自己已经失去了真正的方向，那就是你需要审视职业和家庭之间关系的时刻。

价值观的冲突

随着时间的推移，你会发现事业和家庭之间的矛盾不仅是时间和精力的分配问题，还是对个人价值观的深刻冲突。你曾经认为，事业是人生的首要目标，为了事业，你愿意牺牲一切。但渐渐地，你开始意识到，家庭才是最重要的支柱，是能够给你力量和支持的地方。

这种价值观的冲突往往是在你经历了大量的工作压力和家庭不满后才逐渐显现出来。你开始质疑自己是否应该继续以职业为中心，还是该重新审视自己的家庭责任和人生优先级。这种深层次的价值观冲突，往往会导致内心的痛苦和迷茫。

工作效率的下降

家庭与事业的矛盾往往会影响你的工作效率。当你内心的负担越来越重，分心的程度越来越大时，工作中的表现往往也会受到影响。你可能会发现，原本顺利进行的工作进展开始变得缓慢，效率低下，甚至经常犯一些以前从未犯过的错误。

这时，你可能还没有意识到，自己的困惑和焦虑已经逐渐渗透到工作中，影响了你的判断力和执行力。你试图通过加班、更加努力来弥补这种下降，但这种方式最终只会让你感到更加疲惫和无力。

识别家庭与事业矛盾的信号，意味着我们必须面对一个痛苦但真实的问题：我们到底在追求什么？是外界的认可、财富与地位，还是内心的归属感与宁静？当我们在加班的桌前感到疲惫不堪、在家庭的餐桌上心不在焉时，我们真正的失去，往往不是某个职位的晋升或一笔财富的增加，而是对真实自我的渐渐遗忘。

更深层次的思考是，家庭与事业的矛盾，正反映了我们对生活的深度恐惧与强烈控制。在事业的成就中，我们寻找的是外界对自己存在的肯定和价值的证明；而在家庭的亲密关系中，我们渴望的是情感的归宿和自我认同的确认。当两者的力量失衡时，我们感到的恐惧不是失去时间或机会的焦虑，而是对个人价值、对存在意义的深刻迷失。

然而，最深刻的智慧或许正是在这场矛盾中找到重新定义自我和生活的契机。家庭和事业，表面看似对立，实则都在求索着同一件事——我们到底想要什么？当我们在事业中追求的，不再是外界的奖赏，而是与内心真实需求的和解时，我们会发现，家庭中的每一次深情对话、每一次与亲人的相伴，原来也同样是我们生命中不可或缺的成就。

最终，家庭与事业的矛盾并非无法逾越的鸿沟，而是一面镜子，它照见了我们对生活的恐惧、期望与执念。只有当我们勇敢地面对这些内心的矛盾，真正理解自己在追求的到底是什么时，我们才能真正释放那种深藏的焦虑，找到生活的平衡点。在这一过程中，我们不只在重新审视工作的意义，也在重新定义家庭的价值。平衡并非取决于如何分配时间，而是如何在心灵深处接纳这两者的共存与互补，让事业与家庭成为自己生命的双翼，带领我们飞向更加完整和自由的未来。

三、全球知名媒体人奥普拉·温弗瑞的平衡之道

奥普拉·温弗瑞，全球知名媒体人、慈善家，在荧幕前为观众带来无数温暖的故事和深刻的思考。然而，奥普拉的成功并非一帆风顺，她曾坦言，自己也在"家庭与事业的平衡"这个话题上经历过内心的挣扎和反复的权衡。

在《奥普拉脱口秀》鼎盛时期，奥普拉的工作量极大。她每天早出晚归，工作几乎成了生活的全部：从节目策划到现场录制，再到与嘉宾深入交谈，她的全部精力都投入在了荧幕之上。这种高强度的生活虽然给她带来了巨大的职

业成就，但也让她几乎没有时间和精力陪伴家人。她与朋友和家人逐渐开始疏远，她甚至感到自己的生活失去了应有的平衡。

在一场访谈中，她回忆道，自己开始觉得生命中有某种"缺失"。她说："没有时间照顾好亲人和朋友时，就会开始怀疑，所有努力和成就，究竟是否值得？"这种怀疑让她逐渐意识到，自己需要一种平衡——一种不仅让她感到事业成功，还能让她在日常生活中找到归属和温暖的平衡。

面对事业与家庭的双重压力，奥普拉做的第一步，就是给自己的生活设定界限。她意识到，工作之外的时间是宝贵的，需要清晰地界定出来，不让工作随时随地侵占生活。于是她决定，自己不再"时时在线"，而是设立了固定的工作时段，周末彻底放下工作，留出专门的时间陪伴家人，或者独处、休息。

这个改变让奥普拉的生活出现了更多的轻松感，也让她的亲密关系开始恢复。在周末，奥普拉会与朋友一起吃晚餐、散步，与家人一起分享生活中的点滴。她发现，这种界限的设立不仅没有影响她的事业，反而让她在工作时更加专注和高效。她从容地说："当我清楚哪些时间属于自己时，我反而对工作更有把握，也更有精力去应对挑战。"

设定界限也给了她一种独特的自由。她明白，每个人的生活都需要一些"专属时光"，这是给自己充电的方式。无论是忙碌的职业人还是家庭主妇，每个人都需要这种独立的空间，让心灵有片刻休息的自由。

奥普拉的另一个秘诀，是每天为自己留出一段"自我时间"。她会在清晨独处，进行冥想，或者阅读，享受完全属于自己的时光。她常说，这段独处的时间，让她的心灵保持平静，使她能够用更好的心态面对工作和家庭中的各种问题。对于奥普拉而言，这段时间不仅是"充电"，还是认识自我、调整心态的机会。

自我时间是她找回平衡的重要组成部分。她认为，无论事业有多成功，生活中总需要一块安静的"自我空间"。这个空间可以是早晨的一杯咖啡、午后的冥想时刻，甚至是夜晚的散步，只要它能让内心恢复平静，生活的平衡就不会轻易失去。她在这段时间里学会倾听内心，审视自己的选择，不断调整前行的方向。

通过这样的安排，她在事业和生活中都能更加游刃有余，内心也逐渐找到了"平和"。每当谈到自己的"自我时间"，奥普拉总是微笑着说，这段时间是她赠予自己的生活礼物，也是她找到生活节奏的心灵归宿。

在追求家庭与事业平衡的过程中，奥普拉逐渐明白，完美的平衡其实并不存在。即使有了明确的界限和"自我时间"，生活中的挑战和突发情况依然会出现。有时她不得不临时加班，有时也会错过家庭的重要时刻，甚至感到愧疚和失落。然而，她学会了接纳这些不完美的时刻。

奥普拉在生活中的这份从容让人动容。她坦言："平衡不是一成不变的，而是我们在生活的变化中找到一种适应的节奏。"这种智慧的平衡观让她在面对工作和家庭时更加轻松，因为她不再试图做一名"完美"的职业人或家人，而是接受自己偶尔会偏离理想中的天平。

在这些调整中，奥普拉意识到，平衡并不是一场对时间的争夺，而是对内心的理解。她学会温柔地看待生活，温柔地对待自己。她相信，当自己可以为生活设立界限、留出自我时间、接纳不完美时，内心的温柔便会渐渐浮现。这种温柔并非懦弱，而是一种对生活的理解，是对自己、对家人和对事业的尊重。

这种温柔的力量也感染了她身边的人，她的家人和朋友逐渐理解了她对生活的追求，她的团队也因为她的从容与稳健而更具凝聚力。奥普拉的故事提醒我们，温柔的力量并不在于控制生活的每一个细节，而在于用心去面对每一个选择，用温柔去回应生活中的不确定。

奥普拉的经历告诉我们，平衡不是"平均分配"，而是找到适合自己的节奏。在生活中，我们不可能面面俱到，但我们可以学会在多重角色中找到那个让自己舒适的状态。无论是在职场中奋斗的年轻人，还是兼顾家庭的父母，甚至是步入中年的管理者，平衡都不是高不可攀的理想，而是一种从容与接纳。

我们不必试图成为"全能"的生活强者，也无须为了完美平衡而牺牲内心的宁静。正如奥普拉的经历所展示的那样，平衡的力量源自温柔地对待生活、尊重自己的需求。找到家庭与事业的平衡，就在于找到属于自己的步伐，让我们在生活的各个角色中，都能找到一种内心的安稳。找到生活的平衡并非一个遥不可及的理想，而是通过自己心态的调整、时间的安排、内心的自省逐步实现的。最终，平衡是对生活的温柔回应——它让我们在多重角色中找到从容，也让我们在现实的挑战中保有温暖的内心。

生活不会一成不变，但当我们找到属于自己的时区时，心中会涌出一种温柔的力量。这份力量让我们在多重角色中感受到生活的温暖与完整。

四、真实案例：一位职场妈妈的转变

张晓雯（化名）是一位知名科技公司的市场经理，工作节奏快、压力大。作为两个孩子的母亲，她不仅要在公司应对繁忙的项目，还要在家里照顾孩子、陪伴家人。每一天的生活都是紧凑而繁忙的，她经常要面对电话会议和孩子哭闹的"双重背景音"。在一段时间里，她的生活几乎成了一团乱麻，工作和家庭的责任像是两头拉扯她的力量，让她感到疲惫不堪。

刚回归职场时，晓雯信心满满，认为自己可以兼顾事业和家庭。然而，理想与现实的碰撞很快让她意识到其中的挑战：孩子生病的那天正好有重要的客户会议，她不得不在医院和客户之间奔波，时刻担心这边孩子的情况，那边也不敢耽误工作进度。内心的自责和疲惫让她身心俱疲，甚至有一段时间，她曾考虑是否要辞职。然而，工作对于晓雯来说不仅仅是经济支持，更是她实现自我价值的舞台。就这样，在这条"职场妈妈"的路上，她开始了自己的平衡之旅。

面对这种双重角色的拉扯，晓雯反思后，找到了她生活的第一个转折点——设定优先级。她意识到，自己不可能每一件事都亲力亲为、面面俱到。于是，她决定给自己设定清晰的优先级，以应对不同场景下的需求。

她将工作和家庭的事项进行了分类，对必须完成的、可以委托的，以及需要重新安排的事情都做了明确标记。比如，重要的客户会议她会优先安排，确保工作上不会出现失误。而对于可以灵活处理的工作任务，她会选择安排在孩子休息时间或晚上进行。这样的优先级设定，让她的生活从混乱逐渐变得有序。

在家里，她学会了适当地分配责任，让孩子也承担一些简单的家务。她甚至为家人设定了"家庭约定"，在每晚的家庭时间中尽量不被外界干扰。这种方法不仅减少了她的压力，还让家庭成员感受到了责任和参与感。她逐渐明白，全能妈妈并不是唯一的好妈妈，适度的分工和调整也是生活中不可或缺的一部分。

晓雯意识到，平衡家庭和事业的关键在于建立清晰的界限。作为市场经理，她的工作需要频繁的沟通和协调，而这通常会延续到下班时间，甚至深

夜。然而,她深知,模糊的界限会让自己在工作和家庭中都失去专注和满足。因此,她采取了一个明确的调整策略:下班后,她会关掉工作邮箱通知,除非有特别紧急的事务,否则不会随时查看工作信息。她告诉自己,在工作时间之外,属于家庭的时间是不可打扰的。

这个改变让晓雯感到意外的轻松。虽然开始时需要适应,偶尔会有些"焦虑",但她渐渐发现,在界限明确的时间安排下,她的工作效率反而提高了。每天进入家庭时间时,她放下对工作的牵挂,全身心投入家庭;而在工作时间,她也更加专注。这种工作与家庭的界限让她的生活节奏更加有条理,她不再在两头奔波时感到疲惫不堪,而是能够在每一个时刻专注当下。

在平衡的过程中,晓雯逐渐认识到,平衡并不是孤军奋战,而是需要有支持和理解的力量。她开始向伴侣倾诉内心的压力,也积极寻求公司和团队的支持。她和领导坦诚交流了家庭情况,提出希望部分时间可以在家办公的建议。出乎她意料的是,公司非常理解并愿意提供支持,允许她在特殊时期通过远程方式处理工作。

与此同时,她也在家中和伴侣进行分工合作,不再试图一个人扛下所有责任。孩子的接送、家务的分担,她逐渐放手让伴侣一起参与。这种调整和改变,让她在两重角色中都感受到了一份宽慰和温暖。家庭成员的理解让她减少了内心的愧疚,而职场上的支持也让她在工作上更加游刃有余。

在家庭与事业的平衡中,晓雯学到的第一课是接纳不完美。她发现,自己并不需要成为"完美妈妈"或"完美员工"。有时,她不得不放弃一些工作机会来陪伴家人,也会因为家庭突发事件而错过工作安排。然而,她选择接纳这些不完美,允许自己在人生的各个阶段都存在一些小小的缺憾。

慢慢地,晓雯意识到,真正的平衡并不是在所有事情上都做得完美无缺,而是学会在角色转换中保持内心的初衷。当她能够接纳自己在平衡中的不完美时,她的压力也逐渐减少,内心的轻松让她在事业和家庭中都找到了新的动力。

在这场平衡之旅中,晓雯的收获不仅是生活节奏的调整,还有一份温柔的坚持。她不再苛责自己在多重角色中的表现,而是学会温柔地对待每一次选择。她坚信,即使无法做到全能,温柔的坚持依然能让她在职场和家庭中都绽放光彩。

晓雯的故事告诉我们，平衡不是一场赢得所有的比拼，而是一场理解自我、适应生活的温柔旅程。我们每个人都可以在职场和家庭中找到属于自己的平衡之道，只要我们能够设定界限、学会求助、接纳不完美，并温柔地坚持下去。在家庭和事业中，我们不必去做一个全能选手，也不需要在多重责任中力求无瑕。平衡在于找到自己的节奏，并在角色之间自由切换。当我们学会温柔地看待自己的选择，学会在疲惫中寻求支持，生活的多重角色便会在心中找到一席之地。

生活的平衡，是在多重责任中温柔地选择自己需要的方向。当我们接纳不完美的自己时，平衡便悄然而至。它让我们在家庭中找到归属，也让我们在工作中看到成长的意义。

五、角色平衡理论：生活的多重角色和自我实现

在现代社会，我们往往要在家庭、职场、社交圈等多重场域中扮演不同角色。从早起照顾孩子的父母，到白天全情投入的职场人，下班后还可能是一位健身爱好者、乐队成员或志愿者。这些身份让我们的生活丰富多彩，却也时常带来冲突与压力。如何在多重角色之间找到良性的平衡，从而实现个人的成长与幸福？"角色平衡理论"正是帮助我们理解和应对这一难题的有力工具，它不仅探讨了多重角色如何相互影响，还阐明了实现自我价值的关键路径。

角色平衡的内涵

什么是角色平衡。角色平衡指的是个体在同时承担多重社会角色时，能够调节好各角色之间的关系与投入，使之彼此和谐、互不冲突，并在此过程中获得满足与成长。它不只强调"不冲突"，更强调各角色之间的积极互动（如角色互补、角色促进），使个体同时获得多重益处。同时，它还强调个体"在不同角色中保持自我一致性"的能力，也就是能在多重身份中依旧保持内在的整合与自我认同。

多重角色与自我实现之间的关系。自我实现是人类更高层次的需求，即充分发挥自身潜能、达成个人价值与意义的过程。在多重角色中，如果能平衡并善用各角色的资源，就能更加全面地发展自己的兴趣、特长和社会联系，为自我实现提供更多可能性。比如，一个人在家庭中学到的耐心和沟通技巧，也能运用到职场上，与同事或客户建立良性合作；同理，在职场上获得的成就感和

自信，也能为家庭生活注入积极能量。

多重角色的挑战与机遇

角色冲突与角色过载。角色冲突是指来自不同角色的要求相互矛盾或竞争，个体无法同时满足各方需求，易导致压力、焦虑或自我怀疑。例如，某位职场母亲需要加班赶项目，但家里孩子又生病需要照顾，职业角色与母亲角色间就会产生明显冲突。

角色过载是指角色数量或角色要求过多，个体身心疲惫，难以平衡。当一个人既要当"全职上班族"，又要"周末经营副业"，甚至还要照顾家庭与年迈父母时，时间和精力都可能不堪重负。

角色累积与角色促进。与冲突相对，角色平衡理论也提出了"角色累积"和"角色促进"的观点，指出拥有多个角色并不一定意味着负担，还可能带来正面影响。

角色累积是指个体在承担多重角色时，能够积累更多社会资源、人际链接与心理能量。

角色促进是指从一种角色中获得的知识、技能、支持及成就感，能积极地迁移到其他角色当中。例如，一位在社区当志愿者的人，学习到与陌生人沟通的技巧，也能在职场上增强谈判与公关能力；在工作中学到的团队协作能力，也能在家庭生活中营造更和谐的氛围。

角色平衡理论的关键要素

自我认同。平衡源于对自我价值的清晰认知。只有当我们明白"我是谁""我最在意什么"，才会在多重角色间做出更恰当的取舍与调和，不至于在外部需求的拉扯下迷失自我。而要做到自我认同，首先需要我们在不同阶段，根据个人价值观与客观情势，做出角色优先级排序。其次，即便我们承担了多种角色，也应对自己的核心价值和目标有基本共识，避免相互冲突。

资源管理。时间、精力、情感等都是有限的资源。角色平衡需要学会合理分配与管理这些资源，使其在不同角色间切换时不至于出现"资源匮乏"。要做好资源管理，首先需要管理好自己的时间。比如，制定行程表、提前规划重要事项，避免冲突。其次还要学会在角色转换过程中及时调整心态。比如结束了一天的疲惫工作后，放下情绪，以积极的方式回归家庭。

边界设置。角色平衡的另一个关键在于设定清晰而灵活的"边界"，既能在必要时保护个体免于过度"牺牲"，也能在需要时保持相对的弹性。例如，在下班后给自己一定的"免打扰"时间，用于陪伴家人或自我休息。学会对不合理的要求说"不"，建立自我保护机制，以免陷入角色过载。

社会支持。没有人能孤立地完成所有角色任务，充分的社会支持系统是实现角色平衡的必要条件。家庭成员之间相互体谅和分工，能减少角色冲突带来的压力。如果公司或团队能理解员工的多重身份需求，提供一定的弹性工作制或人文关怀，就能有效降低员工的角色冲突感。志同道合的朋友、社区或兴趣小组，可以带来心理与信息方面的双重帮助，让个体更好地应对多重角色的挑战。

角色平衡与自我实现：相互促进的循环

当我们在多重角色间找到了平衡点，不但会减少冲突带来的负面影响，也能充分利用各种角色带来的资源与机遇。久而久之，这种平衡会形成一个良性循环，进一步推动自我实现的进程。

获得更多成长机会。不同角色往往对应着不同的生活领域和技能需求。角色平衡能让人以更开放、更从容的姿态迎接多样化挑战，同时锻炼多元能力。

自我价值感提升。当个体意识到自己能在多重角色中良好运转，就会收获强烈的成就感与幸福感。这种正向体验会增强自信和动力，也为其他角色的投入提供更多心理能量。

社会关系更加稳固。一个在家庭、职场和朋友面前都能兼顾角色需求的人，往往会与周围人保持更健康、更积极的互动。这不仅减少了冲突带来的消耗，还能让自己获得更多爱与支持。

内在整合与意义感。角色平衡能让个人在多重身份中形成内在的统一感，进而满足自我实现的更高需求——对生命意义的追寻。因为当不同角色都能被合理安排、彼此交融时，个体对"我为什么活着""我能为世界贡献什么"的问题会有更深入的思考与行动力。

活出多维度的精彩

在这个高速运转的现代社会，人们似乎天生就要身兼数职，扮演多种角色。当我们无法妥善应对角色冲突和角色过载时，焦虑、压力与迷失就会席卷而来。而角色平衡理论给予我们新的思路：多重角色并不一定是负担，只要我们能在自我认同、资源管理、边界设置及社会支持等方面做出智慧的选择，就能让这些角色相互促进、为彼此赋能。更为关键的是，角色平衡并不是追求外表的"面面俱到"，而在于内心的成熟与和谐——在各种身份切换中，始终保持自我的核心价值与信念。

当我们能在多重角色的交织下依旧微笑、从容，就会发现，所谓"自我实现"，不再是高高在上的理想，而是日常生活中真实可触的幸福与满足。其实，每个人都能在这场角色平衡的旅程中，活出多维度的精彩。

六、寻找平衡的路径

优先级的识别：找准生活的方向

在寻找平衡的路上，最重要的一步是识别优先级。也许我们很想把所有的事都做得完美——在职场上冲刺，在家庭中尽责，但事实上，这样往往会让我们更加疲惫、无所适从。生活中的优先级就像一张地图，它指引我们找到重要的方向，帮助我们知道在不同的时间该投入在哪一方面。

亚马逊的创始人杰夫·贝索斯是个在事业上极具抱负的人，事业的快速发展曾经让他几乎所有时间都扑在工作上。但渐渐地，他意识到，这样高强度的工作也让他忽视了家庭和个人生活。为此，贝索斯做了一个重要的选择——他开始设立家庭和工作的优先级。当孩子出生时，他会放慢工作节奏，甚至推掉一些重要会议，优先陪伴孩子成长。他曾说过："我的人生观是长远的，我希望孩子们在我老去时依然记得那些温馨的时光，而不是我加班的夜晚。"

贝索斯的选择提醒我们，优先级的设定不只是某个时刻的决策，更是对人生方向的把控。我们不必将每一件事都放在同一个优先级上，而是可以根据生活阶段和需求，给每件事一个恰当的位置。

温柔贴士：如何识别自己的优先级

思考当前最重要的目标。每个人的生活中都有最重要的事。试着问问自己：如果今天有一件事我必须完成，那会是什么？从这件事中，我们往往可以找到最核心的优先级。

分阶段安排生活。优先级会随时间的变化而变化，比如，在孩子幼年时，可能需要优先家庭；而当事业遇到重要机会时，工作可能更值得投入。给自己一个宽松的思维空间，允许优先级根据情况灵活调整。

设定界限：为生活加上一层保护

设定界限，就像在生活中加了一层保护膜，它让我们能够集中精力在当下，不会因为过度的工作或家庭负担而感到疲惫。这不只是时间管理，更是对自我和生活的一种尊重。

安吉丽娜·朱莉作为好莱坞的知名影星，她需要兼顾家庭和事业，平衡拍片、家庭与公益活动的需求。为了让生活不至于被各种事务挤压，她为自己设定了清晰的生活界限。她在接受采访时说，每天留出两个小时的"妈妈时间"——不接电话、不看剧本，专心陪伴孩子们。这段时间不仅让她可以专注于家庭，还让她在面对工作时更加从容。

朱莉的做法让我们看到，设定界限并不意味着"逃避"或"推脱"，而是一种积极的管理方式。它让我们拥有时间的自主权，也让生活中的每个部分都可以真正得到我们的关注和爱。

温柔贴士：设定清晰的界限

区分工作与家庭的时间。即使在家中办公，也可以为自己设定一个下班时间。当进入家庭时间时，尽量不被工作干扰，让家人和自己都能感受到陪伴的存在。

灵活运用切换仪式。从工作到家庭角色切换时，可以借助一些仪式，比如，关上电脑、洗个脸，或者给家人一个拥抱，这样能够帮助自己顺利进入角色。

灵活应对：学会适应生活的变化

找到平衡的一个重要前提，是懂得灵活调整。生活中难免会出现突如其来的变化，比如工作上的紧急任务、家庭成员的突发情况。如果我们总是坚持一成不变的安排，反而会让自己陷入疲于应对的状态。灵活应对的关键，是保持心态的开放，随时准备在生活的波动中找到新的节奏。

科学家玛丽·居里不仅在放射性研究上取得了非凡成就，同时还是两个孩子的母亲。她在生活中始终坚持一种灵活的平衡方式。在研究中，她会全身心投入，甚至夜以继日地工作；而当女儿们需要她时，她会放下实验，陪伴在家人身边。居里从未追求一个固定的平衡模式，而是随时根据生活需要调整。她的灵活应对，让她不仅成就了科学事业，还成为两个女儿的引导和榜样。

居里夫人的故事启示我们，平衡不必是"一劳永逸"的状态。我们可以在需要的时候适当调整生活方式，不必纠结于"做不到全能"而产生压力。灵活应对，让我们在生活的变化中保持平和。

温柔贴士：如何保持灵活的生活方式

随时评估生活状态。每周花几分钟时间反思，评估自己在工作和家庭中的状态，看看是否需要调整生活节奏。

为突发事件留出空间。不要把每天的行程排得满满当当，给自己留出一些弹性时间，当生活出现变化时，可以更从容地应对。

温柔的自我宽容

在寻找平衡的过程中，最重要的一课是学会温柔对待自己。很多时候，我们会因为没能做到"完美平衡"而自责，觉得自己没有尽到责任。然而，生活中的平衡不是一场完美的比赛，而是一种自我接纳的旅程。当我们能够允许自己在某些时刻偏向工作，或者在一些日子里多陪伴家人，内心的压力反而会逐渐释放。

奥普拉·温弗瑞在平衡家庭和事业的过程中，也经历了许多挑战。她逐渐学会不再苛责自己，不再总是追求尽善尽美。她坦然地接受了生活中的不完美，并且用温柔的心态对待自己。在一次演讲中，她说道："你要学会给自己留出一些喘息的空间，因为我们不可能都面面俱到。生活不需要完美，只需要你有足够的爱和温柔去包容一切。"

奥普拉的心态让我们看到，宽容不是懈怠，而是一种积极的自我接纳。当我们允许自己在追求平衡的路上"犯错"或"走偏"，心灵会更轻松，生活中的平衡也会自然出现。

温柔贴士：温柔地对待自己

接纳偶尔的偏离。在追求平衡时，难免会有不完美的时候。试着对自己说"这没关系"，给自己一些温柔的安慰，让心态保持放松。

定期充电。找到属于自己的"充电方式"，无论是阅读、冥想还是短途旅行，让内心获得休息。只有在充沛的精力中，我们才能更好地实现生活的平衡。

找到属于自己的节奏

寻找平衡，不是别人定义的模式，而是找到自己的节奏。每个人都有独特的生活方式，有自己在家庭和事业中的安排。在这个过程中，最重要的是理解自己真正的需求，尊重自己的生活方式，让平衡自然地融入日常。

找到平衡的路径，不是追求完美，而是学会与生活和解。在优先级的设定中，我们找到重要的方向；在界限的设立中，我们为生活腾出专注的空间；在灵活应对中，我们在变化中找到轻松；在温柔的自我宽容中，我们让生活多了一份自在。就像奥普拉所言："平衡不是你有多强大，而是你有多温柔地对待生活的智慧。"

让生活找到属于你的节奏，温柔地接纳每一个选择。因为生活的平衡，并不是去赢得每一刻的完美，而是在每一个当下，都找到那份属于你的宁静和力量。

第三章 微小的改变，巨大的影响

不积跬步，无以至千里。

—— 荀子

一、改变不是推翻，而是优化

在现代社会，快节奏的生活使得人们习惯追求速成，比如"7天练出好身材"或"一夜暴富的秘诀"。这种短期思维忽略了积累的重要性，也让许多潜在的伟大成就湮没于半途而废之中。哈佛大学教授詹姆斯·克利尔在他的畅销书《原子习惯》中写道："如果每天进步1%，一年下来将进步37倍。"这是数学的奇迹，也是量变引起质变的精髓：当前的每一个微小行动，都与未来的巨大成就紧密相连。

改变的力量常常潜藏在那些被忽视的微小选择中。一颗微不足道的石子投入湖面，激起的涟漪可以延展至远处的岸边。同样，一个看似简单的行为，也能引发深远的后果。心理学中有一个著名的"蝴蝶效应"理论，指出一个微小的初始条件的改变可能导致不可预知的巨大后果。生活中的许多转折，其实正是源于一次小小的选择。

提到"改变"，许多人都会感到一种本能的抗拒。它似乎意味着摧毁已有的秩序，抛弃熟悉的舒适区，甚至推翻我们赖以生存的基础。然而，真正深刻的改变，并非摧毁和破坏，而是优化与调整。改变不是一场革命，而是一场进化，是在保留核心价值的基础上，让事物变得更好、更符合未来的需求。

改变之所以令人恐惧，是因为我们对未知充满不安。人类本能地渴望稳定，喜欢熟悉的环境和习惯，因为这些能带来安全感。而改变则打破了这种稳定，让人不得不面对不确定的未来。

但真正让人止步不前的，往往不是改变本身，而是我们对改变的误解。我们常常认为，改变意味着放弃已有的一切，甚至承认过去的失败。然而，改变并非要彻底推翻过去，而是对现有状态的优化与迭代。它不是割裂，而是延续；不是摧毁，而是重塑。

改变之所以是优化，而非破坏，是因为它往往建立在已有的基础上。在历史和现实中，那些真正有意义的改变从来都不是从零开始，而是在已有的框架上，寻找更高效、更合理的方式。日本丰田汽车的"改善"哲学便是一个典型的例子。这种理念强调通过持续的小调整来提高效率、降低成本，而不是彻底改变流程或推翻整个系统。例如，丰田汽车的生产线上并没有进行激进的改革，而是通过一点一滴的优化，让工序变得更加流畅和精确。这种改变不仅提升了企业竞争力，还最大限度地保留了原有的稳定性。这种方法告诉我们，改变不一定是颠覆性的突破，它更可能是通过不断优化已有的资源和方法，推动渐进式的进步。

在改变的过程中，保持核心价值至关重要。真正成功的改变，从不会背离事物的本质，而是围绕核心进行优化。正如建筑师在翻修老房子时，会尽量保留它的历史风貌，同时改善结构和功能。这种改变不是否定过去，而是尊重与重塑，让老房子既保留过去的记忆，又能适应现代生活的需求。

生活中的改变也是如此。想要改掉坏习惯的人，并不需要彻底改变自己的性格，只需找到一种新的、更有效的方式去行动。比如，从"每天锻炼两小时"这种难以持续的目标，转变为"每天步行 20 分钟"。这种优化的改变，更符合实际，也更容易融入生活。

改变不是简单的增减，而是一种智慧的取舍。优化意味着清晰地知道哪些是必须保留的核心，哪些是需要调整的细节。这种能力的本质，是一种对事物本质的深刻理解。《论语》中有一句话："和而不同。"这句古语可以看作改变的哲学表达：改变并不意味着完全同化或否定，而是找到保留和调整之间的平衡。在任何改变中，我们都需要明确自己的底线和目标，确保优化的过程不会偏离原有的价值体系。

改变是一个持续的过程。每一次优化都是为下一次更深刻的改变做准备。就像手机的系统更新，每一次小幅度的改进，都在为用户带来更好的体验，而不会一夜之间让用户完全适应不了。这种细微的改变，能够让我们在保留熟悉感的同时，逐步适应新的状态。这种持续的优化也适用于个人成长。试图在短时间内彻底改变自己，往往会因为难以坚持而失败。而通过每一天的小改变，比如多读几页书、每天早睡 10 分钟，积累下来的力量才是持续改变的真正核心。

改变是优化，是让我们离目标更近的一次次尝试。它并不意味着对过去的否定，而是对未来的期待。破坏性的改变带来焦虑和不确定，而优化式的改变则让我们在稳定中进步，在熟悉中感受创新的力量。最终，我们需要明白，改变不是摧毁和重建，而是接受现状的不足，并在此基础上追求更好的可能性。这种改变让我们能够在拥抱变化的同时，保持初心和核心价值。

二、破除完美主义的束缚

我们在生活中追求改变的时候，往往会被一种完美主义的心态所束缚。我们渴望一口气达成所有目标，希望看到显著的成效，觉得"既然要做，就必须做到完美"。正是这种想要"一步到位"的想法，让很多人对进步望而却步。生活中，许多愿望和目标都因为这份完美主义的压力，停留在心中的某个角落，未能实现。

完美主义，像一条看不见的绳索，紧紧缠绕在我们每个人的心头。它不仅定义了我们生活中的目标与方向，还深深塑造了我们的自我认知与行为方式。每一次失败，都是对完美的背叛；每一分努力，都是为了缩短与理想之间的差距。然而，这种无休止的追求，真的是我们心中渴望的吗？完美的理想，究竟能给我们带来什么？挣脱完美主义的枷锁，或许是通往自由与真实的唯一路径。

完美主义的根源：从"足够好"到"永远不够"

完美主义的诞生，往往源自我们对"不够好"的深刻恐惧。我们害怕被别人看作无能、平庸，甚至连自己都无法接受自己的不完美。因此，我们开始设立一条条看似合理、实则遥不可及的标准，试图通过无止境的努力来弥补内心的空洞。然而，在这个过程中，完美主义并非解决问题的良方，反而加剧了我们的焦虑。

我们的焦虑并非源自外界的评价，而是源自内心对"足够好"的疑虑。在这种内心的驱动下，完美主义变成了一种无形的枷锁，它不仅限制了我们的创造力，还让我们始终停留在无意义的比较与自我审视中，无法真正突破。

追求完美，陷入虚幻的镜像

完美主义的最大谬误，是它将"理想"与"现实"混淆。我们以为，完美是一个可以衡量的目标，是一种可以达到的标准。但事实却是，完美是一种极度个人化的幻想，它根本没有固定的轮廓。每个人对完美的定义各不相同，社会对完美的期待也日新月异，而这些不断变化的标准最终导致的，往往是"永远追不上"的迷惘。

我们活在自己所设定的完美镜像里，日复一日地拼命追赶。然而，这面镜子却永远无法反射出真实的自己。每一次努力，都只是对"理想自我"的一个模糊靠近，却无法真正让我们满足。完美主义不仅无法让我们靠近真实的自我，还让我们迷失在虚幻的自我之中，错过了生活中的真正意义。

完美主义：自我与他人的囚笼

完美主义不仅压迫我们自己，还潜移默化地影响着我们与他人的关系。在追求完美的过程中，我们不断审视别人是否符合自己的标准，将他人也置于同样的"高压"下。我们要求他人达到"理想"状态，这样我们才能感到安心与自信。但实际上，这种要求并非真正的爱与关怀，而是一种对完美无意识的执着。

当我们将这种标准强加给他人时，我们也忽略了他们的独特性与不完美。每个人的生命轨迹都充满了差异与变数，试图用一个固定的标准去衡量他人，实际上是在剥夺他们的自由与成长空间。完美主义让我们与他人的关系变得紧张与脆弱，让我们无法真正接纳别人，也无法被别人接纳。

释放自我：从"做对"到"做真"

如何挣脱完美主义的枷锁？或许，我们应从一个更根本的角度来审视"完美"本身。完美的标准并不是衡量人生的唯一标准，人生的意义不在于"做对"，而在于"做真"。

做真，并非一味地放纵自己，而是在行动中保持真诚与自觉。当我们不再追求无止境的完美时，我们才有可能真正感受到内心的平和。放下完美主义，我们会发现，所谓的错与不足，正是成长的"碎石"。每一次的失败，都蕴藏着丰富的生命经验；每一次的自我超越，才是真正的完美。

在与他人交往中，当我们不再要求他们符合某个理想的形象时，我们反而能够看到他们最真实的光辉。我们学会了接纳不完美的人与事，学会了放下偏见，去欣赏生活的多样性与复杂性。正是这种宽容与接纳，让我们脱离了完美主义的束缚，拥有了更加深刻的内心体验。

完美的倒影：发现真实的自己

挣脱完美主义的枷锁，最终是为了找回"真实的自己"。每个人的生命都是独特的，而这种独特并不意味着要去迎合某种标准，而是要活出自我最深处的状态。我们不需要通过无尽的完美来证明自己的价值，我们的存在本身就已经足够珍贵。

与其在虚幻的完美中追逐，不如在每一个不完美的瞬间，找到真实的力量。接受每个细微的瑕疵，它们是你生命的烙印，赋予你力量、智慧和韧性。最终，你会发现，正是这些"瑕疵"，构成了生命最具力量与深度的部分。

三、"股神"沃伦·巴菲特的复利效应

沃伦·巴菲特，投资界的传奇人物，拥有亿万财富，被称为"股神"。他的投资哲学和策略被无数人推崇和效仿，但他所创造的惊人财富并非一夜之间积累而成，而是数十年来坚持"复利效应"的结果。复利效应，是一种看似平凡，甚至不起眼的积累过程，但在巴菲特的手中，这个效应展现出了巨大的魔力。巴菲特的故事告诉我们，真正的财富和成长，不在于一蹴而就的改变，而在于日复一日的积累。

巴菲特的投资故事从他年轻时便开始了。他9岁时在家附近的图书馆借阅了第一本金融投资的书籍，开始接触投资理念。13岁那年，他用自己跑报纸积攒的零用钱买了人生中的第一支股票。从那时起，巴菲特便明白一个道理：财富不是通过一次性的大收获获得的，而是在点滴累积的过程中，逐渐积蓄力量。他始终秉持"复利效应"的核心理念：每一笔收益都不急于消费，而是

投入下一轮投资中。这种理念贯穿了他的投资生涯，让他的财富在时间中不断"膨胀"。

他投资的"复利效应"其实非常简单：采用一种"滚雪球"的模式，将每一笔收益再次投入市场，用时间去加速财富的增长。比如，他投资一家企业，哪怕这家企业一开始的收益并不高，他也不会轻易放弃，而是选择让收益一点点滚动增值，逐渐达到惊人的效果。每一笔小小的收益，都会因为复利的不断叠加而成倍增长。这样的累积虽缓慢，但只要坚持，便能获得巨大的回报。正如巴菲特所说："财富的秘密在于积少成多，而非一次性暴富。"

巴菲特一生的财富积累了几十年，从未追求快速而高风险的投资，而是依赖时间和复利的力量。他曾经做过一个形象的比喻：投资和复利就像滚雪球，雪球越滚越大，雪越多，雪球也越大。我们开始的时候可能只有一小团雪球，但随着时间的推移，这团雪球会在时间的作用下不断增加，最终形成一座无法撼动的财富山峰。也正因为这一简单而坚定的理念，他最终积累了惊人的财富，并成为全世界数一数二的富豪。

他的财富成就了自己，也成为世人眼中的"神话"。但巴菲特坦言，财富的累积并不源自天才的判断或超人的智慧，而是因为他拥有一种温和的耐心和坚定的信念。他相信每一次小小的收益、每一个微小的改变，都会在时间的作用下成倍增长。不管是投资还是生活，稳扎稳打、积累微小的进步，终能成就非凡。

巴菲特的复利哲学，不仅适用于投资，还适用于生活的方方面面。我们生活中也常常对大目标和梦想充满渴望，但往往会因为难度和复杂性而退缩，觉得要实现它们需要太多的时间和努力。实际上，任何改变和成就都可以从小开始。就像他在金融投资中的复利原则一样，生活中的成长和积累也需要每一天的微小改变。正如巴菲特所说："复利的奇迹在于时间，让一个小小的数值在时间的作用下，产生无法预料的增长。"

巴菲特的故事不仅展示了复利在财富增长中的力量，还向我们揭示了一种生活的智慧：积累的力量比一时的努力更持久。我们不需要为了达成目标而承受巨大的压力，也不必追求快速的成就。生活中的改变和成长，是在每一天的小小努力中慢慢成形的。我们所需要的，只是对复利效应的信任——相信时间的力量，相信小小的正向积累终将带来美好的结果。

实现梦想是一个缓慢且反复的过程。面对破碎的陶器，我们无法一夜之间复原它的完整；同样，梦想也不能在短时间内实现。每一片碎片的拼合，都需要细致的观察、稳妥的黏合和反复的调整。心理学家乔丹·彼得森曾说："不要试图解决所有问题，而是从最小的一件事开始改善。"坚持是实现梦想的第一步，试着从一个小的方面重新入手，而不是试图一次性换掉全部。这个过程或许会让人感到慢，但正是在耐心中，我们学会了接受并重新定义自己的步伐。

四、真实案例：一位普通职员的"1% 法则"

曹梦（化名）是一位普通的职场女性，年过 30，担任一家公司的行政助理。她的生活并不轻松，每天要在早晚高峰的拥挤中奔波，在公司里忙于处理日常琐事，回到家后还要照顾孩子的生活起居。如此日复一日让她常常感到疲惫不堪，也逐渐失去了对未来的期盼。曹梦并不认为自己是一个有特殊能力的人，也没有什么出众的才华，但她总有一种隐隐的失落感，仿佛在繁忙的日常里，自己被生活逐渐淹没，离心中的梦想越来越远。

曾经的曹梦是一个对生活充满热情的人。她喜欢写作，喜欢在夜晚读书，喜欢记录下生活中的小细节。然而，婚后的生活和工作的繁忙，让她几乎放弃了所有的兴趣爱好。她曾试图调整自己，甚至立下"每天读完一本书"这样的目标，可是一旦遇到孩子生病或工作突发状况，所有的计划便瞬间被打乱。她开始觉得自己可能再也无法回到那个对生活充满激情的状态，甚至开始对自己产生一种无力感，认为生活的改变可能只属于少数"幸运的人"。

某天晚上，她偶然读到一本书中提到的"1% 法则"，书中这样写道："如果你每天只进步 1%，一年后，你将比今天的自己进步 37 倍。"这句话像一缕阳光照进她的内心，让她突然意识到，改变并不一定非得是大刀阔斧的，也许每天一点点的小进步，也可以让生活慢慢好转。她开始想，或许自己并不需要每周写完一篇文章或每天看完一本书，而是可以从非常小的目标开始，不追求一蹴而就，而是给自己一点点余地，缓慢而坚定地前行。

于是，曹梦给自己设立了一个微小的目标：每天早起 10 分钟，利用这段时间阅读几页书，或写下当天的感受。起初，她觉得这样的目标几乎不会带来任何变化，但在接下来的日子里，她始终坚持着这项"1% 的进步"计划。她每天都会坚持早起几分钟，虽然只是短短的一小段时间，却让她感到久违的宁静。渐渐地，她开始享受这份属于自己的时间，并对这点小小的坚持产生了成就感。很快，曹梦发现，她不仅开始重新拾起了写作的习惯，内心的疲惫和迷茫也在一点点消散。

随着日子一天天过去，曹梦在阅读和写作中重新找回了自己的热情。她不再纠结于每次进步多少，而是享受每一个小小的成就。她开始用"1%法则"对待生活中的其他方面，比如，在公司里每天主动和同事交流、学习新的办公技巧，或者在家庭中每天为家人准备一道简单的小菜。这些改变看似微不足道，在日积月累中，让她的生活发生了深刻的变化。

大半年后，她发现自己在公司里逐渐被同事们认可，不再是那个默默无闻的助理，而是一个被信任和尊重的同事。她甚至开始策划公司的一些小活动，帮助团队建立更好的氛围，逐渐赢得了领导的关注。生活中，曹梦和家人的关系也因为她的用心变得更加温馨，尤其是孩子，开始期待和她分享每一天的小事。她开始意识到，自己对家庭的付出和坚持，也在让孩子和家庭变得更温暖。

"1%法则"让曹梦明白，生活的改变从来都不是在短时间内完成的，而是需要每一天的积累。她的进步或许不会一夜之间带来巨大成效，但正是这些微小的努力，一点点地改变了她的生活，让她的内心重新找回了对生活的掌控感。她意识到，自己并不需要具备惊人的天赋或出色的才华，真正的改变来自每天的"1%"，来自每天早起 10 分钟阅读，来自工作中和同事的每次真诚沟通，来自家庭中的每一个温馨时刻。

一年过去后，曹梦回顾这段"1%的改变之旅"，惊讶于它带来的深刻改变。她不仅在职场中找到了自己的位置，还培养了浓厚的兴趣和自信，生活逐渐被一种温暖和满足填满。如今，她在公司里被同事们尊称为"百科书"，许多人会主动向她请教工作上的问题；在家中，她不仅是孩子的依靠，还是孩子的榜样。这一切，并不是因为她有特别的才华，而是因为她选择了用"1%法则"温和而坚定地改变了自己。

曹梦的故事告诉我们，生活中的大改变往往隐藏在最不起眼的小细节中。她用微小的改变积累出了巨大的能量，也让她重新找回了自信。也许我们每个人都可以像她一样，不必一开始就期待翻天覆地的转变，而是通过每天的 1%

积累，为自己的人生注入持久的力量。微小的进步让我们变得更好，而这份成长的信念，正是"1%法则"赋予我们的美好礼物。

五、微小改变的路径：分解目标，逐步前进

设定小目标：从"可以完成"的目标开始

生活中，设定小目标并不意味着追求微不足道的成就，而是将庞大的梦想分解为一个个踏实、可行的小步骤。很多人设定目标时，往往因为设得过高而难以坚持，久而久之，这种目标不仅变成了负担，还会带来一种"我做不到"的心理暗示。心理学中有一种"自我效能感"的概念，指的是个体对自己达成目标的信心和信念。如果我们能够成功完成一个目标，哪怕这个目标很小，内心的成就感会让自我效能感提升，从而在下一个目标中继续获得动力。因此，设定小目标的关键在于让它们可行且能带来持续的成就感。

例如，假设你的目标是"每天运动一小时"，一开始或许你会觉得充满干劲，但经过几天，突发的日程安排、身体的疲惫感等很容易让你中断计划。这时，不妨将目标调整为"每天做10分钟拉伸"，或"每周运动3次，每次15分钟"。小目标让我们在起步阶段更容易找到自信，不再因为过高的标准而停滞不前，而是在每一次小小的完成中积累信心。小目标并不是退而求其次，而是让改变的过程更贴近实际，让每一天都可以进步一点点。

目标分解的方法：SMART原则

分解目标时，SMART原则是一个经典的工具。它能够帮助我们设定清晰、具体且易于操作的目标，而不是模糊的愿望。比如，设定"每天写一篇文章"可能显得空泛、不切实际，但按照SMART原则，改成"每天写50个字、持续一周"就会显得清晰、可操作，而且在完成后有明显的成就感。SMART原则的每一个要素都帮助我们将目标"具体化"，让它变得真实且具备可操作性。

比如说，如果目标是"更健康的饮食习惯"，SMART化的目标可以是"每周吃一次素食餐"，这样可以避免目标的模糊带来的拖延倾向。这样分解之后的目标更具有吸引力，因为完成它不需要超出能力范围。SMART原则不只适用于日常目标设定，实际工作中的任务分解也同样适用。越是清晰具体的目标，越容易在日常生活中付诸实践。

记录进展：每天的小成就

每天记录进展是建立成就感和持续动力的重要方式。许多时候，我们之所以难以坚持，是因为觉得进步不可见，或者"成效不显著"。通过记录进展，哪怕是一天完成一个小小的任务，也会让人感到有一份温暖的成就感。记录进展的方法可以非常简单：准备一个小本子，每天写下完成的事情，比如，"今天早起10分钟""看了5页书""散步了20分钟"；也可以使用一些记录应用，比如，"晨间日记"记录进步的细节。

这种记录方式不仅能让我们更加关注每一天的进步，还能在日复一日的点滴积累中找到一种内在的满足。回顾这些记录时，你会发现每一小步都在推动生活的前行，自己也在不知不觉中变得越来越好。记录的过程同时也是一种反思，在每天结束时记录自己完成的事项，可以帮助我们了解哪些目标更适合自己，哪些习惯更容易坚持。

享受过程：把每一个小目标当作旅程中的风景

很多时候，追求目标的过程会带来一份无形的压力，让我们不自觉地忽视了过程中的乐趣。心理学研究表明，关注过程和当下的人，更容易在追求目标时获得满足感，也更容易培养持续的动力。让自己享受过程中的每一个小成就，而不是被最终目标牵着鼻子走，能帮助我们在生活的追求中获得更多的幸福感。

比如，当你设定每天阅读5页书的目标时，不要急于完成这5页，而是专注于书中的内容，享受阅读带来的宁静时光。学习一项新技能也可以带着探索的心态，不必在乎每一次是否完全掌握，而是让每次尝试都变成一次学习和成长的机会。生活中，每一个小目标的实现都是旅程中的风景，而不是目标本身。学会把实现目标的过程变成一种乐趣，让每一个细微的改变都能成为生活的点缀。

奖励机制：为自己设立小小的鼓励

设立奖励机制是增强动力的一个小技巧。我们通常会在努力完成任务后，给自己一些奖励，比如，成功坚持一个月的早起习惯后，奖励自己一件心仪已久的物品。这样的奖励机制不仅能让目标完成变得更有动力，还能在坚持中找到一种仪式感，让我们更有坚持下去的理由。奖励不需要太昂贵，哪怕是喝一杯喜欢的饮品、看一场喜欢的电影，都是对自己付出的肯定。

奖励机制的关键在于让目标的实现不再是一种义务，而是充满乐趣的旅程。它帮助我们在追求目标时拥有更多的愉悦感，而不是"强迫自己完成"。奖励机制让生活的改变多了一份"为自己而做"的温暖，而不仅仅是为了达成一个任务。通过奖励，我们也在不断强化对小改变的信心，让每一小步的坚持都有一种庆祝的意义。

反思与调整：灵活适应，逐步提升

改变的过程并非一成不变，反思和调整是长期坚持的重要工具。生活中不可预见的事情时常出现，导致我们不得不临时更改计划，而不灵活的目标设定会让我们在遇到困难时感到无力。比如，设定的健身目标是每周 5 天运动，如果碰上了加班或者生病，无法完成目标，我们便很容易因此产生自责和挫败感。因此，每周或每月对自己的目标进行反思和调整，可以帮助我们灵活应对现实的变化，也能让目标更贴合当下的需求。

反思时，不妨回顾最近一段时间的记录，看看哪些目标适合自己、哪些还需调整。或许有些目标可以适当放松，有些目标可以进一步挑战。灵活的调整不仅让生活更加贴合实际，还能够帮助我们减轻心中的负担。改变的路上并没有唯一的答案，反思和调整让我们在实践中不断发现更适合自己的方法，使每一小步都更加稳固。

时间的力量：相信积累的魔力

微小改变的最终成效往往需要时间去检验。我们总是期待立即看到成效，但实际上，改变的累积是一个缓慢且深刻的过程。就像巴菲特的复利效应一样，微小的改变在短时间内或许不会产生巨大变化，但随着时间的推移，它会带来深远的影响。无论是读书、健身还是工作技能的提升，每天的 1% 进步在一年后都会形成质变。我们需要给自己多一点耐心，用时间来积累和见证这些微小改变的成效。

时间的力量告诉我们，真正的改变不是通过一时的努力实现的，而是通过每一天的积累成就的。当你能够坚持一件事数月、数年，哪怕最初只是微小的进步，也会让人感到惊叹。或许短时间内无法看出显著的效果，但在日积月累中，改变会慢慢呈现出质的飞跃。让每一天的努力成为积累，让生活在微小的坚持中焕发新的光彩。

六、微习惯理论与复利效应

微习惯理论：改变的起点

"微习惯理论"由心理学家斯蒂芬·盖斯（Stephen Guise）提出，他在书中特别强调，微小而不费力的行动才是改变的最佳起点。微习惯的核心理念是从一个极其微小的改变开始，比如，每天做 1 个俯卧撑、每天读 1 页书。这些微小目标之所以有效，是因为它们几乎不会引起内心的抵触情绪，也不会带来压力感。小到"几乎不可能失败"的目标，让人感到轻松愉快，这也让人更容易逐步达成。

传统的目标设定往往会让我们感到压力倍增。比如，设定每天早起一小时写作或每天读完一章书，可能一两天内可以坚持，但随着生活的琐事和意外打破计划，我们往往难以为继。微习惯理论正是意识到这一点，它要求我们从"几乎不可能失败"的小行动开始，让行为成为日常生活的一部分。例如，如果你想培养读书的习惯，不需要从高强度阅读开始，而是每天读 1 页。久而久之，当这种小行动成为习惯后，你会自然而然地增加阅读量，逐渐建立起持久的阅读习惯。

微习惯的另一个优势在于"低成本高回报"。由于每一个小目标并不困难，我们在执行时不会产生心理负担，每天达成目标后，也会带来内在的满足感。这个成就感会产生积极的心理暗示，让人觉得"自己做得到"，从而增加信心，进而开始提升目标。微习惯不仅让改变的过程更加轻松，还会让人对每一次小小的进步产生成就感。在这个过程中，微小的改变逐渐带来了行为模式的转变，从而一点点塑造出更加积极、健康的生活方式。

实践微习惯：从小开始，积少成多

微习惯的应用非常灵活，无论是阅读、健身，还是其他生活习惯，都可以以微小的目标起步。比如，如果想要开始冥想练习，可以从每天 1 分钟的冥想开始；想要学习一项新技能，可以从每天花 5 分钟观看视频教程开始。重要的是，每个微习惯的目标设定都应该非常小，以确保能够在日常生活中轻松完成，避免放弃的心理。微习惯让我们在追求改变时更具弹性和耐心，避免了因短期目标过高带来的放弃心理。

温柔影响力

复利效应：时间的力量

复利效应是巴菲特等投资大师强调的概念，但实际上它同样适用于生活中的每一个改变。复利效应的奥秘在于"时间＋坚持"的乘积。当我们在某一方面不断付出，即使每天的进步极其微小，时间一长，这些进步便会转化成巨大的收获。

心理学中的"行为累积"也类似于复利效应。生活中，哪怕是每天进步1%，一年下来也会产生极其显著的改变。比如，每天花 10 分钟学习一门新语言，看起来微不足道，但一年下来便是超过 60 小时的积累。在这种"复利"模式下，改变的幅度在日复一日的努力中不断增大。坚持的复利不仅让人收获新的技能，还会让人对自我信心逐渐提升，从而在生活的其他方面更加从容自信。

实践复利效应：日积月累的力量

复利效应需要我们有耐心，也需要我们相信日积月累的力量。在生活中，我们可以应用复利效应，让它帮助我们通过微小的改变带来显著的提升。比如，如果你的目标是提升身体素质，可以从每天做 5 分钟的锻炼开始。随着习惯逐渐养成，你可以慢慢增加时间，甚至加入更多种类的锻炼，最终达到更高的健康水平。

复利效应还可以应用在财务管理、学习成长等方面。比如，为自己设立一个每月存储一定金额的储蓄计划，逐月增加金额，复利效应将在几年后带来可观的财务积累。同样，学习新技能时可以每天学习一点，久而久之，这些日常积累的点滴知识会形成深厚的基础，带来知识的爆发性成长。复利效应告诉我们，微小的改变并不是无用功，正是这些小小的投入，才会为未来的丰收打下坚实的基础。

微习惯与复利效应的结合：成就长久的改变

将微习惯与复利效应相结合，可以让生活中的微小改变更具成效。微习惯让我们能够轻松上手，复利效应让我们能够在日积月累中获得成就。我们可以先从一个微习惯入手，当这个习惯稳定下来后再逐渐增加。这样的策略不仅让我们在一开始就能够轻松完成，还会在时间的作用下带来惊人的改变。微习惯和复利效应共同作用，让每一小步都充满意义，也让改变更加持久。

微习惯理论和复利效应的成功实践表明，改变并不需要天翻地覆。微小而持久的努力，经过时间的累积，终会带来质的飞跃。它教会我们耐心和坚韧，提醒我们不要急于求成，而是用一种温和的方式逐步靠近目标。改变的力量并不在于一时的热情，而在于持之以恒的坚持。在这种温柔的改变过程中，我们会逐渐发现一个更好的自己，看到生活在微小积累中的成长与成就。

七、温柔小结

成功，从来都不是孤立的奇迹，而是一个动态的过程，是积累、坚持、改变三种力量的交汇。它不像闪电那般瞬间照亮世界，而更像潮汐，随着时间的推移逐渐展现出巨大的力量。我们每个人都在这个过程中前行，无数微小的选择、努力和行动，悄然推动着生活发生改变，最终汇聚成令人惊叹的成就。

成功的开端往往是微不足道的。它可能只是一个朴素的念头。比如，决定每天早起10分钟，或者下定决心学习一项新技能。这些微小的行动，看起来并不起眼，甚至不会引起注意。但它们是改变的起点，是成功的种子。改变的第一步从来不需要惊天动地，而是始于日常的点滴选择。

然而，这些微小的努力只有在坚持中才会生长出改变的力量。坚持是抵御时间侵蚀的盔甲，是让微小行动产生累积效应的关键。很多人热衷于谈论天赋，但天赋如果缺乏坚持，也不过是一闪而逝的火花。改变并不总是剧烈的，更多时候，它像缓慢融化的冰川，悄然改变着我们的人生轨迹。那些巨大的转折点，往往不是突然出现的，而是时间与积累的共同结晶。巨大的改变从来不是单点的爆发，而是许多微小行动共同推动的结果。

当积累、坚持和改变合力发挥作用时，成功便成为自然的结果。从外界来看，成功可能是一座高耸入云的山峰，但只有亲身经历的人才知道，那些巍峨的高度是用无数看似琐碎的努力堆叠而成的。成功不是终点，而是过程的证明，是无数个微小努力在时间长河中的回响。

这也意味着，成功并不需要一开始就作出巨大决策或采取宏大的行动。它更像是一条小径，而不是一条直冲云霄的电梯。每一步看似微不足道，但每一步都在为下一个脚印铺垫。成功从不要求我们在起点就做好准备，而是希望我们在过程中不断调整、改变和完善。

所以，当你面对巨大的目标时，不必畏惧它的遥远。成功并不是要你一口气飞跃，而是鼓励你从一个微小的行动开始：多写一句话，多学一个单词，多走一步路。这些微小的努力，哪怕在短时间内看不到成果，也会在坚持中逐渐形成改变的支点。

最终，当回首过往时，你会发现，成功的伟大并不在于它的结果有多辉煌，而在于你如何用一次次微小的选择和行动，把坚持转化为改变，把改变汇聚成成就。成功从来不孤立，它是我们日复一日与自己的妥协、努力和超越交织而成的一幅画卷，而这幅画卷中，每一笔微小的描绘，都通向那宏大的图景。

第四章 打破刻板印象，做最真实的自己

不要让外界的声音淹没了你内心的声音。最重要的勇气，是忠于自己。

——史蒂夫·乔布斯

一、撕下生活的标签有多重要

在成长的旅途中，我们或多或少都会被贴上某些标签——"聪明孩子""乖女孩""不善表达""内向""理性""太过感性"……这些标签，有些来自他人的评价，有些是我们在与他人的互动中无意间为自己贴上的印记。起初，它们像一种指引，让我们更容易理解"我是谁"，也帮助我们融入这个复杂的世界。但随着时间的推移，我们渐渐发现，这些标签并非只是简单的描述，它们更像是一道无形的边界，将我们与那个更真实、更完整的自我隔开。

标签的力量在于它的无声，它并非刻意地将我们束缚，却悄然渗透到我们的行为、选择，甚至思维方式中。为了维持那些标签带来的认可，我们习惯于活在它们的框架里，努力迎合他人对我们的期待，甚至不自觉地限制自己。慢慢地，我们开始害怕偏离那些标签设定的轨道，担心如果失去这些定义，便失去了自我存在的意义。

这些标签构筑起一道柔软却坚固的围栏。它们不仅影响了外界对我们的认知，还潜移默化地改变了我们看待自己的方式。每当我们试图走出一条不同

的路时，脑海中那些声音便会浮现："这不像你啊。""你真的适合这样做吗？"这些声音是温和的，但它们像一阵轻柔却无尽的风，将我们推回到那熟悉的轨道中。而我们心底的另一个声音——那个想要尝试、想要改变的渴望，却在这样的推搡中渐渐变得微弱。

然而，每个人心底深处都有一个更真实的自己，一个不被外界定义、不受标签束缚的自己。这个真实的自我或许是安静的，但它始终在那里，提醒我们人生的意义并不在于符合他人的期待，而是找到一种真正属于自己的生活方式。标签可以带来一时的安全感，但它们终究是外来的，它们无法触及我们的内心，也无法满足我们对自由与完整的追求。

打破标签并不是一场激烈的反叛，而是一种温柔的释放。它并不意味着否定过去的自己，而是给予自己更多的可能性。也许你曾被视为一个"内向"的人，但内心却渴望表达和分享；也许你一直被定义为"理性"的形象，但心底却有一片柔软而热烈的天地。打破标签，意味着试着放下那些"不应该"的束缚，去回应自己深处最真实的愿望，去探索一种更贴近内心的生活方式。

这个过程或许会有些艰难。我们需要面对不理解的目光，甚至质疑自己的选择是否正确。但这种不确定性，也是成长的礼物。它让我们一步步靠近自己的内心，感受到真实与自由的重量。当我们开始尊重内心深处那些独特的情感与渴望，选择那些真正让自己感到满足的方向时，就会发现，那些标签之外的世界，其实远比我们想象的更加广阔而美好。

忠于自己是一种勇气，也是一种温柔。它不是一味地与外界对抗，而是在面对每一个选择时，轻声问问自己："这是不是我真正渴望的生活？"然后，用坚定而平和的步伐，走向那个答案。每一次走出标签的尝试，都是迈向自由的一小步。放下标签，不是为了成为与众不同的某个人，而是为了成为那个更加舒展的自己。

二、外界的标签如何形成自我束缚

在这个信息汹涌、价值观交织的时代，外界的标签如同一层无声的薄雾，弥漫在我们周围。它们以性格、职业、情感的名义，将我们包裹得密不透风，仿佛为生活提供了一种清晰的"定义"。然而，这些标签看似轻盈，却有着令人难以察觉的重量。它们悄悄嵌入我们的思维，影响着我们的选择，改变着我们的方向。

标签的来源：家庭、社会和文化中的隐形约束

刻板印象并非自然而然形成的，而是通过各种来源慢慢累积的。家庭作为人们最早接触的环境，是我们习惯于接受标签的第一场所。许多家长习惯用正面标签引导孩子的行为。比如，说"你是个懂事的孩子""你很善良""你做事总是很谨慎"等。这些表面看起来像是鼓励和认可的标签，其实在无形中成了一种期待和压力。孩子们在家长的期待下，不敢轻易打破这些标签，因为他们的行为早已和这些标签的含义紧密相连，而"背离标签"就可能意味着失去家长的认同。

社会文化同样对标签的形成和传播起到推波助澜的作用。社会有许多既定的角色分工和偏见，对人们的行为、性别、职业等都有一些固定的期待。例如，"女性更应温柔""男性要坚强果断"，这些带有刻板色彩的标签往往成为一种暗示，告诉人们应该遵循的社会标准。久而久之，个体开始内化这些标签，仿佛只有符合这些刻板印象，才算是"符合社会期待"。这些标签虽然无形，但是在生活中无处不在。

标签的影响：内心的束缚与自我怀疑

随着标签的长期积累，它们的影响开始渗透到我们日常生活的方方面面。每个人都渴望得到认可和接纳，而标签看似是一种确认的方式，让我们感觉到自己符合他人的期待。然而，标签一旦成为对自我的定义，就会无形中造成行为的束缚，形成一种对"角色"的依赖。例如，一个从小被认为"理智"的人，可能会在表达情绪时有所克制，生怕自己表现得"太情绪化"；被认为"温柔"的人，往往不敢表现出强势的一面，担心破坏别人对自己的印象。我们在这样的标签影响下，逐渐被定格在一种"应该成为的样子"之中，慢慢失去了对自己其他方面的探索和表达。

标签还可能带来一种潜在的"自我怀疑"，让我们觉得任何与标签不符的行为都是一种背离。这种怀疑会让人们在做出不同选择时踌躇不决，害怕因此失去他人的认同感。在这种心理的影响下，我们会为了维持既有的标签而做出妥协，甚至在面对不合心意的情况时也难以反抗。久而久之，真实的自我被封锁在标签之下，我们的生活开始变得单一而缺乏色彩，仿佛在扮演一个"符合标签"的角色，而非自我。

标签的自我强化：认知偏见的潜在影响

标签具有一种"自我强化"的特性，特别是当我们反复地接触到这种标签时，它就会逐渐被内化，形成一种自我认知偏见。比如，一个从小被认为"内向"的人，在社交场合可能会不自觉地避免与人接触，即使内心想要结交朋友，也会因为害怕打破"内向"的形象而退缩。标签一旦被内化，便会产生一种"自证预言"的效果：我们会在行为中不断地强化这些标签，进而对自己形成越来越单一的认知。人们逐渐不再主动尝试新的可能性，而是受限于标签带来的影响，固守在自认为的安全区中。

这种自我强化的标签不仅让人对自我产生限制性看法，还会影响自我发展的方向。例如，许多人认为自己不擅长某种技能后，便会在未来避开与此技能相关的活动，而失去了发掘潜力的机会。标签就像一种无形的束缚，限定了我们可以做的事情，甚至让我们觉得与标签不符的行为都是错误的。

刻板印象的深远破坏：对自我自由的剥夺

标签带来的束缚会影响我们的心态和行为模式，甚至让我们丧失自由选择的权利。很多人在标签的影响下，不再倾听内心真实的声音，而是习惯性地选择符合标签的行为。他们的行为模式逐渐变得刻板僵化，丧失了尝试新事物的勇气与好奇心。生活在"他人认同"的影子中，我们会因为害怕打破标签而裹足不前，生活也因此失去了原有的多样性和丰富感。

当一个人长期生活在刻板印象之下，会逐渐失去对自己真正想要的生活的敏锐判断。这种自我限制不仅影响我们的选择，还会逐渐改变我们的自我认知。我们可能会在长期的标签束缚中形成一种"心理定式"，对自己抱有一种固定的看法，认为自己就是这样的人，甚至对改变抱有抵触情绪。这种束缚不仅让人难以突破自我，还让人对未来丧失期待和动力，形成一种"标签化人生"，在既定的道路上反复徘徊。

打破标签的必要性：从束缚中走向自由

标签看似是一种安全感的来源，似乎在为我们提供某种稳定的身份，但这种稳定感往往是短暂而脆弱的。真正的自我成长需要我们拥有探索和变化的自由，需要我们勇敢去打破那些不属于自己的定义。唯有放下标签的束缚，我们才能重新认识自己，发现自己身上的多样性和独特之处。在不被标签定义的状态下，我们会更自由地去尝试不同的生活，去探索多样的自我可能性，而这种自由会带来内心的充实感和满足感。

外界的标签给了我们一个标准化的世界，然而，这样的世界却让我们失去了自由和真实。当我们挣脱这些标签，回归内心的真实时，我们才能重新获得生命的深度与广度。正如作家弗朗茨·卡夫卡所说："我们所渴望的自由，恰恰是摆脱那些我们不曾选择的束缚。"标签并非生活的定义，它们只是浮在表面的一层皮，真正的生命是深植于我们内心的活力与创造。

三、灵魂歌者——席琳·迪翁的破镜与重生

席琳·迪翁，这位来自加拿大的小镇女孩，凭借她那不可思议的嗓音和卓越的音乐才华，成功打破了外界的期望与限制，成为全球最具影响力的歌手之一。然而，她的成功不仅仅源于她的天赋，更重要的是她在音乐、生活及自我认知上不断突破刻板印象，最终找到了属于她自己的独特声音与人生轨迹。

席琳·迪翁出生在加拿大的一个法语家庭，她的父母并非音乐业内人士，家境并不富裕。她在一个普通的家庭中长大，但她的歌唱天赋自小便显露无遗。8岁时，她就开始在家庭聚会上唱歌，而她的母亲则是她最早的支持者。她13岁时，与母亲一起创作的歌曲《Ce n'était qu'un rêve》被一位音乐制作人发现，从此，席琳·迪翁的音乐生涯悄然起航。

刚开始的她，并没有被外界看作是国际巨星的潜力股。事实上，席琳·迪翁在初出茅庐时，也遭遇了许多质疑与挑战。作为一个说法语的加拿大女孩，她被认为无法跨越语言的障碍，成为全球市场的主流歌手。在那个时代，英语市场几乎是唯一的主流，而席琳·迪翁的法语背景和略带地方色彩的嗓音，常常让她感到自己被局限在了一个小小的世界里。她决定突破语言和文化的界限，用她的音乐征服世界。

跨越语言与文化的偶像

1997年，席琳·迪翁的事业真正迎来转机。电影《泰坦尼克号》的主题曲《My Heart Will Go On》成为她的代表作。这首歌不仅让她赢得了包括奥斯卡金像奖在内的多个重要奖项，还让她成为全球最受欢迎的歌手之一。

这首歌的成功，标志着席琳·迪翁不再只是一个被视为"外来者"的歌手。她的音乐突破了语言和文化的界限，让世界各地的人们都为她的歌声所感动。尽管她并非传统意义上的"美声"歌唱家，且具有非常鲜明的个性化嗓

音，但她凭借着这份真挚与无可替代的声音，赢得了全世界的心。席琳·迪翁的成功并不是偶然的，她背后付出的努力和对自己音乐风格的执着信念，是她一唱成名的关键所在。她拒绝被定义为"只有美声"的歌手，而是不断尝试不同的音乐风格，力求在每一张专辑中表现出不同的自己。

挑战与重生：面对生活低谷的勇气

尽管席琳·迪翁的事业一直在飞速发展，但她的个人生活并非一帆风顺。2000年，她的丈夫兼经理人瑞尔·安格尔被诊断出癌症，席琳·迪翁选择暂停自己的音乐事业，专注于照顾家庭。这个决定，虽然令粉丝们感到惋惜，但也让大众看到了她作为母亲、作为妻子的另一面。

瑞尔·安格尔去世后，席琳·迪翁经历了人生的低谷。她不仅要面对失去挚爱的痛苦，还要重新找回自己在舞台上的位置。她曾一度陷入自我怀疑，质疑自己是否还能找回那份属于音乐的激情。正是这一段艰难的时光，让她更加深刻地理解了生活，重新定义了自己。

2013年，席琳·迪翁回到拉斯维加斯，开始了为期数年的驻场演出。这个决定既为她带来了事业上的复兴，又为她个人的情感复原提供了机会。她不仅重新找到了音乐的乐趣，还通过这段时间的沉淀，让自己在音乐上更加自由与真诚。她开始重新演绎自己的经典歌曲，也开始在创作中更加注重内心的表达，而不是外界的评价。

2022年，一场撕心裂肺的生命危机侵袭了席琳·迪翁的世界——她被诊断出患有僵人综合征——一种罕见的神经性疾病。对一个音乐人来说，这无疑是命运对她的巨大考验。这种病让她的肌肉僵硬、行动困难，甚至常常伴随着极其剧烈的痉挛，严重影响她日常的生活和舞台上的表现。席琳·迪翁，这个曾经在舞台上肆意挥洒激情的歌者，突然间不得不面对自己无法控制的身体，无法与她的音乐和热爱相伴。

面对病痛的折磨，她在一次次绝望与重生中，选择了坦然接受。她开始接受治疗，探索可能的治疗方法，并对自己的音乐生涯进行重新规划。她在社交媒体上向全球粉丝吐露自己的病情，并承诺自己会尽全力恢复健康，继续演唱，继续在舞台上燃烧。

巴黎奥运会：重生的舞台

2024年，席琳·迪翁的名字再次与世界的焦点紧密相连。这一次，她不仅仅是一名参加表演的歌手，还成了巴黎奥运会开幕式的一部分。巴黎奥运会作为全球最重要的体育盛事之一，拥有无数眼光的聚焦，这对于任何艺术家来说，都是一次巨大的荣耀与挑战。而对席琳而言，这不仅仅是一次普通的演出，更是她与病魔斗争、重新站立的重要时刻。

尽管她的病情未完全康复，但席琳·迪翁并没有因此退缩。她站在全球瞩目的舞台上，用音乐诉说自己的勇气与坚持。巴黎奥运会开幕式的邀请，对于席琳·迪翁来说，像是一束曙光，照亮了她那段黑暗的岁月。她没有让病痛阻挡自己心中的音乐梦想，反而把它作为一次新的出发点，让世界见证她的重生。

那一夜，她站在巴黎奥运会的舞台上，用她那充满生命力的歌声再一次征服了所有人。那一刻，她不再是一个受病痛困扰的女人，而是一个超越所有限制、重新定义自我、不屈不挠的灵魂歌者。她用自己的歌声，宣告了人类对抗命运的力量，也向全世界展示了什么叫作真正的热爱。她的表现感动了无数人，也成为所有面对挑战、面对困境的人的榜样。她的坚持让每个人都看到了人类意志的无穷力量，看到了即便身处绝境，也能选择站立和前行的勇气。

生命中的金句：永不放弃，超越极限

席琳·迪翁的故事，不仅仅是音乐传奇的延续，更是关于如何在困境中找到光明、如何在痛苦中坚持梦想的传奇。她的经历让我们深刻理解到，无论命运如何安排，我们都能选择如何面对它。席琳·迪翁曾在一次采访中说："如果我跑不动，我会走；如果我不能走，我会爬行，但我不会停下来。"这句话，成了她生命的写照，她从来没有让任何困难挡住她前行的步伐。

席琳·迪翁的音乐，不仅是她的艺术，还是她对生命深刻理解的表达。她曾在最黑暗的时刻，依然坚信着："只要你不放弃，你就没有失败。"这并非一句空洞的口号，而是多年艺术生涯中深深植根于她灵魂深处的信念。她用自己不屈的生命力告诉我们：在生命的舞台上，我们的勇气决定了我们的高度，而我们的热爱成就了我们永恒的光芒。

四、真实案例：李然的"职场困境与突破"

李然是一位在一家大型企业工作的职员，她在公司中担任项目助理，工作能力出色，备受同事和领导的认可。然而，李然的职场生活中一直有一道无形的障碍，那就是被贴上的"细心、可靠"的标签。这些标签对她而言，既是肯定又是束缚。公司中的人都习惯了她认真、踏实的工作方式，但与此同时，她被默认成了一个"适合做助理"的人。即使她在工作中表现优异，领导和同事们依然很少把她与"管理岗位"联系在一起，仿佛她的天花板早已被确定在助理岗位上。

刚入职时，李然并没有意识到这些标签会对她的职业发展带来困扰。她认为"可靠、细心"的评价是对自己工作的肯定，也在努力做好本职工作。然而，随着工作经验的积累，她的能力逐渐增强，开始渴望承担更多责任，甚至向往管理岗位。但每次她提出升职和调岗的请求时，领导总是委婉地告诉她："你现在的角色已经很合适了，项目助理需要你这样可靠的人。"

李然在这样的评价下产生了深深的无力感。她感到自己被"细心、适合做助理"的标签锁定了，仿佛再优秀也无法突破这些定义的束缚。公司里的人开始默认她的性格更适合辅助型岗位，她的意图和目标被一次次忽视，仿佛她的职业生涯就应该如此平稳地度过。然而，李然却不甘心，她并不满足于现状，她渴望被当作一位可以承担更大责任的员工，渴望在更高的岗位上证明自己。

我真的不适合管理吗

在多次升职无望之后，李然开始怀疑自己。她开始思索或许大家是对的，她不适合管理岗位。她不自觉地将外界对她的评价内化，觉得自己可能真的不够有领导力、不够果断，甚至在一些项目的决策中也不敢主动提出新的想法，害怕不符合"细心、可靠"的形象会引发争议。她逐渐陷入了自我怀疑之中，工作变得机械而缺乏动力。

在这段时间里，李然的职业状态越来越低迷，甚至开始出现一些消极情绪。她的内心明明想要突破现状，却在标签的束缚下难以迈出那一步。她害怕自己的一些大胆想法会让同事和领导对自己产生误解，害怕自己的"主动"会与"助理"角色的定位相矛盾。渐渐地，她开始对自己的能力产生怀疑，认为自己无法胜任更大的责任。她的内心充满了矛盾：既渴望突破，又害怕被贴上"越界"的标签。

一次偶然的机会，公司接手了一个难度较大的项目，需要成立新的团队。由于任务量大、时间紧迫，领导鼓励员工踊跃参与。李然犹豫再三，最终决定报名加入这个项目团队。她在心里告诉自己，这也许是一个改变的机会，是她可以从"助理"标签中挣脱出来的契机。

在这个团队中，她不再局限于自己的助理角色，而是主动承担更多的工作，包括项目的策划、资源分配及团队协作等。她开始积极发言，提出自己的建议，并承担起了更多的责任。她的表现赢得了团队成员的认可，大家逐渐看到一个不同于以往的李然——不仅是细心、可靠，还是一个有组织能力、有全局思维的人。

通过这次项目，李然开始重新认识自己，发现了被标签掩盖的自我潜力。她发现，自己并不是只能作为"可靠的助手"存在，她同样具备管理和协调的能力，只是因为长期的标签束缚让她在内心产生了自我怀疑。随着项目的顺利进行，李然的自信心逐渐恢复，她不再因为外界的定义而怀疑自己，而是坚定地去展现自己的领导力和决策力。

用实际行动重新定义自我

项目顺利完成后，李然的出色表现得到了上级的高度认可，她被提拔为该项目的负责人，正式迈上了管理岗位。这个机会让她在职业道路上找到了突破口，也帮助她打破了长期以来的刻板印象。她用实际行动证明，自己并非只能在助理岗位上，而是可以胜任更大的责任。她不再因为"细心、可靠"的标签而限制自我，而是通过自己的努力和坚持，在公司的视野中重新定义了自己的能力。

李然的经历让她意识到，外界的标签或许是一种认可，但它不应该成为束缚我们进步的枷锁。她明白了，只有自己清晰地认识到内心的渴望和潜力，才不会被他人轻易定义。标签往往带来一时的安全感，却可能掩盖了我们身上的其他潜力。李然学会了在面对标签时保持清醒，在机会来临时积极争取，以坚定的行动突破自我，摆脱标签的限制。

李然的职场经历让我们看到，打破标签并非一定要做出激烈的反抗，有时只需要一点点的勇气和机会。每个人的成长道路上都可能被各种标签束缚，但当我们开始主动去寻找突破口，便会逐渐发现自己隐藏的潜能。标签只是他人对我们的一个视角，但我们的内心比任何标签都丰富多彩。

她的故事提醒我们，无论我们是"可靠的助理"还是"被认为内向的人"，都应该不断探寻新的可能性。生活的精彩往往在于那些未知的挑战，而打破标签是开启自我成长的一把钥匙。当我们愿意走出标签的限制，便会发现一个更加多面、充满潜力的自己。

李然用自己的一次突破证明了"我们并非只能活成他人的定义"。我们每个人都有能力去追求自己真正想要的生活，而不是依赖标签赋予的安全感。或许在突破的过程中会遇到困难，会感到不安，但正是在这种不安中，我们才能不断走向成长。李然的故事鼓励我们要勇敢地去追求心中的梦想，不被标签所限，真正活出属于自己的精彩人生。

五、打破刻板印象的路径：自我认知与价值探索

打破外界的标签并不是一个瞬间的决定，而是一个充满耐心和自我探索的过程。在这个过程中，最重要的便是找到内心的真实声音，了解自己真正的价值观、兴趣和需求。我们往往容易在外界的标签中迷失自我，甚至习惯于为他人的期待而活，但通过以下几个方法，可以帮助我们一步步解开这些束缚，找到属于自己的生活方式和节奏。

进行自我觉察：聆听内心的真实声音

首先，自我觉察是识别标签的重要起点。标签之所以会束缚我们，是因为我们将它们内化，逐渐认定自己必须符合这些标签的定义。因此，自我觉察的首要任务是辨别出哪些行为和想法源于标签的影响，而哪些是源于真实的自我需求。

一个很实用的方法是通过"自我反思"练习，比如，在每周或每月定期进行一次"标签反思"，记录自己在生活中经常使用的描述性词汇。反思时，可以尝试问自己以下问题：

在日常生活中，我是否经常习惯性地考虑别人的感受，甚至优先于自己？

我在决策时是否会因为害怕不符合某种"人设"而退缩？

在面对重要选择时，我内心真实的需求是什么？

通过这样的问题，我们能够更清晰地看出，哪些行为是因为迎合外界的标签，哪些是真正的自我需求。自我觉察让我们开始分辨出外界的期待和内心的渴望，帮助我们一步步识别和剥离标签带来的束缚。

内心对话：与自我进行深层沟通

在进行自我觉察之后，内心对话是一个帮助我们更加深入了解自己的重要工具。内心对话可以通过书写的方式进行。比如，试着给自己写一封信，详细

描述自己的需求、担忧和渴望，想象你是在倾听一位好友的心声。通过这样的书写对话，我们能够更加客观地看待自我需求和内在矛盾，发现那些被标签掩盖的情感和潜力。

例如，在信中可以写下自己内心真正的想法，问问自己："如果没有外界的标签和期待，我会选择怎样的生活方式？"这种方式能够让我们在书写的过程中逐渐理解真实的自我，发掘那些曾因标签而被掩盖的想法和需求。这种内心对话不仅是自我了解的途径，还是一种温柔的自我接纳方式，让我们可以在内心深处建立与自我的连接，逐渐找到独立于标签之外的内心力量。

明确自己的核心价值观

打破标签的一个重要途径，是从"他人定义的标准"转向"内心价值的标准"。这一点可以通过设定价值导向的目标来实现。价值导向的目标并非为了迎合外界的期待，而是基于我们自己的核心价值观所设立的。例如，假设你发现自己的核心价值观是"创造力"和"自由"，那么在未来设定的生活目标中，可以更加注重培养这两方面的能力，而不是一味追求外界认可的"成就"。

在设定价值导向的目标时，可以尝试以下步骤：

列出 5—10 个你认为生活中不可或缺的价值观，比如"诚实""自由""成长""创造力""探索"等。

反复观察这些价值观中哪些与你的日常行为产生共鸣，哪些可能是长期被标签掩盖的。

在设定目标时，将这些价值观融入其中，确保自己的目标与真实的内心需求相符。

这种方式帮助我们从标签中抽离出来，逐渐明确自己的生活方向，并且在追求目标的过程中，时刻保持对核心价值观的关注，让每一个选择都忠于自己的内心，而不是为了迎合外界。

接受自我成长的过程

在打破标签的过程中，最重要的一步是接纳自我，特别是接纳自己并不总是符合期待的一面。许多时候，我们之所以会被标签束缚，是因为内心存在一种尽善尽美的需求，害怕被人误解或否定。但事实上，真实的自我往往是多面的，可能包括了坚强、脆弱、乐观、敏感等多个面向。我们要学会接纳这一切，允许自己并非总要完美，也并非总要符合某种单一的期待。

可以尝试将自己美化过的一面和真实的一面分开来看，去理解自己在不同场合的多种情绪和需求。接受自己的缺点，意味着允许自己去探索和尝试，而不再被那些"应该如何"的标准绑架。你会发现，随着自我接纳的加深，标签对你的限制逐渐减弱，你能够更自如地面对生活中的各种选择，也能够更加自信地去尝试新事物。

主动尝试新的体验：突破舒适区

打破标签的另一条重要路径是走出原有的舒适区，主动去尝试一些新的体验。标签带来一种"熟悉感"和"安全感"，但长期的束缚也让我们与其他生活面向失之交臂。通过主动尝试不同的体验，我们可以探索那些未曾发现的自我。比如，参与新的兴趣活动、拓展新的交友圈，或是探索不同的职业技能。

这种尝试不需要激烈的改变，可以从小事入手。比如，每月参加一次新的活动，或是与不同领域的人交流。这种小小的尝试可以让我们发现自己更多的面向，也帮助我们一步步走出标签的舒适区。在这个过程中，我们逐渐获得了自信和探索的动力，不再害怕打破外界的标签，反而享受从中发现自我的乐趣。

通过以上这些方法，我们可以从标签的束缚中逐步解脱出来，让自我认知和价值观真正成为生活的导向。打破标签并非为了反抗或取悦他人，而是为了找到忠于自己的生活方式。这条道路或许并不总是顺畅，但每一步的自我探索和价值发现都会让我们离真实的自己更近。

六、自我概念和自我同一性理论

在打破刻板印象、重新认识自我的过程中，自我概念与自我同一性理论为我们提供了宝贵的理解框架。这些理论从心理学角度揭示了标签和刻板印象如何影响我们的自我认知，帮助我们更加清晰地理解并打破标签对个人成长的重要性。

自我概念理论：如何构建真实的自我认知

自我概念是个体对自己的一种认知和理解，它包括我们对自我价值、个性、兴趣和行为方式的判断等。心理学家认为，自我概念主要通过自我观察和外界反馈来逐渐形成。我们在成长过程中不断地接收外界的评价，逐渐内化这些评价，将它们作为自我认知的一部分。因此，当我们被赋予某种标签后，这种标签在长期影响中会逐渐成为自我概念的一部分，甚至开始影响我们对自身的判断。

比如，一个从小被认为"内向"的人，可能会因为这个标签在自我概念中形成一种"我不适合社交"的自我认知。这种认知会潜移默化地影响他（她）的行为选择，让他（她）在社交场合中变得谨慎，甚至回避。这就是标签如何通过自我概念对我们的行为产生影响的具体例子。标签带来的"自我概念偏差"会限制我们去探索真实的自我，而不是根据内心真实的需求来判断自己的行为。

因此，自我概念理论提醒我们，打破标签的关键在于重新审视这些外界评价，找到自我概念中哪些部分是因为标签而形成的，哪些才是我们真实的特质。通过自我观察和反思，我们可以逐渐剥离那些限制性的标签，找到真正属于自己的自我特质和行为模式，从而建立一个更加客观、真实的自我概念。

自我同一性理论：在多重角色中找到真实的自我

自我同一性理论提出，人们的身份由多重角色构成。比如，子女、朋友、同事等，而这些角色可能带有不同的期望和要求。在不同场合中，我们常常需要根据不同角色的期待去调整自己的行为，这就容易导致个体的自我认知受到标签和期望的干扰。心理学家埃里克森提出，自我同一性是个体在面对多重角色的期望和内心需求时所做出的整合过程，是人们在不断平衡自我和外界期望中的一种自我确认。

当个体无法平衡自我需求和外界期待时，便容易出现"同一性危机"。比如，一个在职场中被赋予"细心、踏实"标签的员工，可能会因为习惯性地迎合这种期望而逐渐丧失对管理岗位的渴望，甚至开始质疑自己的能力。这种"危机"产生的根源在于——个体的自我同一性受到标签的限制，无法根据自己的价值观来定义自己。长此以往，标签让人们难以找到真实的自我，使个体的自我认知更加模糊。

自我同一性理论的核心在于，帮助人们在面对不同角色和标签时能够自我确认。通过探索自身的价值观和需求，逐渐找到内心真实的需求，而不被外界的角色期待和标签束缚。这一理论强调，个体在多重角色中找到稳定而真实的自我同一性，需要保持对自己需求的忠诚，并在不同角色和场景中平衡外界期待和个人需求，以找到属于自己的"同一性"。

自我概念和自我同一性理论共同揭示了个体的自我认知与自我定义在很大程度上受到外界标签的影响。标签带来的"他人视角"往往会影响个体的自我判断，形成偏差的自我概念，最终导致我们与真实的自我渐行渐远。而自我同一性理论则提醒我们，在多重角色中，个体需要找到属于自己的价值观和需求，确认自己的同一性，逐步摆脱他人标签对自我的干扰。

在实际生活中，打破标签的过程可以通过逐步强化自我认知和自我确认来实现，具体步骤如下：

分辨标签影响。通过自我观察和反思，识别哪些行为和想法是标签影响下的反应，哪些是源于自身的需求。

自我确认练习。不断提醒自己所处角色的多面性，每天进行自我对话，以便找到自己的真实意图和需求。

多角色平衡。在面对外界期待时，不必完全迎合，而是找到符合自己价值观的平衡，既不牺牲自我，又能从容地应对外界的标签。

这些心理学理论为我们提供了一种理解自我的工具，让我们在打破标签的过程中，能够更加清晰地认知自己，找到自我的内在的平衡感。

理论支撑的启示：成长在于忠于自我

自我概念和自我同一性理论最终帮助我们认识到，成长并不在于迎合外界的标签，而是忠于自我、找到属于自己的生活方式。我们的人生不仅仅是社会角色的组合，更是一个独立的个体，是通过不断的内心探索和自我确认去形成的。每个人都有权利和能力打破外界的标签，去寻找内心的真实声音，找到属于自己的生活节奏。

通过这些理论支撑，我们能够在多重角色和标签的期望中，找到真实的自己，不再轻易受限于外界的定义。成长是一条通向自我确认的旅程，只有在内心找到属于自己的声音，我们才能真正拥有内在的安宁和平和，走向更加真实、自由的生活。

七、温柔小结

我们每个人的人生，都是一场不断探索自我的旅程。我们带着无数的标签来到这个世界，这些标签一部分来自家庭，一部分来自社会，还有一些来自我们自己。它们起初只是一些定义或描述，似乎无害，甚至带有一丝温情。我们听惯了这些词语"你是个热情的人""你总是那么懂事""你非常可靠"，每一句似乎都带着一份认可，让我们感到被理解和接纳。然而，随着时间的推移，这些标签逐渐成为一种束缚，将我们牢牢圈在一个他人构建的角色里。渐渐地，我们开始忽略自己真正的需求，甚至忘记了"我是谁"。

当我们在外界标签下生活了太久，或许会开始觉得这样的状态是"正常的"，甚至认为这是自己唯一的样子。每一次当我们想要表现出与标签不同的行为，心中便会生出犹豫，害怕自己因此不被理解或接纳。于是我们学会了妥协、学会了沉默，在生活中小心翼翼，试图维持那些"安全"的标签。我们将心底的声音掩藏起来，像是对外界说着："没关系，我还是你们眼中的我。"

但真实的自我并不会因为掩藏而消失，它只会变得更加渴望被看见。那个充满好奇心、渴望自由的自己，始终在内心深处呼唤着我们去寻找、去发现。当我们被标签的无形枷锁束缚得太久，心中的声音会变得越发强烈，它提醒我们：你可以不再是他人眼中的样子，你可以拥有属于自己的选择。真实的自我不应该被标签定义，更不该因为他人的期待而掩盖。成长的过程，便是逐渐去掉这些不属于自己的外壳，慢慢找回自己的声音，找到属于自己的生活方式。

打破标签并不总是简单的，因为在这个过程中，我们需要面对的不仅是外界的期待，还需要克服内心的自我怀疑。或许你会问自己："如果不再是大家眼中的那个'好孩子''善良的人'，会不会让人失望？""如果不再是那个符合期待的样子，我该如何定义自己？"……这种质疑和不安是自然的，因为我们在"安全"的标签下生活了太久，久到几乎忘却了选择的自由。可是，当我们决定迈出那一步，去尝试打破这些标签时，我们才会真正感受到属于自己的力量。

标签带来的安全感是短暂的，它不能为我们的人生带来真正的满足。唯有打破标签，我们才能找到那份深层次的自由感——一种不再依赖外界认同、不再被他人定义的生活。李然的故事展示了这种力量，她从"细心可靠"的助理角色中走出来，在自己设定的路径上逐渐成长，终于成为一位自信而有决策力的管理者。而我的故事，也让我意识到，那个"乖巧懂事"的标签虽然一度让我在别人眼中获得了认同，但让我渐渐迷失了自我，无法看到内心真正的需求。唯有打破标签，我们才能找到更多属于自己的价值和意义。

温柔影响力

或许你会问自己，打破标签的过程是否真的值得？打破标签并非轻而易举，它需要我们勇敢面对来自外界的评价，直视那些来自内心的自我怀疑。这个过程里，我们可能会遇到误解，甚至会感到孤独。但正是在这条路上，我们才能逐渐学会如何倾听自己的声音，找到属于自己的真实答案。真实的自我如同一颗种子，埋藏在标签之下，等待我们一点点将它挖掘出来。每一次的自我认知、每一次的勇敢发声，都是我们在为这颗种子注入生长的力量，让它茁壮成长。

　　当我们走出标签的束缚，忠于内心去生活时，世界会变得豁然开朗。我们不再是被动接受的"乖孩子""内向的人""包容的人"，而是一个完整、独立的自我。每一个选择、每一份情感、每一种经历，都是为了成就一个更真实、更充实的自己。我们开始不再担心失去认可，因为我们明白，自我价值不在于别人的眼光，而在于我们对自己有多少了解，对自己有多少接纳。当我们真正拥抱自己内在的多样性时，便会感到一种深沉的满足和从容。

　　打破标签的过程或许缓慢，但它让我们在每一次的成长中积累力量。每当我们愿意倾听内心、做出忠于自我的选择时，便会发现，真实的生活充满了意义。我们不再为了迎合他人而妥协，不再在各种角色中迷失自我，而是选择一种由内心需求所引导的生活方式。或许生活中仍会有质疑，但我们将更加坚定，因为这条路的方向，始终由自己掌控。标签只是生活中的一部分，但它绝不应该定义我们的全部。每一个人都有权利找到自己内心的声音，拥有选择的自由，并活出独特的自我。

　　愿你在打破标签的旅程中，找到真正的自己。生活的每一段经历，或许会带来挑战，但也会成为我们不断靠近自我的阶梯。每一次的挣脱、每一份勇敢，都是在为真实的自己铺路。让我们带着这份自信前行，用温柔而坚定的步伐，走向属于自己的未来。

第五章 同理心的力量：理解自己，也理解他人

> 我在与他人的连接中，真正看见了自己。
>
> —— 马丁·路德·金

一、打开心与心的桥梁

在当代社会，人们的生活节奏如同奔流的潮水，每个人都忙于追逐自己的目标，心与心之间的距离却在无形中拉大。即使科技让沟通变得前所未有的便捷，真正的情感连接却显得越发稀缺。我们的交流变得高效却冷淡，关系似乎被压缩成一个个符号、一段段信息，而那些需要时间与耐心才能打磨出的情感桥梁，却逐渐被忽视。

这种疏离并非因为我们不需要连接，而是因为现代社会的种种结构让我们渐渐学会筑起防御的高墙。忙碌的生活让人难以停下来感受他人的存在，信息的碎片化让我们更容易在浅层交流中迷失，而竞争的社会氛围则让我们害怕袒露真实的情感。在这种环境中，人与人之间的关系变得更像一种交易，隐藏了彼此深层的情感需求。我们微笑、寒暄、点赞，但真正走进彼此内心世界的机会却少之又少。

然而，真正的连接并不需要依赖复杂的形式。打开心与心之间的桥梁，其实从一份耐心的关注开始。关注是现代人常常忽略的品质。我们习惯于快速捕

捉对方的意思，却很少真正停下来，感受隐藏在言语背后的情绪和意图。真正的关注，是一种对他人的全情投入，不匆忙、不敷衍，是以开放的心态感知对方的状态。这种全然的在场，是人与人之间最深刻的互动，也为彼此的关系建立了坚实的起点。

关注之外，理解是让桥梁更加稳固的关键。现代人往往被自己的思维框架所限制，很难超越自我的视角去体验他人的世界。理解不是简单的认同，而是一种带着善意的接纳，它让我们用宽容的眼光去面对他人的脆弱、挣扎和复杂性。理解意味着不急于修正或改变对方，而是接受他们此刻的样子。它让我们在面对分歧时，能够用更大的包容心去化解冲突，拉近距离。

然而，最为重要的是，桥梁需要以一种真诚的承诺为基础。在这个充满不确定性的时代，人们对情感的耐心正在消退，但建立持久连接的关键正是在这种长久的用心中。承诺并不是大张旗鼓的宣誓，而是那些无言的细节：一份坚定的守护，一次不离不弃的陪伴，或者一份安静的支持。正是这些点滴的坚持，让人感受到关系的真实与可靠，使得桥梁在风雨中依然屹立。

对于现代人来说，打开心与心之间的桥梁，是应对孤独与疏离最有效的方式。我们生活在一个因多样性而丰富的世界中，但差异也使得彼此的理解变得愈加困难。这座桥梁并非为了抹平差异，而是为我们提供一个情感的梯子，让彼此在分歧中发现共通的情感与价值。这种相通是人与人之间最温柔的力量，是跨越隔阂的第一步。

当我们愿意用心关注他人，用善意去理解，并以行动兑现承诺，就会发现，这座心灵的桥梁并不遥远。它无须宏大的仪式，也不依赖复杂的言辞，而是存在于日常的每一个瞬间中。它或许是一个深情的注视，一句诚恳的问候，或者一次默默的等待。这些微小的片段堆叠起来，让人与人之间的距离变得不再遥不可及。

心与心之间的桥梁，是一种通向更温暖、更深厚关系的可能性。在这个飞速发展的时代，学会放下防备与疏离，尝试主动迈出那一步，是对他人的信任，也是对自己的释放。这座桥梁，不仅让我们看到彼此，还让我们感受到人性中最珍贵的力量——真诚。

二、现代社会的温暖组带

在我们匆忙穿梭的日常生活中，人与人之间的关系常常流于表面。一次微笑、一句寒暄或偶尔的点头，虽然营造了看似和谐的氛围，却难以触及彼此的内心深处。即使在最亲密的关系中，我们有时也会忽视对方的真正需求，甚至误解彼此的意图。直到关系因疏离或误解而破裂时，我们才恍然意识到，真正的理解并非仅靠语言的交流，还需要同理心的滋养。

同理心是一种深层的理解和感知能力，指的是我们能够从他人的角度去感受和理解他们的情感、需求和处境。它并不是简单的"听听对方的苦恼"，也不是给予安慰的表面行为，而是一种全心全意的感受力，让我们能够真实地走入他人的内心，去体验他们的世界。这种能力让人际沟通不只停留在言语表面，而是超越了语言和文化的隔阂，让彼此的心灵相通。

什么是同理心

心理学家将同理心视为一种情感和认知的桥梁，它不仅是理解对方情绪的能力，还是一种情绪上的"共鸣"。这种共鸣让我们能够从对方的角度看待问题，真正体会到对方的情感波动。许多人会把同理心和"同情"混淆，但两者有着本质上的区别：同情是一种"自上而下"的情感，而同理心则是一种"平等相待"的理解。同理心让我们不再居高临下地审视对方的经历，而是通过真诚的感受，与对方并肩而立。

同理心在日常生活中的重要性

在日常生活中，同理心的存在让人与人之间的关系更加真实、更加有温度。它不仅帮助我们理解他人的感受，还帮助我们识别他人的需求，使我们在相处中更加从容、更加自然。同理心让我们能够识别他人的情绪，去思考对方为什么会有这样的反应，为什么会表现出这些情绪。这种理解让我们在沟通中避免许多误会，让彼此之间的信任更加稳固。

例如，在家庭关系中，父母往往对孩子抱有期待，而孩子也有自己的需求和想法。当父母拥有同理心，能够站在孩子的角度去思考问题时，彼此之间的交流就会更加顺畅。孩子会感到被理解，而父母也能更好地调整自己的期待。在职场中，同理心帮助我们更好地理解同事和上级的想法，能够在他人遇到问题时提供支持，而不是简单地提出"建议"或"批评"。正是这种情感上的理解，让我们在与他人合作时能够更加融洽，也能让我们在工作中更加愉快和高效。

同理心的力量：理解他人，也理解自己

拥有同理心让我们在理解他人的过程中逐渐看见自己。因为在每一次共情的过程中，我们都在练习理解与包容的能力，甚至会唤醒内心深处的情感记忆。例如，当我们能够真正理解一位朋友的痛苦时，也许就会勾起我们对自身经历的反思，这种情感的共鸣让我们在生活中更加敏感，也更加珍惜自己和他人的情感体验。同理心不仅让我们成为一个"好倾听者"，还让我们通过理解他人而更深刻地认识自己。

在生活中，同理心常常扮演着润滑剂的角色。它让我们不再因误解而与他人产生矛盾，也让我们在冲突中学会以平和的态度去接纳对方的不同。同理心提醒我们，在与他人交流时，不要急于评价或反驳，而是用心去倾听对方的言外之意，去感受他们内心深处的情感波动。这种倾听不仅会让对方感到被尊重，还会让我们自己感到内心的满足和平和。因为在这份理解中，我们既打开了彼此的心扉，又让生活中的人际关系更为紧密。

同理心的核心：尊重与接纳

同理心的核心在于尊重和接纳。它让我们在面对他人时，不再简单地将对方的行为归因于"他们的个性"或"他们的背景"，而是用一种包容的态度去理解他们。我们会意识到，每个人的行为背后都有其原因，而同理心让我们不再急于给出评价，而是带着尊重去理解他们的选择。这种理解让彼此的关系变得更加平等，也让我们学会如何用开放的心态去对待他人和自己。

同理心是成长与共鸣的桥梁

同理心让我们能够真实地感受他人的情感，它让我们在每一次相遇中感受到人与人之间的温度。在生活中，同理心帮助我们避免了许多冲突，让我们更加包容彼此的不同。每一次共情都让我们更加体会到生活的丰富性，因为每一位他人的生活经历，都成了我们内心成长的一部分。这种成长是通过理解他人来完成的，同时它也让我们在理解的过程中找到自我。正是因为我们在他人的经历中找到共鸣，才让自己的生命更加充实和有意义。

同理心让我们不再孤独，因为它带来了人与人之间的连接。这种连接让我们在生活的每一个细节中感受到温暖，让我们的情感得到安慰和释放。它不仅

帮助我们在交往中更有自信，还让我们意识到，人与人之间并不总是带有竞争和防备，相反，理解和共鸣才是彼此真正的桥梁。因为我们在他人身上看到自己，在自己的情感中找到他人，这种微妙而温柔的连接让我们在生活中充满力量，也让我们的生命充满温度。

三、马丁·路德·金：一个梦想改变世界

马丁·路德·金是 20 世纪最伟大的民权运动领袖之一。他以坚定的同理心、深刻的信念和非暴力的方式，成了推动社会正义和种族平等的象征。在那个种族歧视、仇恨蔓延的年代，马丁·路德·金并未选择暴力和对立，而是通过同理心让人们看见彼此的痛苦，走向共情与和解。他的同理心不仅帮助他理解他人，还让他从每一个个体的故事中汲取力量，推动他成为民权运动的代表。

从个体中汲取力量：深切理解他人的痛苦

马丁·路德·金从小生活在种族歧视和不公之中，他目睹了周围许多黑人因为肤色而遭受不公正的对待，看到黑人家庭因种族隔离而被迫生活在贫困的边缘。年幼的他已经深切体会到，被不公和偏见所压迫的生活是多么令人绝望。然而，他并未让这种愤怒变成仇恨，而是从这些经历中成长为一个富有同理心的孩子。他会倾听邻居的诉苦，会注意到周围同龄人渴望平等、渴望理解的眼神。

成年后，马丁·路德·金并未将自己的生活限制在舒适的社区，而是主动走进那些生活在社会底层的黑人家庭，去倾听他们的故事，去感触他们的伤口。他走进偏远的黑人社区，与那些为谋生而疲惫不堪的人们交谈。他在贫民区的街头散步，和那些因贫困而受尽艰辛的工人坐在一起，听他们讲述自己的故事。每一个故事都让马丁·路德·金的心灵更加沉重，也让他对自己肩上的责任更加明确。他明白，自己的使命不仅仅是为个人谋求权利，更是要为那些没有发声机会的人争取平等和尊严。

有一次，一位黑人母亲带着年幼的孩子找到马丁·路德·金，向他诉说在工作中遭受的歧视。她的孩子因为生活在种族隔离的环境中，无法获得平等的受教育机会，未来几乎注定要重复贫困的命运。马丁·路德·金看着这位母亲的眼睛，她的眼中满是绝望和不甘。他深深地理解这位母亲的痛苦，仿佛看见

了自己的孩子被剥夺了未来的希望。这位母亲的倾诉让马丁·路德·金更加坚定了自己的信念，认为必须站出来为这些被压迫的人发声。他感受到那份深沉的痛苦，并将它转化为力量，告诉自己不能再沉默下去了。

用同理心化解仇恨：从理解中走向非暴力抗争

在那个种族歧视严重的年代，黑人社区中充满了愤怒和压抑。许多人因长期的压迫而选择反抗，有些人甚至希望用暴力去报复那些伤害过他们的白人。然而，马丁·路德·金并未鼓动这种仇恨情绪，相反，他鼓励黑人社区的人们用非暴力的方式去表达自己的诉求。他常常在演讲中说：用爱和理解去化解仇恨，才是走向和平的唯一出路。他深知，仇恨只会带来更多的仇恨，而只有通过同理心才能真正消除偏见与对立。

马丁·路德·金在街头组织了一场和平示威，游行过程中他们遭到了白人警察的暴力阻挠，甚至有些示威者遭受了身体上的伤害。当愤怒的群众试图反击时，马丁·路德·金站出来以坚定的声音告诉大家："我们要用爱去征服仇恨，用理解去消除偏见。"他的同理心让他能够站在所有人的角度去思考问题。他理解那些愤怒的黑人群众，因为他们忍受了太多的不公，他也理解那些因恐惧和偏见而对黑人充满敌意的白人，因为他们从未真正接触过黑人群体，害怕打破自己对世界的认知。

马丁·路德·金并未让仇恨蒙蔽自己的眼睛。他相信，唯有通过非暴力的方式，才能让对方看见自己的立场，才能让那些因偏见而恐惧的人开始接纳、开始理解。他告诉人们，只有当仇恨被理解所取代，和平的未来才会真正到来。他的同理心成了他非暴力抗争的重要支柱，也成了民权运动中令人信服的力量。

唤醒集体的觉醒：用同理心凝聚人心

马丁·路德·金不仅用同理心去理解个体的痛苦，还用它去唤醒集体的觉醒。1963 年，他发表了著名的《我有一个梦想》的演讲，向世界描绘了一个没有种族歧视、人人平等的未来。他用简单却有力的语言，向成千上万的观众诉说自己的梦想：一个白人和黑人能够手牵手、平等相待的世界。这场演讲并不仅仅是为了争取黑人的权利，还是为了让所有人意识到，平等是每个人的权利，无论肤色、身份，人人都应该被尊重。

马丁·路德·金的梦想引起了无数人的共鸣，因为他的话语中充满了对人性的理解和关怀。他的梦想不只是黑人群体的梦想，更是所有受压迫和被歧视者的梦想。他用同理心将人们紧紧联系在一起，让他们看见彼此的痛苦和希望。他的演讲让人们意识到，不公和歧视的存在不仅伤害了黑人群体，也让全人类陷入了仇恨的深渊。通过马丁·路德·金的同理心，人们看见了彼此，也看见了未来的希望。

在他的领导下，民权运动不仅成了黑人群体的抗争，还成了美国社会追求公平与正义的象征。人们开始从彼此的角度去理解问题，开始在不同群体之间架起沟通的桥梁。马丁·路德·金用同理心激发了人们对平等的追求，让人们意识到，每个人都可以在他人痛苦中看到自己的影子，每一次同情和理解，都让我们离一个更加和平的世界更近一步。

同理心的深远影响：理解是建立和平的根基

马丁·路德·金不仅在他所处的年代带来了深远的影响，还成为一种超越时空的精神力量。他的同理心并不只是简单的"感同身受"，还是通过深刻的理解去激发他人内心的共鸣。他提醒我们：唯有在理解他人时，彼此的心灵才能真正靠近。他不仅让美国社会开始重新审视种族歧视的根源，还让世界各地的人们开始反思偏见和仇恨的危害。

马丁·路德·金的事迹告诉我们，同理心不仅是一种情感，更是一种改变社会的力量。它让我们不再将彼此的痛苦视为无关紧要的事，而是愿意放下偏见，去理解和关怀对方。同理心让我们不再因肤色、性别、身份的差异而彼此对立，而是通过理解来建立和平的根基。马丁·路德·金用一生的时间展示了同理心的力量，他的声音穿越时空，提醒我们唯有用理解才能让世界走向和平。他告诉人们，我们每个人的心中都存在渴望被理解、被尊重的需求，而同理心正是让这种需求得以实现的桥梁。他的故事让我们相信，只要我们愿意以理解的态度面对彼此，仇恨和偏见就会逐渐消退，彼此的心灵也会变得更加开放、更加包容。

四、真实案例：一扇为小佳打开的窗

王老师是初中一年级的一名美术教师。她热爱这份工作，也热爱教室里那些天马行空的创意和童真的想象力。然而，班上有个叫小佳的女孩，总是让她放心不下。小佳是个瘦瘦小小的孩子，总是低着头，像一片贴近地面的叶子，生怕被风吹散。课堂上，她很少主动发言，连同学之间的互动也极为有限。

但小佳画画的天赋让王老师注意到了她。每次美术课，小佳都会用心完成作业，但她的画总透着一种孤寂的氛围。其他孩子喜欢用鲜艳的颜色描绘童话般的世界，而小佳的画作却总是灰暗的，充满了破败的街道、阴沉的天空和孤单的身影。她的线条很有力度，却常常带着急促与不安，让人忍不住多看几眼。

一条荒凉的街道

一天，王老师布置了一个以"我的世界"为主题的课堂作业。她想知道，通过这个开放的主题，能否触及小佳内心的一角。课堂结束时，小佳交上了一幅画：一条荒凉的街道，背景是昏黄的夕阳，街边的建筑破旧倾斜，远处的天空中只有几只飞鸟的轮廓。一只小猫站在街道中央，茫然地望着前方，周围没有一丝生机。

王老师拿着这幅画站在窗边，看着窗外夕阳映衬下的校园。她能感受到，这幅画中藏着一种深深的孤独，一种无声的呼喊。小佳的画作仿佛在诉说着某种情绪，但具体是什么，王老师还无法完全解读。她决定找小佳聊聊，不是用老师的身份，而是用一颗关心的心去靠近她。

一场温柔的对话

课后，王老师在小佳准备离开时轻声喊住了她："小佳，这幅画很特别，我很想听你讲讲它的故事。"小佳的脚步停了下来，她回头看了一眼，手指不安地绞着衣角："没什么特别的，就是画着玩的。"

王老师并没有急于追问，而是微笑着说："你画的那只小猫，它让我想到小时候我画过的一只小狗。我画它时，它正在迷路，它也看起来很孤单。你画的小猫，是不是也迷路了呢？"

小佳抬头看了看王老师，眼中有一丝迟疑，仿佛在衡量是否可以信任这个问题。最后，她点了点头，低声说道："它迷路了，找不到家。"

王老师听后，温柔地问："如果你可以帮助它，你觉得它需要什么呢？"

小佳沉默了一会儿，说道："它需要一个人带它回家。"

那一刻，王老师的心微微一颤。她意识到，这不仅仅是画中小猫的故事，也许更是小佳自己的情感映射。她没有继续追问，而是轻声说："那我们一起画吧，给这只小猫添点东西，看看它的世界能不能变得更温暖。"

画中的变化

从那天起，王老师开始通过画画的方式与小佳建立连接。在课堂上，她有意无意地安排一些主题，让学生们用画笔表达自己对生活的感受。一次，她让大家画一个"避风港"。小佳依旧画了一只小猫，但这次它站在一棵大树下，树下有一盏温暖的小灯。王老师看到后，轻轻问小佳："小猫是不是找到了一个休息的地方？"

小佳点点头，微微一笑。那是王老师第一次看到小佳的笑容，尽管很浅，但那种带着希望的温暖让她觉得这条沟通的路径是正确的。

更多的发现

随着时间的推移，王老师慢慢发现，小佳的沉默背后藏着许多不为人知的故事。通过与小佳母亲的交流，她了解到，小佳的父母长期不在身边，和爷爷奶奶生活的她感到格外孤单。而她的内向与封闭，不仅源于家庭环境的缺失，还是一种对被忽视的自我保护。

王老师没有试图直接介入这些复杂的家庭问题，而是通过一节节美术课，用画笔和色彩为小佳搭建了一个情感出口。她会在课堂上给予小佳适当的肯定，但从不过度夸奖，让她的成长显得自然又舒适。

找到家园

几个月后的一节美术课上，王老师让学生自由创作，小佳递交了一幅完全不同的画。这幅画依旧是那只熟悉的小猫，但这一次，它站在一座温暖的小房子前。房子周围是盛开的花田，远处的天空蓝得纯粹，甚至可以看到一轮明亮的太阳。

"它找到家了。"小佳轻声对王老师说，"有人给它留了一扇窗。"

王老师微笑着点头，眼眶微微湿润。她知道，这不仅是画中小猫的故事，也是小佳内心的一种转变。从最初的荒凉到如今的温暖，小佳通过画画表达了自己的成长与改变。她找到了属于自己的情感出口，也在王老师的陪伴下，感受到了被关怀的力量。

温暖的延续

王老师从未觉得自己的努力是一种"付出"，而是一种幸运。她用同理心接近了小佳的世界，为她打开了一扇窗，而小佳也通过自己的画笔，让她看到了另一种教育的意义。从此以后，王老师经常对自己说："教育从来不是改变孩子，而是陪他们一起找到那扇属于自己的窗。"

五、同理心的培养：提升情绪认知与换位思考

同理心是一种让我们能从他人角度理解感受、体会情绪的能力。它并非天生，而是可以通过练习培养的一种情感力量。下面是几种切实可行的练习方法，帮助我们从情绪认知、换位思考、非暴力沟通等方面逐步提升同理心，建立更深厚、真诚的人际关系。

情绪认知：学会识别他人情绪的细微变化

同理心的起点是能够识别、理解对方的情绪。情绪认知练习可以帮助我们学会观察他人情绪的变化，更敏锐地察觉情绪波动。以下是一些简单的情绪认知练习：

观察细节。在日常交谈中，多关注对方的表情、语调和肢体语言。例如，微笑、皱眉、轻微叹气等都是情绪的表达。通过注意这些细微之处，我们能更好地感知对方的内心状态。

解读情绪。在对方表达情绪时，尝试在内心解读"对方现在感到快乐、失落或愤怒的原因可能是什么？"这种思考可以帮助我们理解情绪背后的原因，而不仅仅是表面的情绪。

反馈和确认。当我们察觉到对方的情绪时，可以用开放式问题进行确认，如"你似乎有些不安，发生了什么吗？"或"今天感觉有些沉闷，心情还好吗？"这种方式不仅能表达关心，还能有效避免误解。

情绪认知的练习让我们在交往中变得更加细致和敏感，逐渐培养出对他人情绪的关注，帮助我们走出"只关注自己"的思维模式，增加对他人感受的理解和共鸣。

换位思考：从他人的角度理解问题

换位思考是同理心的重要组成部分，它让我们能够真正站在他人的立场上看问题，从对方的视角去体验他们的情绪。以下是几种换位思考的有效方法：

角色转换。在对话中，有意想象自己是对方，去体会他们的所思所感。例如，想象自己如果处在对方的位置，会有怎样的感受。这种角色转换能帮助我们更直接地感受到他人的处境，从而避免产生过于主观的判断。

共情表达。在交谈中，尝试表达对方的情绪，如"我明白这件事对你来说

有多难"或"你的处境我能理解"。通过表达共情，我们不仅让对方感到被理解，还让自己在言语中加强了对对方情绪的感受。

假设问题的影响。在遇到冲突或分歧时，问问自己："如果我正面临对方的问题，我会怎么做？""如果我也经历了他所经历的困难，情绪是否也会受到影响？"这样的假设让我们走出自身的偏见，更贴近对方的感受。

换位思考能让我们更深层次地理解他人，避免在沟通中出现单向的指责或片面的解读。通过换位思考，我们在相互理解中更加平等，彼此的关系也更加融洽。

非暴力沟通：减少冲突、加强理解的沟通技巧

非暴力沟通是一种注重理解和共情的沟通方式，帮助我们在表达观点的同时保持尊重。它不仅减少了语言上的冲突，还让我们更容易获得他人的信任和支持。非暴力沟通主要包括以下步骤：

观察而不评价。在表达意见时，仅陈述观察到的情况，而不带有情绪评价。例如，可以说"我注意到你最近的工作进度稍慢"，而不是直接指责"你总是拖延"。这种表述方式让对方更容易接受，也避免了情绪上的抵触。

表达感受。在沟通中用"我"来表达自己的感受，而不是直接指责对方。例如，"我感到有些压力，因为进度可能会影响项目交付"比起"你在拖延项目"更能让对方理解你的情绪需求。

表述需求和请求。清楚地表明自己的需求和请求，而不是命令或指责。例如，"我希望我们能一起加快进度，让项目顺利完成"是一种基于需求的请求，能够激发对方的理解和配合。

非暴力沟通不仅能避免沟通中的对立，还能让对方更容易理解我们的需求。这种尊重和包容的沟通方式能帮助我们在情感上更贴近彼此，增强关系中的信任。

情感日记：记录情绪，增进自我理解

情感日记是一种记录自己情绪、反思情感的练习。它能够帮助我们更清晰地看见自己的情绪波动，了解引发这些情绪的原因，从而在未来更好地处理人际关系中的情感需求。

记录情绪事件。每天记录自己情绪波动较大的事件，标记出自己的情绪反应，如"愤怒""失落""快乐"等。

反思情绪原因。试着回顾每种情绪背后的原因，如"今天和同事的冲突让我感到挫败，因为我觉得自己的意见被忽视了"。这种分析有助于我们认识到情绪背后的深层需求。

找到情绪的正向应对方式。在记录情绪时，也可以列出下次处理类似情况的应对方法，如"下次遇到不同意见时，我可以先表达理解，再提出我的想法"。这种反思能够帮助我们在未来的互动中更好地调节情绪，避免情绪失控带来的伤害。

通过情感日记，我们能逐步掌握自己的情绪变化，提高对自我的认知，也更能够站在他人角度去理解和包容对方。

日常关怀：主动表达支持与关心

日常关怀练习是在生活中主动给予他人理解和支持的一种方式，它能够让我们更自然地流露出同理心的力量。以下是几种日常关怀练习的方法：

提供帮助。在他人感到困难时，主动提供一些支持，无论是情感上的安慰还是实际的帮助。例如，同事加班时，主动提出是否需要帮忙；或者朋友遇到挫折时，主动问问是否需要陪伴。

倾听无判断。当他人向我们倾诉时，不急于给出建议或判断，而是耐心倾听他们的心声，给予真诚的反馈，如"我能感觉到这件事让你很难受"。这种无判断的倾听让对方感到被理解，也让自己更能体会对方的处境。

表达赞美和感激。在生活中主动对他人表达感谢或赞美，如对同事的工作表示认可，对家人和朋友的付出表示感谢。小小的感激和认可，能带来温暖和信任，也让自己在生活中逐渐培养出关怀他人的习惯。

日常关怀练习让我们在平凡的日子中不断实践同理心，使它逐渐成为生活中的一种自然状态。同理心不再只是一种技巧，而成为我们待人接物的一部分。

同理心的力量在于理解与共鸣

同理心的力量在于它能够让我们从"自我中心"走向"他人视角"，帮助我们更清晰地理解他人的情绪和需求，增进我们与他人之间的理解与信任。正是这种理解，让我们在每一段关系中更加柔和、温暖，不再只是追求效率或结果，而是享受人与人之间的情感交流与连接。

六、镜像神经元：揭开人类模仿的神经奥秘

同理心是一种能够理解他人情感的情绪能力，而这种能力并不仅仅是基于情感的共鸣，现代神经科学表明，它在我们的神经系统中也有生理基础。这一发现的关键在于"镜像神经元"的存在———一种让我们能够"感同身受"的神经机制。镜像神经元理论揭示了我们大脑如何通过观察他人的动作和表情而激活自身的类似神经区域，从而实现"情绪的共鸣"。

什么是镜像神经元

镜像神经元是一组特殊的神经元，最早由意大利神经科学家在猴子大脑中发现。当一只猴子看到另一只猴子或人类执行某个动作时，它大脑中的一些神经元也会被激活，仿佛它自己也在执行同样的动作。这些"模仿神经元"或"镜像神经元"的发现，使我们逐渐明白人类在观察他人行为时，大脑中也会启动类似的神经反应。

镜像神经元不仅在动作模仿中起作用，还在情绪传递和情感理解中扮演重要角色。当我们看到他人哭泣或微笑时，大脑中的镜像神经元会相应激活，让我们体会到对方的情绪变化。这种神经机制帮助我们感受他人的情感，从而形成一种情绪共鸣。这一机制就是同理心的生理基础，帮助我们在与他人沟通时，不仅能理解他们的话语，还能"读懂"他们的内心感受。

镜像神经元的作用：让我们"感同身受"

镜像神经元的作用让我们在观察他人时产生类似的神经反应。比如，当我们看到有人摔倒时，大脑中的相关镜像神经元会在一瞬间反映出"疼痛"的信号，即使我们并未亲身经历摔倒，但我们能真实地感受到对方的痛苦。这种"间接体验"的过程使得人类在情绪上能够迅速连接，这就是我们常说的"感同身受"。

同样，在日常生活中，镜像神经元的作用使得我们在沟通时更容易理解他人。比如，当我们看到朋友难过的表情时，镜像神经元会促使我们去思考"他发生了什么事？""他为什么这么难过？"在这种神经反应下，我们会不由自主地想要靠近对方，去提供支持和安慰。

正是因为镜像神经元的存在，人类在沟通时才能更容易形成情感上的共鸣，避免生硬、冷漠的沟通方式。它让我们在面对对方时，不只是听到声音，

还能真正感受到对方的情绪，从而建立起温暖和理解的沟通氛围。

镜像神经元和同理心的关系

镜像神经元和同理心之间的关系非常密切。可以说，镜像神经元是同理心的神经学基础。没有镜像神经元，我们便无法通过观察他人的情绪反应来激活自己对应的神经反应。同理心不仅仅是我们对他人的理性理解，更是一种生理上的共鸣——这种共鸣让我们对他人产生天然的理解。

比如，在与他人沟通时，当我们看到对方难过或微笑，大脑中的镜像神经元会促使我们去回应这种情绪。通过这样的生理机制，我们可以在沟通中实现更加自然的情感流动，避免仅仅用冷漠的逻辑去分析对方的话语。镜像神经元的作用还可以解释，为什么我们会在看电影、阅读小说时被情节中的情感所感染。这种生理基础帮助我们在生活中自然而然地产生同理心，让我们在面对他人时，能够带着理解和包容去交流。

镜像神经元的应用：提升沟通中的情感连接

了解镜像神经元在同理心中的作用后，我们可以通过有意识地观察他人，来提升自己对情绪的识别能力。以下是一些基于镜像神经元的同理心练习，帮助我们在日常沟通中建立更加深入的情感连接：

留意他人的情绪反应。在与他人沟通时，主动留意对方的表情和肢体语言，观察他们的情绪变化。比如，当对方皱眉或叹气时，镜像神经元会让我们自然感知到他们的不安或焦虑，提醒我们可以适时调整沟通方式，用温和的语气表达关心。

模仿对方的表情。适当模仿对方的表情，可以帮助我们在沟通中迅速建立亲近感。例如，当对方面带微笑时，我们也可以微笑回应，这种"情绪同步"能够让双方在无声中建立信任关系，进一步增强情感的连接。

主动表达共鸣。镜像神经元会让我们产生"共鸣感"，而主动表达这种共鸣可以增进理解。比如，在对话中，当对方表达不安或困惑时，我们可以说"我理解你的顾虑，这样的情况确实让人焦虑"。这种共鸣表述会让对方感到自己被理解，从而更愿意敞开心扉，增进沟通的效果。

关注自我情绪的变化。在沟通中，也可以留意自己的情绪变化，看看自己是否会因对方的情绪而产生波动。比如，在对方表达失望时，我们也可能感到一丝失落，这种情绪波动恰好说明镜像神经元在帮助我们与对方建立情感共鸣。通过关注自我情绪，我们能够更好地把握沟通的情感流动。

镜像神经元的启示：在理解中寻找沟通的温度

镜像神经元理论让我们明白，人与人之间的理解不仅依赖于语言，还依赖于情感和生理上的连接。这种神经学机制使得人类天生具备同理心的潜力，让我们能在日常生活中通过共鸣彼此理解。这种理解和共鸣不仅让沟通更有效率，还让我们的生活更加温暖、充满情感。

镜像神经元提醒我们，在沟通时不必急于理性分析或评判对方的观点，而是先去感受对方的情绪，建立一种"情感的同步"。在这种同步中，沟通不再是一种"完成任务"的行为，而是心与心之间的自然连接。这种连接让每一段关系都更深刻、更有温度，让我们在理解他人中找到真实的共鸣，也找到生活中更大的满足感。

镜像神经元与同理心的力量

镜像神经元为同理心提供了神经学基础，使得情绪在不同个体间流动和传递。通过对镜像神经元的了解，我们能够更好地培养同理心，提升在日常沟通中的情感连接。正是这种情感共鸣，让我们在生活中不仅收获了有效沟通的能力，还体验到了人与人之间的温暖和理解。镜像神经元的存在让我们明白，理解与关怀不仅是一种沟通技巧，还是人与人之间天然的情感联结，是真正让彼此感受到温暖与信任的纽带。

七、温柔小结

同理心是一种无声的关怀，它轻柔地渗透在我们与他人的关系之中，如一盏微光，照亮彼此之间的桥梁。它不仅仅是一种感知他人情绪的能力，更是一种真诚的愿望，去靠近、去理解。生活中，我们往往被快节奏的步伐裹挟，不经意间忽略了身边人内心的需求。即使是最亲密的关系，如果缺乏理解，也容易在无形中筑起一道道看不见的墙。正是同理心，像一股温柔的春风，将这些隔阂轻轻吹散，带来一种令人安心的温暖。

这种温暖的力量，不是瞬间的情感共鸣，而是潜藏在每一次细腻的沟通中。用心倾听他人的声音，用包容的态度回应彼此，关系中的距离便悄然缩短。彼此之间逐渐建立起信任，而这种信任并非单靠语言所能传递，而是通过一份真切的关注和接纳慢慢滋养出来的。当一个人感受到被尊重、被理解时，那份防备会自然卸下，心与心之间的连接便更加真实而深刻。

生活中的许多矛盾和误解，往往来自忽视了他人未曾言说的情绪。而温柔的同理心，像一座桥梁，为我们提供了通往彼此世界的通路。它不仅能缓解紧张的关系，还能让人与人之间的互动焕发新的生命力。在这份理解中，沟通不再只是信息的传递，而是情感的流动。正是在这种情感的相互作用中，我们才会发现，人与人之间的关系可以如此深刻，甚至带着一种触动人心的美好。

这种力量，不只体现在人与人相处的点滴，更改变着每一段关系的模样。在家庭中，它让亲子之间的互动更加融洽。孩子因被看见而感到安全，愿意表达真实的自己。在友谊中，它如无声的依靠，让朋友在彼此的倾诉中找到安慰和共鸣。而在职场里，它让工作不再是冷冰冰的数字与结果，而是一个充满理解和支持的环境，使人更加愿意展现自己的潜能。

同理心让我们心甘情愿地靠近他人。不是因为责任或义务，而是因为在这份温柔的力量中，我们也感受到了被接受、被珍视的满足。同理心如一条看不见的纽带，将彼此连接得更紧密，让人与人之间的相处不再是单调的交换，而是一次次温情的互动。在这种互动中，生活的颜色变得更加柔和明亮。

第六章 超越失败：每一次挫折都是成长的机会

一、挫折与失败：成长旅途中的温柔引导

生活中，挫折与失败常常出其不意地闯入我们的视线，有时像轻轻拍打心灵的波浪，有时则如疾风骤雨般击碎我们的期待。它们是生命旅途中不可或缺的元素，但也是让人又爱又恨的课题。挫折与失败既有区别，也有共性，它们共同构成了我们成长的基石。尽管它们可能带来短暂的痛苦，但如果我们学会与之共处，就能从中汲取无穷的力量。

挫折与失败的区别在于程度和结果的不同。挫折更像是路途中的小石子，它会让我们放慢脚步、重新审视，却并未彻底改变旅程的方向；失败则像是一道明确的分界线，它可能将我们推向全新的路径，甚至彻底改变我们对目标的定义。挫折更多的是一种过程中的挑战，而失败则往往意味着努力没有达到预期的结果。两者虽然在表现形式上有差异，却都指向了同一个主题——我们如何在面对逆境时找到前行的力量。

挫折：成长的提醒

挫折是温和的，它常常以一种低调的方式出现在我们的生活中。比如，在

学习新技能时进展缓慢，或是在解决问题时遇到瓶颈。这些小小的困境看似微不足道，却足以让人感到不适，甚至焦虑。挫折并非彻底否定我们的能力，而是一次提醒——或许我们需要换个视角，或许需要多一些耐心。它的意义在于，它为成长提供了一种独特的反馈机制。

想象一下，你正尝试种植一株花，但每次花朵刚绽放便因养护不当而凋谢。这种情境可能让人失落，但也会促使你去研究植物的习性，尝试更好的方法。挫折的力量在于，它不会打乱我们对未来的期待，而是让我们学会调整和适应。在这种过程中，我们不仅积累了更多的经验，还逐渐学会了如何以平和的心态面对生活中的波折。

挫折之所以令人感到难过，部分原因在于我们的思维模式。心理学研究表明，那些认为能力可以通过努力提升的人，即便面对挫折也更愿意从中学习，他们将其视为成长的契机。而那些认为能力是固定不变的人，则往往在挫折面前更容易感到无力。他们害怕失败，害怕被挫折定义，因而缺乏从中获取启发的动力。这一现象提醒我们，挫折的意义并不在于它本身，而在于我们如何理解和回应它。

失败：改变的契机

相比挫折，失败更为猛烈和深刻。失败是一次明确的结果，它会让我们重新审视自己的能力、方法，甚至目标。尽管失败常常伴随着痛苦，但它的意义却比挫折更为深远。失败迫使我们停下来，直面自己的不足，思考未来的方向。有时，失败不仅是挑战，还是一种新的可能性的诞生。

王阳明的故事便是一个关于失败与重塑的生动例子。他早年参加科举时屡屡受挫，一度陷入人生的低谷，但这些失败让他开始反思既有的教育与仕途观念，最终在被贬至龙场时，彻底转变了人生的方向。他将苦难转化为修行的契机，提出"知行合一"的思想，为后人留下了深远的精神财富。失败并没有击垮他，反而成为他思想成熟的助推器。王阳明的经历告诉我们：失败并非终点，而是让我们重新定义目标、发现潜力的契机。

失败的冲击力比挫折更加直接且显著。当我们把失败看作能力不足的证明，而非一次暂时的挫折时，它容易引发深深的自我怀疑。心理学研究表明，大脑在失败时会释放一种名为"错误相关负波"（Error-Related Negativity，ERN）的信号，这种信号会帮助我们记住错误的情境，从而调整未来的行为。

然而，如果对失败的情绪反应过于消极，这种机制可能被压力所抑制，甚至使我们变得更加脆弱。失败带来的启发依赖于我们是否能够冷静审视它，而不是逃避或拒绝。

失败的真正价值在于，它能让我们更加深入地认识自己。它迫使我们反思：目标是否真正契合，努力是否用对了地方。在这个过程中，失败既塑造了我们的能力，也塑造了我们的韧性和智慧。正是这种内在的改变，使得失败成为成长中最有力的推动者。

挫折与失败：并非敌人，而是导师

无论是挫折还是失败，它们的本质都不是生活的敌人，而是成长旅途中的导师。挫折用它的温和提醒我们，在复杂的世界中，没有任何事情是可以轻易完成的；失败则用它的深刻让我们明白，有时路途的终点并不如我们所愿，但新的方向可能比原来的目标更加值得追寻。

两者的共同点在于，它们都激发了我们去反思和调整自己。挫折是成长的必经过程，它让我们在面对小挑战时积累经验，为未来的更大目标做好准备。而失败是成长的加速器，它为我们提供了重新定位和转变的契机。正是因为有了挫折与失败的存在，我们才能在一次次跌倒后变得更坚韧、更智慧。

接纳波折，迈向新的高度

失败和挫折是人生旅途中的重要组成部分，它们并非为难我们而存在，而是为了引导我们找到更合适的方向。它们用各自的方式告诉我们，成长并不是一条笔直的道路，而是充满转折的旅程。那些曾经让我们痛苦的时刻，往往是我们内心成长的关键节点。

挫折的意义在于提醒我们，成功需要细致与耐心；失败的价值在于迫使我们重新定义目标，找寻新的可能性。在每一次失败后重新站起的人，往往会比过去更加坚韧和自信。生活从来不以我们的意志为转移，但它总会在关键时刻给予我们选择的机会——如何面对失败，如何与挫折共处，如何在困难中寻找意义。

正是这些挫折和失败的经历，让我们学会了如何欣赏成长中的美好，也让我们能够带着希望与力量去拥抱未来。人生的风雨并不可怕，重要的是我们愿意踏出下一步，相信在转角处会有新的阳光洒满前方。只要我们心中怀抱希望，不断探索与尝试，挫折与失败终将成为我们人生中不可或缺的亮点，为我们的成长之路增添更多精彩。

人生的各个阶段，失败是每个人都会遭遇的挑战。它可能是学业上的不及格，职场中的意外瓶颈，社交中的错失良机，甚至是生活中未能实现的梦想。我们常常将失败视为终点，认为它代表了我们的不足，但实际上，失败是我们成长过程中的一份宝贵礼物。它提醒我们，我们的旅程并未结束，我们的故事还远未结束。

每一次挫折，实际上是我们与内心深处自我对话的时机。它不仅仅代表"未成功"，更像是生命旅途中的向导，引导我们去发现内心最真实的需求，让我们明白哪些方面还有待提高。挫折让我们有机会认识到自己的不足，而这种认识，正是我们走向成熟与突破的起始。或许，现在的你正迷失在挫折的阴影中，但请记住——这并不意味着你的故事就此结束。相反，挫折是你成长的开端，它激励你勇敢面对接下来的每一个挑战。

二、乔布斯的故事：从失落到传奇的再造者

"你的工作将占据你生命中很大一部分，唯一真正满足你的是做你认为伟大的工作。而伟大的工作，只有在你热爱它时才能完成。"这是史蒂夫·乔布斯的一句经典名言。乔布斯，一位开创了现代科技革命的传奇人物，他的成功背后并非一帆风顺，而是一次次从失败到成功的蜕变。正是这些失败塑造了他独特的思维方式和不屈的拼搏精神，也最终推动了世界科技的变革。

从大学辍学到苹果的起步

乔布斯的传奇，起始于一个令人惊讶的决定——辍学。1972 年，18 岁的乔布斯进入了著名的里德学院，但他对传统教育体制深感厌倦。最终，他做出了一个大胆的决定——放弃学业，去追寻自己内心真正的兴趣和热情。

这个决定看似荒谬，但却为乔布斯未来的成功打下了基础。因为他在里德学院的学习并不是简单地追求学分，而是深入学习了字体设计、书法等课程，这些看似无关的学问，后来在苹果的设计理念中发挥了重要作用。可以说，乔布斯的这一"失败"选择，成了他走向辉煌的起点。

乔布斯从未认为这是一次偶然的转折。相反，他深信："不要让别人的观点淹没了你内心的声音。不要让别人对你的意见和信仰扼杀了你自己的直觉。"他拒绝了传统的道路，选择了自己认为正确的方向，正是这种勇气和坚定的信

念，成就了乔布斯后来的非凡事业。

苹果的创立与早期的挑战

1976 年，乔布斯与同学沃兹尼艾克共同创立了苹果公司。最初，他们在乔布斯家中的车库里开发计算机，命名为 Apple 。这台计算机并没有立即获得成功，但乔布斯不愿轻言放弃。凭借他对技术的独到见解及极具感染力的销售能力，苹果最终开始获得大众的关注和认可。

1985 年，乔布斯因管理上的冲突，被自己一手创办的苹果公司解雇了，这个决定几乎摧毁了他。作为一个曾经创立了这个帝国的人，乔布斯被驱逐出自己亲手打造的家园，内心的痛苦可想而知。然而，这个沉重的打击并没有让他消沉，相反，它激发了乔布斯更强烈的斗志和更深刻的思考。

"被解雇"的契机与皮克斯的转折

在被苹果解雇后，乔布斯并没有退出科技行业，反而以全新的姿态迎接挑战。乔布斯选择创办了 NeXT 公司，专注于开发高端计算机，虽然 NeXT 未能取得商业上的巨大成功，但这段经历让乔布斯再次深刻理解了产品设计和技术创新的真正意义。

更为重要的是，这段时间让乔布斯邂逅了另一项改变人生的事业——他收购了皮克斯动画公司。皮克斯是从一家计算机动画公司转型为全球最成功的动画制作公司之一，制作出了《玩具总动员》等一系列轰动一时的作品。在皮克斯，乔布斯不仅重新定义了自己作为企业家的角色，还发现了自己在艺术和创新方面的独特潜力。在皮克斯的经历，让乔布斯学会了如何真正打破传统的商业模式，他开始注重产品的创意与艺术性，而非单纯的技术创新。这为后来苹果产品的设计理念埋下了伏笔。

重回苹果与 iPhone 的问世

1996 年，乔布斯重返苹果。此时，苹果已经濒临破产，乔布斯面临着前所未有的挑战。这一次，乔布斯的眼光比任何时候都更加精准。他决心彻底改变苹果，重塑这家公司，带领它走向辉煌。他开始注重苹果产品的用户体验，追求极致的简约和创新。最终，乔布斯推出了 iMac、iPod、iPhone 等一系列革命性的产品，彻底改变了人们的生活方式，重新定义了计算机、音乐、手机和娱乐的行业。

iPhone 的问世，尤其是其触屏技术的革命性突破，令世界震惊。那一刻，乔布斯不仅是技术的创新者，还是一个时代的定义者。他将个人电脑、手机、娱乐、工作等元素完美融合到一个产品中，创造了一个跨越行业的全新生态圈。

"失败"与成长的哲学

乔布斯的一生，充满了失败和挫折。在早期的苹果公司，他面对技术挑战、团队矛盾和管理困境，屡屡受挫，在被解雇后，他经历了事业的低谷，甚至在苹果公司再度崛起时，他也面临着巨大的健康挑战，癌症的诊断给了他对生命的深刻反思。

然而，乔布斯并未被这些失败击垮，相反，每一次的挫败都让他更加坚定自己的人生信念。在他眼中，失败是成功的催化剂，而不是阻碍。他曾经说过："你不能把自己的生命与他人的观点捆绑在一起。你应该追随自己的直觉，只有当你在失败中不断反思，才能真正找到自己想要的方向。"

乔布斯的经历告诉我们，伟大的事业不是轻而易举就能实现的，它需要经历痛苦、挑战、失望，甚至是失败。他的成功，并非源于从未失败，而是在于他能够从每一次的跌倒中找到新的起点，审视自己，并勇敢地继续前行。

乔布斯的一生，无疑是一部从挫败中蜕变为成功的传奇史。他从不畏惧失败，反而通过一次次的打击与逆境，锤炼出了更加坚定的决心。他的故事告诉我们，成功并非一帆风顺，失败也并非无法承受。真正的成功，是在无数次失败后依然能重新激发潜力，勇敢地迈向下一步。

今天，当我们看到乔布斯的辉煌成就时，往往忽视了他背后无数次的失败。而正是这些失败，才成就了他在全球科技史上不可磨灭的烙印。乔布斯的故事为我们提供了一种力量——不畏失败、敢于创新。它让我们明白，成功的背后，往往蕴藏着最深的失败与最无畏的坚持。成功并非终点，而是从一次次的跌倒中重新站起来的勇气。

三、魔法世界的奇迹：J.K. 罗琳的故事

"不要因为害怕失败而停止尝试。"——J.K. 罗琳

如果有一个名字能够定义现代奇幻文学的辉煌，那一定是 J.K. 罗琳。她创造了一个世界，让数以百万计的读者在《哈利·波特》系列的魔法世界中找到了归属感，见证了无数冒险和成长。J.K. 罗琳的成功并非一蹴而就，她的生

命故事充满了挫折、困境和令人动容的坚持。她用自己的亲身经历告诉我们，真正的成功是如何从失败中孕育而生，如何在最黑暗的时刻找到坚持下去的勇气。

贫困中的梦想：从失业到《哈利·波特》

罗琳的故事并非一开始就光鲜亮丽，反而充满了艰辛。1990 年，J.K. 罗琳在英国爱丁堡的一个咖啡馆里，怀抱着一个改变世界的梦想。那时，她是一位离异、单亲的母亲，依靠政府福利勉强度日。为了抚养年幼的女儿，罗琳曾做过许多低薪工作，包括做秘书和在学校担任教员，但这些并不能改变她经济上的窘迫和精神上的压迫。

尽管面临着生活的种种压力，罗琳始终没有放弃她的梦想。在许多夜晚，她会在咖啡馆里写下关于一个名叫哈利·波特的男孩，以及他与魔法世界之间的奇妙冒险的故事。她的文字犹如一道闪电，击中了那个在黑暗中摸索的她。创作成了她唯一的慰藉和希望，而《哈利·波特与魔法石》的故事，在她的笔下逐渐成形。

在写作过程中，罗琳不断面临着自我怀疑的困境。作为一个生活在贫困中的单亲妈妈，她曾多次认为自己根本无法成功出版一本小说。她的许多朋友都劝她放弃，认为她不可能突破眼前的困境。然而，罗琳并没有放弃写作。她常说："我开始写《哈利·波特》时，根本没有想到它会变得如此庞大和受欢迎。我只是写作，因为它让我感到活着。"

拒绝与接受：十次出版拒绝的背后

尽管罗琳坚信自己的作品能打动世界，但现实给了她沉重的一击。《哈利·波特与魔法石》完成后，罗琳开始了向出版社投稿的艰难旅程。她的作品屡遭拒绝。一次、两次、三次……十次的拒绝让她几乎丧失信心。有的出版社甚至给出了直接的否定，认为这个故事太过平凡，难以在市场中立足。

在遭遇了十次出版拒绝后，罗琳几乎已经准备放弃。但就在她打算放下梦想时，来自布鲁姆斯伯里出版社的出版人莱文看到了一丝潜力。他的女儿对哈利·波特的故事非常喜爱，莱文也因此决定给这本书一个机会。

即使如此，罗琳的成功依旧没有到来，书的销量并没有迅速攀升。当时，布鲁姆斯伯里出版社对《哈利·波特与魔法石》也并没有抱太大期望，只是决定小规模发行。没想到，奇迹发生了。书籍逐渐在学校和图书馆中流传开来，读者的口碑开始积累，最终，《哈利·波特》系列成为全球现象。

巅峰之后的挑战：面临人生的另一场考验

当《哈利·波特》系列成为全球畅销书后，罗琳终于摆脱了贫困的生活，成了亿万富翁。但与此同时，她的成功也带来了新的挑战和压力。她不仅需要应对名利的压力，还经历了个人生活的剧变。她在经历了一段长时间的婚姻之后，再度走向离婚的痛苦。与此同时，她的健康问题也渐渐显现。种种个人困境让罗琳的生活变得内向而低调。

尽管如此，罗琳并没有被生活的重压打垮。她依旧将自己的一部分时间献给创作，继续写作并探索更多的题材。她在《哈利·波特》系列后，还成功出版了《科摩洛夫的犯罪》等作品，并大力投入慈善事业。她坚持自己的信念，将自己的人生使命从单纯的创作，转变为为社会做出贡献。

坚持与转变：从挫折到新生

从贫困中走出来，从十次拒绝中爬起，最终成为全球最具影响力的作家之一。J.K.罗琳通过自己的坚韧和勇气，超越了贫困、挫折和外界的偏见，最终赢得了世界的认可。她没有因为贫困而妥协，没有因为失败而停滞不前，更没有因为成就而忘记初心。

如今，J.K.罗琳已经成为一个传奇人物。她的故事和她的作品一样，充满了力量与鼓舞。她用自己的经历告诉我们：成功并非命运的恩赐，而是对生活中每一个挑战和失败的超越，只要我们心怀梦想，就一定能够创造出属于自己的魔法世界。

四、如何超越失败

在生活的旅程中，失败不可避免。从考试失利、职场遭遇挫折，到感情上的遗憾，每一个人都可能在某个阶段经历失败的体验。然而，正如赫尔曼·黑塞所言："失败是成功的试金石。"关键不在于你是否失败，而在于你如何从失败中走出来，如何超越它。超越失败不仅是一种技能，还是一种心态。

认识失败的本质

对于现代人而言，失败常常被视为人生的重大打击。社交媒体的盛行让我们不断比较自己与他人的成就，成功似乎成了唯一的标尺。你可能看到朋友升职加薪、旅游度假，而自己却依然停留在低谷。失败带来的情绪压力，可能让你觉得世界都在与你作对。但如果我们从心理学的角度来看待失败，它不过是一个过程，而非最终结果。

心理学家卡尔·荣格曾提出，"失败实际上是自我成长的一个重要环节"。每一次失败都在告诉我们某种"经验"，而这些经验在未来能够帮助我们更好地理解自己与外部世界的关系。失败本质上是一种反馈，它帮助我们调整方向，寻找新的可能。

改变对失败的态度

现代社会普遍推崇"快速成功"的理念，许多人抱怨自己未能迅速突破，并常常感到焦虑不安。然而，真正能够超越失败的人，是那些能够改变对失败的态度的人。失败不是无法承受的灾难，它不过是成长的必经之路。

马化腾作为腾讯的创始人，有过多次失败的创业经历，其中一些项目甚至全盘崩溃。然而，正是这些失败锻炼了他的坚韧与冷静，使他学会在复杂的市场环境中寻找突破口。腾讯最初并未像今天一样成为全球互联网巨头，它经历了长时间的调整与试错。马化腾没有因为一次次的失败而放弃，反而从中积累了无数宝贵的经验，最终创造了如今的腾讯帝国。

从失败中提炼经验

现代人面对失败，容易产生自责和不甘，认为自己不够好，甚至开始怀疑自己的能力。其实，失败的真正价值不在于它带来的痛苦，而在于我们能从中汲取哪些经验。心理学家丹尼尔·卡尼曼提出的"反事实思维"概念正好能够帮助我们重新审视失败。通过"如果当时我做了什么就好了"的反思，我们可以看到自己在行动中的缺陷和不足，从而避免下次再犯同样的错误。

例如，一位年轻人面试失败，可能会觉得自己没能展示出最好的自己。但如果他冷静下来反思，是否在回答问题时有些紧张，或者准备不够充分？这些具体的反思能够帮助他在下一次面试中做得更好。同样，在职场中，失败也同样充满了成长的契机。工作中的错误和失误是每个人都会遇到的，重要的是如何从中总结经验，逐步提升自己的能力。你可以将每一次失败当作一次自我检视的机会，分析原因，调整心态，并且不断尝试。

转变思维，拥抱挑战

我们常常听到"失败是成功之母"这一说法，然而，这句话的背后并不单单是鼓励我们去接受失败，而是要求我们在失败中发现挑战和机遇。现代人面对失败，不只要分析原因，更要学会从中寻找突破点，将失败转化为挑战，赋予它新的意义。

以运动员为例，许多世界级运动员在初期都经历了不少的失败。我国的游泳名将孙杨，他在 2008 年北京奥运会时未能如愿获得金牌，尽管他有着出色的游泳天赋，但未能在奥运赛场上取得突破。然而，这段经历并没有让他退缩。反而，孙杨通过不懈努力、调整训练策略，在随后的 2012 年伦敦奥运会上夺得金牌，并在 2016 年里约奥运会和 2020 年东京奥运会等重要赛事上取得更大的突破，创造了属于自己的传奇。

这正是超越失败的关键：将失败视作挑战，视作一次自我超越的机会。你不仅要从失败中吸取教训，还要将它当作一个起点，去探索新的解决方案，迎接下一个更大的挑战。

聚焦成长目标

设立成长目标是一种能够帮助我们保持动力的有效策略。通常，失败后我们容易陷入对过去的反复思考，忽略了我们还有未来可期待。因此，设定清晰的成长目标尤为重要。成长目标是那些关注自我提升、关注学习过程的目标，而不仅仅是追求结果。例如，将"学习如何提升沟通技巧"设为目标，而不是简单地设定"下一次必须升职"这样的结果性目标。

设立成长目标的过程也是明确自我方向的过程。很多人可能会发现，当他们经历失败后，反而会更清晰地知道自己未来的路该怎么走。失败为我们提供了反思的机会，帮助我们更好地了解自己，从而做出更加符合自身需求的选择。

坚定信念，持续前行

超越失败需要坚定的信念和持续的行动。现代人可能在面对失败时感到沮丧，甚至有时会怀疑自己的人生选择。超越失败，不仅仅是在克服某个难关，更多的是一种坚持自我、持续奋斗的精神。在遇到困难时，最能改变命运的往往是那些不放弃、不妥协的人。你需要对自己的目标保持信心，即便失败了，也要继续前行，像海明威的小说《老人与海》中的主人公一样，坚持不懈地与大海搏斗，直到最后胜利。

超越失败，是一种心态的转变，是从每一次跌倒中总结经验，不断自我调整、提升的过程。在现代社会，我们不应害怕失败，而应学会在失败中寻找成长的契机。通过改变对失败的看法、从中提炼经验、转变思维，以及坚定信念，我们能够在失败面前不低头，勇敢地走向下一个成功。

五、积极心态创造无限可能

在我们的旅程中，成长型思维为我们提供了强大的理论支持。这一概念最早由心理学家卡罗尔·德韦克提出，强调人们在面对挑战和困难时，所持有的心态能够深刻影响他们的表现与成就。

成长型思维的核心在于相信能力和智能是可以通过努力和学习不断提升的。与之相对的是固定型思维，这种心态认为人的能力是先天的，无法改变。拥有成长型思维的人，面对失败时，不会将其视为自我能力的反映，而是看作学习和成长的机会。他们会积极寻找失败中的教训，调整策略，继续前进。

固定型思维的人常常害怕失败，因为他们把失败视为对自我价值的威胁。这种恐惧可能导致他们避免挑战和冒险，而选择安逸的舒适区。然而，成长型思维的人则拥抱挑战，认为每一次挑战都是提升自我的机会。这种心态让他们在面对困难时，能够保持积极的态度，积极寻找解决方案，而不是被困在消极的情绪中。

面对失败的积极态度

在面对挫折时，成长型思维引导我们以更积极的态度去应对。例如，当我们在工作中遭遇失败时，固定型思维可能让我们产生自我怀疑，认为自己永远无法成功。而拥有成长型思维的人则会问自己："这次失败让我学到了什么？"他们会反思失败的原因，寻求改善的方法，而不是沉溺于负面的情绪中。

这种思维方式不仅能帮助我们更有效地应对失败，还能激发我们的潜力，提升我们的学习能力。研究表明，成长型思维与更高的成就和更好的心理健康水平密切相关。当人们相信自己可以不断进步时，他们就会更加投入，愿意接受挑战，甚至在困难面前展现出更多的韧性。

心理学研究与案例

心理学界的研究不断证明成长型思维的重要性。德韦克及其团队的研究表明，持有成长型思维的学生在学业上的表现显著优于持有固定型思维的学生。通过实验，他们发现，成长型思维不仅能够提升学生的学习兴趣，还能够增强他们面对困难时的韧性。这种思维方式帮助学生从错误中吸取教训，并将其转化为未来的成功。

以某所中学为例，学校开展了一项关于思维模式的实验。实验将学生分为两组，一组接受成长型思维的培训，另一组则未进行任何干预。几个月后，接受培训的学生在各科目的成绩上普遍有所提高，而未接受培训的学生则表现得停滞不前。通过这一实验，学校意识到，培养学生的成长型思维不仅能提高他们的学业成绩，还能提升他们的自信心和抗挫能力。

另外，许多成功人士也以自己的经历证明了成长型思维的有效性。比如，著名篮球运动员迈克尔·乔丹曾经在高中时被篮球队拒绝，但他并没有因此气馁，而是更加努力地训练，最终成了历史上最伟大的篮球运动员之一。他的故事充分体现了成长型思维的力量：失败并不是终点，而是通往成功的必经之路。

心理活动与内心斗争

在生活中，面对失败时我们往往会经历一场内心的斗争。固定型思维的人会感到无比沮丧，他们可能会在心里暗暗责怪自己，觉得自己无能，甚至因此放弃追求自己的梦想。这样的心理活动是非常普遍的，然而，它只会将我们困在一个负面的循环中，阻碍我们的成长。

相反，拥有成长型思维的人在面对挫折时，内心的声音则更为积极。他们会告诉自己："这是一次宝贵的经验，我从中学到了许多。"这种自我鼓励的力量能够帮助他们在困难面前不屈服，继续努力。即使遭遇挫折，他们也会将其视作学习的机会，而不是对自我的否定。

在一场重要的考试中，许多学生可能会因为一次失利而感到崩溃。他们的内心常常在不停地质问自己："为什么我没有考好？我是不是不够聪明？"然而，那些拥有成长型思维的学生在失败后会开始思考："我有哪些地方可以改进？下一次我该如何准备？"这种心态的转变，决定了他们能否在失败中找到重新出发的动力。

成长型思维为我们提供了应对失败的心理武器，让我们在逆境中不断成长。当我们能够接受失败并从中学习时，就能将挫折化为前进的动力。无论人生的道路多么坎坷，只要怀揣成长型思维，我们都能在每一次的跌倒中找到重新站起来的力量，将失败转化为成功的垫脚石。

六、温柔小结

生活是一条漫长的路，每一步都充满了未知和挑战，而失败和挫折不过是这条路上的普通一站。我们走得急的时候，会被绊倒；我们走得慢的时候，可能会被落在后头。而失败，正是这趟旅途中一次次停下来喘息的机会。失败提醒我们，不是所有的努力都会有立竿见影的回报，它告诉我们生活中总会有一些坎坷，需要我们停下脚步，重新调整方向，甚至反复地回头看看自己走过的路。

温柔影响正是在失败中最为显现的时刻。我们常常对自己过于苛刻，总想在失败后快速恢复、立刻弥补。然而，温柔的力量在于，它允许我们停下来，允许我们失落、悲伤，允许我们在黑暗中徘徊一段时间，再重新拾起力量。温柔是一种深刻的接纳和包容，它让我们在失败中也能看到自己的努力和价值。

有时，失败会让我们自我怀疑，会让我们怀疑自己的能力和选择。可事实上，每个人的道路上，挫折与失意都是自然的一部分。那些看似顺利走过来的成功者们，往往都有不为人知的低谷时刻。乔布斯、乔丹，他们的成功背后也藏着无数次的跌倒与失望。正是这些失败，让他们在事业和人生中走得更加稳健，更加懂得珍惜每一个时刻。

回头看看我们所经历的失败和挫折，或许会发现，它们从未真正击垮我们；相反，它们让我们变得更加坚韧、更加勇敢。每一段挫折，都是一次心灵的磨砺；每一次跌倒，都是重新出发的起点。我们在失败中找到自己的弱点，也看到自己成长的空间。就像夜空中的星星，或许会在黑暗中黯淡，但它们却始终在发光。

温柔的力量，也体现在我们对自己的接纳上。当我们在失败后，能够轻轻地拍拍自己的肩膀，对自己说一声"没关系"，这是对自己最大的温柔。当我们允许自己慢下来，允许自己在挫折中重新整理心绪，我们就能在挫败感中找到前行的力量。人生的每一段经历，无论是甜是苦，都是我们成长的一部分。请记住，每一个失意的夜晚，都是为下一个黎明的到来做的铺垫。失败并不会让我们一无所有，它只是提醒我们需要更多的准备和更多的耐心。正是在这些低谷中，我们积累了更多的智慧、更多的经验。

生活给予我们一次次挑战，我们要学会在每一次失败中找到自己的独特之处。温柔的力量在于，它不强迫我们急于求成，而是让我们在跌倒时学会接纳自己，在挫折中审视自己。每一次的失败，都是让我们更靠近自我、更靠近真实的机会。我们常常在跌倒中才会看清脚下的路，在迷失中才会真正找到前行的方向。

在这个世界上，没有谁的成长是没有一点挫折的。正是那些小小的失败，一步步堆砌出我们心中的坚定，塑造了我们的韧性。温柔的力量让我们知道，成功并非唯一的衡量标准，失败同样具有价值。只要我们在每一次跌倒后重新站起来，每一次挫折便成了我们成长的阶梯。或许，失败让我们走得慢一些，但也让我们看得更清楚一些，让我们更深刻地体会到生活的真实和美好。

在那些孤独的夜晚，我们会反复回想曾经的错误和失误，感到无助和悔恨。然而，温柔的力量告诉我们，我们可以在痛苦中找到前行的力量。即使今天很难过，也许明天依然会有新的希望。失败不过是我们成长过程中的一个小小驿站，它让我们在路途上稍作休息，再以更好的姿态继续前行。人生不是一场短跑，而是一场马拉松。每一次跌倒、每一次挫折，都是让我们休整的时间，是让我们更有力量去迎接前方的旅程。

让我们带着内心的温柔，去面对未来的每一个挑战。每一次失败都是成长的机会，每一次挫折都是自我完善的契机。人生的意义，不在于我们能否避开失败，而在于我们如何在失败中重新站起。无论成功或失败，都是人生画布上的一道亮色。正是这些阴影与光亮的交织，让生活的画卷更加丰富多彩。

在未来的路上，不要害怕失败。它只是提醒我们，我们还在成长，还在不断变得更好。以温柔的力量去拥抱失败，带着坚韧与希望，去走属于自己的路。无论前方有多少坎坷，都要相信，我们终会到达属于自己的光明和自由的彼岸。

第七章 找到属于自己的声音，每一种声音都有其价值

> 你永远不会知道自己的声音有多重要，直到你勇敢地发声。
>
> —— 马拉拉·尤素福扎伊

一、探索声音的真相

你是否也曾在深夜里，望着天花板，默默细数着心事——是职业上的瓶颈，还是生活中的不公？每个人在成长的旅途中，都会遇到这样的时刻。在这些时刻，我们常常质疑自己，觉得自己的声音似乎太过微弱，仿佛没有人会听见。这种怀疑可能来源于社会的期待、家庭的压力，甚至我们内心深处的自我设限。每当这些念头袭来，我们不禁会想：我的声音是否真的重要？我的努力是否能带来改变？

我们从小被教育要遵从规则，要融入集体，逐渐习惯了压抑自己的声音。然而，在这条漫长的旅途中，内心真实的声音却始终渴望被听见。我们每个人都拥有属于自己的声音，这是我们与生俱来的珍贵礼物。这声音并不总是响亮或引人注目，但它承载着我们的愿望、信念与梦想。找到这份声音，意味着找到那个真正的自己，找到属于自己的方向。

声音的意义

在我们的日常生活中，"声音"常常被认为只是通过嗓音发出的物理现象。

然而，从更深层次来看，声音代表着个体内心的表达、思想的外化，是我们与世界沟通的方式。每个人的声音都是独一无二的，它不仅是口语和言辞，还包含了个体的情感、经历和认知。当一个人说话时，其不仅仅是传递信息，还是在向外界展示自己内心深处的世界。

在艺术创作中，作曲家、诗人、画家等通过他们的作品来表达自己的"声音"。对于音乐人来说，一段旋律可能就是他们内心情感的直接反映；对于作家而言，一行文字便可能包含着他们对生活的独特见解。而这些创作，正是在探索和呈现属于自己的"声音"。因此，声音不只属于某种职业或行为，而是任何形式的表达，它代表了一个人在世界上独特的存在和视角。

更进一步讲，声音不仅是一种外在表达，还是一种内心的确认。当一个人能够准确地认识和理解自己的声音时，其便能在纷乱的世界中找到属于自己的定位。内心的声音是我们与外界不断互动的基础，它赋予了我们方向感，让我们能够在复杂的人生中保持自我的独立性。

为什么要找到自己的声音

我们常说"听从内心的声音"，但实际上，很多时候我们并不清楚自己的内心到底在说什么。随着时间的推移，我们逐渐适应了他人的看法，听从了父母、朋友，甚至是社会的声音，反而忽视了内心的真正需求。外界的声音往往会以各种方式渗透到我们的生活中：家长对你未来职业的规划、朋友对你婚姻选择的建议、媒体对美貌和财富的推崇，种种声音似乎都在告诉你该如何生活。

然而，真正的自我并不是这些外在要求的集合体，而是一个内在深处、与生俱来的独特标志。找到属于自己的声音，意味着不再受这些外界声音的左右，而是依赖自己的感知、判断和价值观去塑造人生。每个人的声音背后都有属于自己的独特力量，这种力量来自其对自己存在的深刻理解与认同。

那么，为什么要找到自己的声音呢？这不仅是为了表达自己，还是为了回归真正的自己。在现代社会中，我们常常会陷入一种"群体化"的思维方式。我们遵循社会的标准，顺应他人的期许，可能并未真正探询自己内心的需求。而一旦找到了属于自己的声音，便能真正摆脱这些外界压力，从而活出自己最真实的状态。

属于自己声音的力量

当你开始逐步寻找并找到自己的声音，你会发现，这种声音给予了你一种无可匹敌的力量。这不是外在的力量，而是内心的力量，是一种深刻的自我认同感。每个人都会经历或长或短的迷茫期，我们可能会遇到他人对我们决定的质疑，甚至我们自己也会怀疑这些决定是否正确。然而，当你对自己拥有足够的认知与自信时，无论外界有多少阻力，你都会保持坚定。

属于自己的声音具有改变人生轨迹的能力。想象一下，当一个艺术家找到自己独特的创作风格，其便不再盲目追随潮流，而是创造出独特的作品；当一个创业者找到了自己真正的事业目标，其便能更加专注地投入其中，克服一切艰难险阻。这份自信与力量并不是来自别人的肯定，而是源自内心的清晰与坚定。

这个过程往往充满挑战。在寻找自己声音的路上，我们会经历怀疑与动摇，甚至可能会在某些时刻迷失自我。但每一次站起来，你都会发现自己变得更强大，变得更加能够面对世界的挑战。

如何辨别自己声音的真伪

很多时候，我们会发现，自己的声音与他人的声音重叠或交织在一起。特别是在面对他人真切的请求时，我们常常容易陷入困境：是继续追随自己内心的呼唤，还是去迎合别人对我们的希冀？如何分辨这两者？

辨别自己声音的真伪，首先需要我们对内心进行深刻的自我探索。当你做出决策时，不妨问自己：这一选择是为了自己，还是为了满足他人的需求？如果完全没有外界的评价和标准的束缚，你会做出怎样的决定？

此外，内心的声音总是清晰且有力量的，而外界的声音则通常会带有模糊感和不确定性。举个例子，当你处于某个不适合的环境中时，你的内心可能会感觉到压抑、焦虑，这正是内心声音的警示。而外界的声音，如同一片嘈杂的噪声，往往会让你难以辨清方向。

找到自己的声音的过程，是一次从迷茫到清晰、从犹豫到坚定的旅程。这个旅程的关键在于反思、辨识和持续的自我对话。在这个过程中，唯有通过与自我进行不断的对话与体验，我们才能从噪声中找回那个真正的自己。

自我声音的成长与变化

每个人的声音都不是一成不变的，它是一个持续变化的过程。随着经历的增加、知识的积累及世界观的拓展，我们的声音可能会逐渐变化。当我们经历失败和挫折时，我们的声音可能会变得更加成熟和深刻；当我们学会从他人身上汲取智慧时，我们的声音又可能更加宽广和包容。

找到自己的声音是一个持续的探索过程。每一次的反思与调整，都是自我声音不断完善和发展的过程。就像作家经过几轮修改后，作品才会变得更加完美；音乐人在演奏过程中不断调整乐曲的节奏和旋律，最终奏响属于自己内心的和谐之声。

二、如何找到属于自己的声音

从内心开始：倾听自我

找到属于自己声音的第一步是学会倾听自己的内心。这一过程并不容易，尤其在现代社会的喧嚣中，我们常常受到各种声音的干扰。无论是亲友的建议、社会的反馈，还是无数的广告和舆论，都会让我们不自觉地忘记了自己的感受与需求。

倾听自己内心的声音需要我们在日常生活中不断地自我觉察。首先，要学会从外界的声音中抽离，给自己留出足够的空间和时间去反思。在这个过程中，你需要问自己：我真正想要的是什么？我为何做出这个选择？这种选择是基于什么动机，是为了取悦他人，还是为了自己？

倾听自己内心的声音，意味着学会关注自己在做决定时的情感和反应。例如，当你做一项工作时，你是否感到内心的满足与热情？还是在不断的疲惫和焦虑中度过？这些反应才是你内心真实需求的反映。通过反思和觉察，你才能逐渐辨别哪些是你真正的声音，哪些是来自外界的影响。

李娜，曾是我国网球界的一颗璀璨明珠，拥有无数的粉丝和崇拜者。然而，在成名的背后，李娜也面临着巨大的外界压力。来自媒体的关注及对胜利的强烈渴望，让她一度感到迷茫与疲惫。在职业生涯的高峰期，李娜曾一度考虑是否要退出网球圈。她的内心发出了质疑的声音："我做这个，是因为我爱它，还是为了外界的掌声？"

最终，李娜选择了倾听自己内心的声音，她明白自己最渴望的不是赢得每一场比赛，而是通过网球展现真实的自我。她敢于打破外界对她的定义，选择了更加适合自己的方式去享受比赛，最终以勇敢和坚定迎来了自己的大满贯

127

时刻。

释放自我：放下他人的期待

在现代社会，人们的选择往往被他人的期望和社会标准所左右。父母希望你成为医生或律师，朋友希望你过上更"成功"的生活，媒体和社交平台又不断塑造着某些理想的形象。这些外界的声音无形中限制了我们的思考与选择，阻碍了我们找到真正的自我。

要想真正找到属于自己的声音，必须学会放下他人的期待。这并不意味着完全不顾他人的感受，而是要有意识地分辨哪些声音是别人施加给你的期望，哪些才是你自己心底最真实的需求。例如，如果你身边的人总是鼓励你选择一条传统且"安全"的职业道路，但你的内心却渴望从事艺术创作，或是探索创业，你可能会陷入两难。此时，你需要问自己：这是我真正的选择，还是在迎合他人的期待？在这一过程中，放下他人的期待，意味着重新审视自己的价值观，坚定自己的决心。

与他人保持联系：接纳并融合多样的声音

尽管我们强调"找到属于自己的声音"，这并不意味着要完全封闭自己；相反，真正的自我并非在孤立中孕育，而是在与他人互动、学习和反思的过程中逐渐形成。因此，找到自己的声音，并不等于忽视他人的声音，而是学会如何在与他人的交往中保持自我。

在社会互动中，我们经常会受到他人观点的影响。这种影响既可能带来启发，又可能会让我们感到迷失。因此，找到自己的声音不仅是一个自我发现的过程，还是一个不断与外界声音碰撞的过程。你需要学会筛选和接纳那些对你有益的声音，同时拒绝那些无关紧要、令人迷茫的意见。例如，许多人在成长过程中，可能会遇到对自己能力的质疑，甚至面临他人的批评与否定。然而，这些声音并不代表你的真实水平，它们只是某一时刻的观点或评判。我们要学会从外界的反馈中汲取营养，而不是把这些意见内化为自我认定的标准。

持续自我验证：实践与反馈

找到属于自己的声音并不能一劳永逸，它需要在不断的实践和反馈中得到验证和调整。每一次尝试和每一次反馈，都会帮助我们更接近内心最真实的声音。这意味着你需要勇敢地去尝试，去做自己想做的事，即使你不知道最终结果如何。例如，如果你想成为一名作家，最初你可能并不清楚自己是否真的适合这个职业。此时，最好的方法就是通过写作来不断实践。你可能会面临很多的质疑，甚至是失败，但这些都是寻找自己声音过程中的一部分。每一次尝试和失败，都能帮助你更加明确自己真正的兴趣和方向，从而避免走弯路。

实践是一个反复验证的过程，它需要我们在实际行动中不断调整自己的方向，逐渐发现最适合自己的道路。这也正是自我声音逐渐明确的过程：通过不断的试探和反馈，我们才能知道什么才是最适合自己的表达方式。

遇到挑战时坚持自己的道路

任何人都无法避免挑战，尤其在追求梦想的道路上。成功从来都不会是一帆风顺的，失败、挫折、打击都会层层叠加，构成生活的常态。在这种时候，最容易发生的就是迷失自己的声音，放弃最初的目标和信念。在创业最初的几年，马云的公司阿里巴巴几乎面临破产的风险，甚至有几次公司资金链断裂，无法支付员工工资。许多人不但不看好他，甚至在公开场合质疑和批判他的想法是天方夜谭。

马云始终坚持自己选择的道路，不断调整战略以克服挑战。他从未放弃对电子商务的追求，并坚信互联网将成为未来商业的主流。最终，他成功打造了全球最大的互联网公司——阿里巴巴。在他的领导下，阿里巴巴不断创新，拓展了涵盖电商、金融、物流、云计算等多个领域的业务版图。马云注重用户体验，致力于为消费者和商家提供便捷、高效的服务。同时，他也非常重视企业的社会责任，倡导绿色、可持续的发展理念，并积极投身公益事业。如今，阿里巴巴已成为全球瞩目的商业巨头，其影响力遍布世界各地。而马云的故事，也成了无数创业者追求梦想、不懈奋斗的榜样。

在迷茫中重新找回方向

人生的旅途上，我们常常会面对岔路口，不知道该往哪里走，甚至陷入迷茫。但真正重要的，不是站在原地困惑，而是遵循内心的指引，走出属于自己的路。

李健的人生便是一场在迷茫中找寻自我的旅程。清华大学的学习生涯给了他理性的思维和稳定的前途，但内心深处，他始终听到音乐的召唤。面对现实与梦想的抉择，他曾犹豫，也曾困惑；但最终，他选择了追随内心，用音乐去诠释生命的深度与温度。他从水木年华组合的光芒中抽离，独自前行，在沉寂中沉淀，在岁月中打磨。没有浮躁的喧嚣，没有急功近利的妥协，他用自己的方式，让音乐缓缓流淌进人心，让诗意在旋律中生长。

如今，他的歌声纯净而深情，仿佛时间的低语，诉说着那些在人生旅途中曾经迷茫却终究找到方向的故事。他的经历告诉我们，真正的方向，不在别人的期待里，而在自己内心最深处的热爱里。

当我们陷入迷茫中时，我们更需要回归内心深处。往往，最正确的选择，并不是最显眼或最符合他人期待的道路，而是最能够引发你内心共振的那条路。

适应环境变化，不丧失初心

在今天这个信息瞬息万变的时代，我们常常需要面对快速的变化与更新。互联网的发展，社会观念的转变，让许多人在面对环境变化时感到不知所措，甚至在新的潮流面前丧失自我。然而，真正保持自己声音的核心在于适应环境的变化，但不放弃自己的初心。马斯克是一个在变革时代保持自我声音的典型例子。他不仅涉足了电动车、火箭技术、人工智能等多个行业，还不断挑战常规，推动科技创新。马斯克一直坚信的一个理念是："通过创新来改变世界，创造出能够对社会产生积极影响的技术。"

尽管面临着无数的挑战和外界的质疑，马斯克依然保持对未来科技的信念。在他看来，科技的进步不仅仅是为了利润，更是为全人类创造更美好的未来。他通过实践自己的理念，不断调整自己的方向，并最终取得令人瞩目的成就。当外部环境不断变化时，找到并遵循自己的声音显得尤为重要。

通过困境与挑战深化自我

每个人在成就的道路上都会遇到不同程度的困难和挑战。困难和挑战并非自我声音的背离，而是它成长和深化的机会。事实上，困难是检验我们内心声音是否坚定的试金石。当我们遭遇困境时，我们有两种选择：一是迷失自我；二是从困境中汲取经验，深化自我理解，让挑战成为走向成功的一部分。

张韶涵，作为华语乐坛的知名歌手，她的成长之路并非一帆风顺。成名后，张韶涵一直致力于音乐事业的突破和自我表达，尤其在面临健康问题和事业低谷时，她的坚持和勇气更加凸显。尽管公众对她的私人生活和事业选择充满好奇和批评，甚至有声音质疑她是否还能重返巅峰，但张韶涵始终坚守她的信念，利用她的音乐作品和个人影响力为自己发声。

张韶涵之所以能在复杂的娱乐圈中保持自我，正是因为她在内心深处有一个清晰的目标和价值观。她不让他人的评价左右自己，始终按照自己的理念行事，最终赢得了无数歌迷的尊重与喜爱。她的坚持与突破不仅让她在低谷中找回了自己，还让她在音乐的道路上找到了属于自己的声音，成了更多人心中的榜样。

创造属于自己的空间

为了真正保持自己的声音，我们需要创造一个属于自己的空间。这个空间不仅仅是物理上的，更是精神上的栖息地。它可以是一个独立的工作空间，也可以是与志同道合的人共事的环境。通过创造这样的空间，我们能更好地与自己对话，倾听内心的声音，并让它在实践中得到发挥。

村上春树，日本著名作家，以其独特的写作风格和哲学思考赢得了全球读者的喜爱。村上春树的成功并非偶然，他一直保持着独特的生活方式和创作习惯。他每天早晨5点起床，按照固定的时间写作、锻炼和生活，这种独特的作息方式为他提供了一个安静且专注的空间，让他能够在喧嚣的世界中坚持自己的创作，并保持内心的纯净与独立。

通过创造适合自己、能够沉浸其中的空间，村上春树能够在众多纷杂的干扰中，保持自己的创作自由和思维的独立。他的作品，不仅展现了对世界的深刻理解，还反映了他一直秉持的个人价值观。

我们每个人都可以通过为自己创造一个充满独立性的空间，来确保内心声音的持续清晰。无论是专注于工作、阅读、冥想，还是独处一段时间，这种独立的空间能帮助我们静下心来，始终保持与自我的对话。

三、史上最年轻诺奖的传奇：马拉拉·优素福扎伊

马拉拉·优素福扎伊的故事是一个关于勇气、坚持与成长的传奇。她的声音，起初微弱而孤独，甚至无人聆听。但就是这份微小的声音，逐渐凝聚成了改变社会的强大力量。马拉拉用她真实的声音，为千千万万个女孩争取到教育的权利，她的一生从抗争到蜕变，充满了内心的挣扎、对信念的坚持以及对自由的无比向往。

童年的梦想与现实的冲突

马拉拉出生在巴基斯坦的斯瓦特谷地，这是一个风景如画却饱受冲突的地方。那里有清澈的河流和辽阔的山川，但同时也充斥着宗教极端主义和种族冲

突。尽管身处如此动荡的环境，马拉拉的父亲始终坚定地鼓励她接受教育，追求独立的生活。

马拉拉从小就对学习抱有强烈的渴望。她喜欢上学，喜欢看书，渴望有一天能成为一名医生，帮助他人，改变生活。然而，斯瓦特地区的女孩们并没有平等的受教育权。在塔利班统治下，女孩们被禁止上学，许多学校被关闭，甚至遭到焚毁。塔利班的极端教义认为，女孩接受教育是一种背离传统的行为，是对家庭与宗教的不尊重。

当时的马拉拉，年仅11岁，但她并没有选择接受这种禁令。她的内心是矛盾的，她理解父母的担忧，也害怕被指责，甚至受到伤害，但她也无法接受失去学习的权利。每当她看到那些年幼的朋友被迫辍学，看到那些曾经敞开大门的学校被破坏，她的心里都充满了愤怒与不安。这种冲突在她内心深处埋下了一颗种子，渴望表达真实想法的声音开始在她心底悄然萌芽。

勇敢发声：在极端环境中寻找声音

在这种困境中，马拉拉并没有选择沉默。她通过博客记录自己的生活，将女孩们上学的困难与对教育的渴望传达给世界。她在博客中坦率地表达了对塔利班暴行的反对，描述了她和同学们如何冒险上学，如何面对恐惧与威胁。她的文字中，既有少女的天真，也有对生活的热爱，更多的是对教育与平等的坚定信念。

"我不能理解，为什么女孩不能上学？为什么我们的渴望会被视为危险？"她曾在博客中这样写道。她的声音微弱，博客的传播也有限，但这已经是她能够做到的最有力的抗争了。那时的马拉拉，内心无比矛盾，她害怕被塔利班发现，害怕家人遭到威胁，但她也意识到，自己的声音有可能改变什么，哪怕只是那么一点点。

她的父亲始终支持她的发声，并告诉她，勇敢是珍贵的品质。他鼓励马拉拉用自己的声音争取权利，这也为她提供了一个可以安心表达的空间。在父亲的支持下，马拉拉逐渐开始接受自己肩负的责任，越来越清楚自己声音的力量。

被袭击：生命的低谷与信念的加深

2012年10月9日，15岁的马拉拉在放学回家的路上遭到塔利班的伏击。一个塔利班武装分子向她开枪，子弹击中她的头部。马拉拉受了重伤，生命垂危。这个女孩的声音几乎在那一刻被完全消灭，但她的声音不但没有消失，反而激起了全世界的关注与愤怒。

马拉拉被紧急转送至英国接受治疗，她的情况牵动了无数人的心。手术成功后，她经历了漫长的康复期，整个过程充满了痛苦与折磨。她的脑部受到重创，语言和行动能力受到影响，但她却在内心深处更加坚定了自己的信念——她要继续为教育的权利发声，继续为世界上无数被迫失去学习机会的女孩发声。

在康复的过程中，马拉拉常常会想起自己被袭击的那一刻，她的内心一度被恐惧和愤怒所填满。但她也意识到，这次事件并未击败她，反而让她更加了解自己的目标。她清楚地认识到，自己所追求的东西不仅仅是自己的权利，还是所有女孩的权利。这种信念让她内心深处的声音变得更加响亮，逐渐从孤独的低语，变成坚定的呼喊。

成长与蜕变：从恐惧到坚定

在马拉拉的康复过程中，她的内心经历了痛苦的蜕变。她曾在梦中一次次回到被袭击的那一刻，脑海中充满了不安和恐惧。她害怕再次遭遇攻击，害怕因为发声而牵连家人。内心的挣扎让她时常感到不安，她一度质疑，自己是否真的有勇气继续下去。

然而，每当她回想起家乡的女孩们，想起那些失去教育机会的朋友们，她的内心又燃起强烈的责任感。她意识到，正是因为她的声音代表了无数被压制的声音，才会引起那些极端势力的愤怒和攻击。她的声音不再是个人的诉求，而是对一种不公平现状的挑战。

"如果我沉默，我的朋友们就会继续被压制。"她这样告诉自己。这个信念，让她渐渐走出了恐惧。她意识到，自己的声音已经不仅仅属于自己，而是属于所有需要帮助的女孩。这个认识，让她从被动的抗争者变成了一个自愿承载责任的人。

重返世界：马拉拉的声音成为希望的象征

在康复之后，马拉拉并没有选择回到平静的生活，她的声音反而变得更加响亮。她开始在全球范围内演讲，参加教育平权活动，用自己的亲身经历唤醒人们对教育不平等现状的关注。在联合国、在各大慈善机构的活动上，她呼吁各国政府和社会给予女孩平等的教育机会。她言辞的真挚和坚定，激励了无数人。

2014 年，年仅 17 岁的马拉拉获得了诺贝尔和平奖，成为最年轻的得主。她的故事成了全世界的励志标杆。她不仅为女孩们争取到了更多的教育机会，还改变了全球数百万人对教育权利的认识。马拉拉的声音，成了希望的象征，成了无数在困境中挣扎的人们心中的榜样。

她并不把自己看成英雄，她说自己只是一个普通的女孩，一个渴望受教育、渴望平等的女孩。她认为，真正的力量来自所有人共同的努力，而她只是让这个声音更响亮一些而已。她的谦逊和勇气，让她的声音更具感染力，赢得了全世界的尊重。

真实声音的力量：马拉拉的启示

马拉拉的故事，是无数人找到自己声音的一个缩影。她用行动告诉我们，个人的声音虽微小，却能够带来深远的影响。她所经历的苦难与挣扎，让她的声音变得更加真切，也让她在世界面前更加坚定。她的真实声音，不仅改变了她的生活，还在无形中改变了成千上万人的生活。

马拉拉的声音来源于她对教育平等的追求，她的内心从恐惧到坚定，从孤独到充满责任。她的一生是对真实声音的诠释。无论面临多大的困难与挑战，只要我们坚持自己的信念，勇敢地发出自己的声音，就一定能够在这个世界上留下一份属于自己的力量。

虽然我们的声音可能不及马拉拉那般响彻全球，但每一个微弱的声音都承载着真实的存在。当我们勇敢地表达自己的观点，为自己的信念发声时，我们就在无形中为这个世界增添了真实的色彩。面对任何挑战，只要我们坚持不懈地真诚表达，终将迎来属于自己的辉煌时刻。

四、家庭关系中的自我表达

家庭是每个人成长的第一个港湾，也是我们认识自己、表达自我的起点。在这个充满爱与互动的环境中，自我表达不仅是我们行为的外在表现，还会深刻地影响着我们的内心世界、情感认同与心理健康。然而，在家庭关系中，我们的自我表达常常受到多重因素的影响：不仅包括个人的内心需求与外部的沟通，还有家庭成员之间的情感纽带、相互支持，以及文化背景等方面的影响。从心理学的角度看，家庭中的自我表达有着独特的心理机制和情感动态。

自我表达与心理需求的联系

在家庭中，自我表达是我们满足内心需求的一种方式。正如需求层次理论所说，每个人都有从生理需求到自我实现的多重需求，而家庭正是最初满足这些需求的场所。当孩子在家庭中表达自己的情感和需求时，父母的回应会直接影响他们的自我认知。如果父母的回应充满温暖与接纳，孩子会感到被理解、被重视，这种回应能帮助他们形成积极的自我认同；相反，如果父母的回应冷漠或否定，孩子可能会感到被忽视或自我怀疑，甚至在内心深处产生压抑与孤立感。

对于成年人来说，家庭同样是情感支持的源泉。无论是夫妻之间的沟通、亲子间的关怀，还是兄弟姐妹之间的互动，都是自我表达的一部分。当我们在家庭中表达自己的感受与想法时，这种表达不仅是为了获取信息，还是满足内心的归属感与安全感。能够在亲密的家庭关系中自由表达自己，往往让我们感到被关爱，也让我们的情感世界更加丰盈。

家庭中的自我表达与情感依赖

家庭中的自我表达和情感依赖是密切相连的。心理学家戴安娜·鲍姆林德提出的养育风格理论提醒我们，父母的养育方式会深刻影响孩子的自我表达方式。例如，如果父母过度保护或严苛，孩子可能会感到自己无法自由表达内心的需求，这会导致他们在情感上依赖父母，而缺乏独立自主的能力。这样的情感依赖会让孩子在家庭中难以真实地表达自己，甚至会影响他们对自身情感的认知。

相反，支持和鼓励独立思考的父母会为孩子提供一个更加开放和包容的环境，让他们能够在情感上互通有无，表达自我。在这种环境下，家庭不仅是情感支持的源泉，还是自我成长和认同的重要场所。

家庭关系中的权力结构与自我表达

家庭中的自我表达往往受到权力结构的影响。在家庭成员之间，父母通常处于权威地位，尤其在传统家庭结构中，父母的决定对孩子的生活有着重要影响。这种权力结构有时可能限制孩子的自我表达，孩子可能因为害怕惩罚或失去父母的支持而抑制真实的情感与想法。

同样，夫妻之间的权力关系也会影响自我表达。如果夫妻关系中的权力不平等（例如，一方控制大部分家庭资源或决策），则另一方可能会感到自己的声音不被听见，表达的空间受到压缩。这种不平等不仅会导致沟通不畅，还可能引发情感上的冲突，甚至影响婚姻的和谐。反之，如果夫妻之间能够相互尊重、平等沟通，就能建立起更健康的自我表达方式，增进彼此的亲密感和情感联结。

文化背景对自我表达的影响

不同的文化背景对家庭中的自我表达有着不同的影响。在东方文化中，尤其是中国的传统家庭文化，更加强调集体主义和家庭和谐。在这种文化中，个体的自我表达往往会受到压抑。许多家庭成员，尤其是父母，可能认为过度表达个人情感会破坏家庭的和谐或让孩子显得自私。因此，在这种文化背景下，很多孩子从小便学会压抑自己的需求和情感，害怕表达内心的真实想法。虽然这种自我抑制有时有助于维护表面的家庭和谐，但从长远来看，这种压抑可能会导致个体情感的匮乏、沟通障碍与心理冲突。

相比之下，在西方文化中，尤其是强调个人主义的社会，自我表达被看作是个体权利的一部分，家庭成员的自我表达更容易被尊重与支持。在这种文化环境下，家庭成为个体自我认同和情感释放的重要场所。自我表达不仅有助于心理健康，还能促进个体的成长与独立。

家庭中的自我表达与心理治疗

从心理治疗的角度来看，家庭是个体心理困扰的根源之一，也常常是疗愈的重要起点。家庭治疗理论强调，家庭成员之间的互动模式对个体心理健康有着深远的影响。在治疗过程中，家庭成员需要学会如何健康地表达自己的需求与感受，如何打破那些因压抑或是误解而产生的沟通障碍。通过家庭治疗，个体可以重新审视自我表达的方式，修正那些扭曲的沟通模式，进而建立起更健康的情感联系和理解。

家庭中的自我表达是一个多层次、多维度的心理过程，它涉及个体的情感需求、依赖关系、权力结构和文化背景等多个方面。通过心理学的视角，我们能够更加清晰地理解这些复杂的动态，并意识到自我表达在家庭关系中的重要性。无论是孩子还是成人，家庭中的健康关系都需要在相互理解和尊重的基础上，鼓励开放与自由的自我表达，这不仅有助于个体的心理成长，还能够加深家庭成员之间的情感联结，为家庭的和谐与幸福奠定坚实的基础。

五、真实案例：小玲的情感重生

我有一位来访者，她叫小玲，25 岁，外表柔和，声音也轻柔。我从她眼中看见了难以言喻的疲惫与困惑。她坐在我面前，低着头，指尖紧张地捏着衣角，似乎在犹豫是否该开口。最后，她轻轻地说："我觉得自己做得不够好，总是让别人失望，尤其是那段恋情，最后我被伤得好深，我不知道为什么会变成这样。"

她的声音有些哽咽，像是试图避开那个让她心碎的过去。渐渐地，我了解了她的故事。小玲刚刚结束了 5 年的感情，这段关系曾经让她付出了所有的情感与时间，但最终，男友的背叛让她深陷痛苦之中。她告诉我，她一直在努力迎合对方，想要让对方开心，甚至不惜放弃自己的想法与需求。她觉得自己不停地付出，却始终得不到应有的回应，这让她对自己产生了深深的怀疑："我是不是不够好，才会被抛弃？"

从她的言语中，我能感受到她内心的自责与无助。她不是在责怪别人，而是在责怪自己——那份无法满足他人期望的自我，成了她内心的负担。我们很快触及了一个重要的心理学概念——"自我价值的感知"。小玲的自我价值感并不是来自内在的自信，而是由外部的认同和他人的评价所定义。她从小生活在一个情感表达较为保守的家庭中，父母虽然关心她、爱她，但他们更多是通过行动上的规范和要求来表达爱，而不是言语上的支持和鼓励。小玲从小就学会了如何取悦他人，如何满足他人的需求，希望通过这种方式赢得父母的认同，也希望在他人眼中看到自己存在的价值。

这种成长过程中形成的模式，潜移默化地影响了她成年后的情感生活。在她的恋爱中，她总是习惯把自己的需求放在一旁，把对方的期待放在心头，认为只有不断地给予，才能换来对方的爱与关注。而她并没有意识到——这种不平等的付出关系，让她迷失在了对他人需求的迎合中，忽视了自己内心的声音，渐渐不再理解自己的感受和需求。

通过几次深入的沟通和探讨，我们开始着手重建她的自我认知。我带着小玲回顾自己的成长经历，探讨她的情感需求和内心真实的感受。我们逐渐分析了"自我牺牲"这一行为背后的心理机制——她总是将自己的需求放在最后，以避免冲突或失去他人的爱，而这让她忽视了自己内心的声音，甚至在无意识中压抑了自我表达。我们还谈到了"自我接纳"这一心理学概念——真正的成长，源于对自己不完美与脆弱的接纳，而不是一味依赖他人的认同来定义自我价值。

随着这些讨论的深入，小玲逐渐意识到，爱自己并不是自私，而是一种内心的尊重。当她学会倾听自己的感受，理解自己的需求时，她才能在与他人的关系中，保持一种更加清晰和真实的状态，建立更平等、更健康的互动方式。她开始练习在日常生活中表达自己的想法和情感，不再一味地迎合他人，而是学会设定界限，尊重自己内心的声音。

有一次，小玲告诉我："我开始学着去告诉身边的人我真正想要什么，不再压抑自己的感受。虽然一开始有些困难，但我知道这才是更健康的方式。"她还和我分享说，现在她能够更从容地面对自己的独立与成长，不再过于焦虑是否会被他人接纳，而是将更多的关注放在如何成为更好的自己上。

小玲的改变让我深感欣慰。她的自我认知逐渐走向成熟，从最初的自我怀疑，到后来能够真正接纳自己的不完美，这个过程虽充满挑战，却也展现了内心力量的成长。心理学告诉我们——真正的幸福与满足，往往不是来自外部的认同，而是来自我们对自己真实和独特性的接纳与理解。而小玲，正是通过这段时间的心理咨询，找回了自己的声音，学会了为自己而活。

几个月后，当她再次走进我的咨询室时，眼中的疲惫已经消失，取而代之的是一份安宁与自信。她微笑着告诉我："我终于明白，自己值得被爱，也值得为自己活得更好。"这句话让我深感欣慰——她的内心，终于找到了属于自己的光。

李华从小生活在一个充满期待与压力的家庭中。她的父母对她的期望极高，希望她能成为一名优秀的工程师，拥有稳定的职业和光明的未来。然而，李华的内心深处却有着不同的渴望。她热爱绘画，常常在课余时间拿起画笔，沉浸在五彩斑斓的艺术世界中。

但为了满足父母和老师的期待，她还是藏起了自己的快乐，努力扮演着乖巧、努力、懂事的模样。她说，她时常找不到生活真实的样子，快乐对她而言可望而不可即。她很清楚，只有通过优秀的成绩才能赢得家人的认可。然而，每当她独自坐在画布前，想象着未来的艺术家生活时，心中总会浮现出对父母期望的担忧和对自己生活的苦闷。她知道，如果选择艺术专业，父母一定会感到失望，甚至可能会对她的决定感到愤怒。

随着时间的推移，这种内心的挣扎越发明显。李华在课堂上始终是那个安静的女孩，面对同学们的欢声笑语，她却感到无比孤独。每当看到其他同学勇敢追求自己的梦想时，李华的心中既羡慕又苦涩。她渴望被理解，却又不知道如何打破这层无形的隔阂。

有一次，我们一起探讨了一个话题——"自我表达的重要性"。讨论的过程中，她在电话的那头静默了5分钟，她说这个话题让她的心中渐渐燃起一丝希望，她想试着向父母去表达她真实的内心。真正的改变只需要一次突破自己的勇气，尝试过后，自会有彩虹。也是在那一刻，她意识到，只有勇敢地表达自己的想法，才能获得真正的理解与支持。于是，她决定在家庭中寻求这种改变。

那天晚上，李华坐在餐桌前，内心充满了紧张与期待。她的父母正在讨论工作，李华深吸一口气，鼓起勇气开口："爸妈，我有件事想和你们谈谈。"这句话如同一把钥匙，开启了她内心深处的沉重大门。

李华慢慢地讲述了自己对艺术的热爱与追求，她用心描述自己在绘画中获得的快乐与满足，试图让父母理解她的感受。起初，父母的反应是震惊与不安，他们难以相信自己的女儿会选择如此不稳定的道路。李华感到心如刀割，但她并没有退缩，而是坚持表达自己的立场，耐心解释自己的梦想与未来的规划。

经过几次坦诚的对话，李华的父母终于开始接受她的选择。他们意识到，女儿的幸福与热爱才是最重要的。李华感到无比欣喜，那种被理解与支持的感觉如春风般温暖着她的心灵。她不仅找到了自己的声音，还改变了家庭的沟通方式，父母开始更加关注李华的感受，鼓励她表达自己的想法。

获得理解的那一刻，李华感受到了一种前所未有的解脱，仿佛从阴霾中走了出来。她开始更加积极地投入艺术创作，画布上的色彩也变得更加鲜亮。她的努力得到了认可，她在参与的艺术展上获得了好评，这进一步坚定了她的选择。

李华的故事让我深深感受到，自我表达不仅是个人成长的必经之路，还是家庭关系中不可或缺的纽带。通过真实的表达，我们能够增进家庭成员之间的理解与信任，找到属于自己的声音。无论面对怎样的挑战，勇敢地表达自己，都是打破孤独与隔阂的钥匙。

家庭关系中的自我表达，不仅仅是个体的声音，更是整个家庭的声音。当每个家庭成员都能够自由地表达自己时，家庭的氛围会变得更加和谐。每个人的真实声音汇聚在一起，形成了一种独特的和谐共鸣。

这种和谐不仅可以增强家庭成员之间的情感纽带，还可以在面对外部压力和挑战时，形成强大的支持系统。在这个系统中，每个人的声音都得到了尊重和聆听，内心的孤独感也随之减少。家庭关系中的自我表达是一个复杂而深刻的主题。它涉及每个人的内心世界，连接着每个家庭成员之间的情感纽带。在这个过程中，我们不仅学会了如何表达自己，还学会了倾听他人的声音。当我们开始关注自己的表达与沟通，勇敢说出心中的想法与感受时，我们才能在家庭中找到真正的自我，找到属于自己的声音，推动家庭关系向着更深层次的理解与信任发展。只有当每个人都能够真实地表达自我，家庭才会成为一个温暖而坚固的港湾。

六、内心的声音在哪里

找到自己的声音，仿佛是一次自我探寻的旅程。它不是一蹴而就的，而是通过点滴的积累和自我认识逐步形成的。许多人在成长的过程中，常常会因为环境的影响、家庭的期望及社会的压力而逐渐失去自己真实的声音。而找到自己的声音，就是一次心灵的重建。以下是一些帮助我们找到并表达真实自我的方法和路径，让我们在纷繁复杂的世界中，找回那个最真实的自己。

真实反思：倾听内心的声音

自我反思是找到自己声音的第一步。每天花一点时间与自己独处，试着静下心来，倾听自己内心的声音。问问自己：真正让我感到快乐的是什么？让我感到安心和自信的事情有哪些？我真正想要追求的是什么？这些问题看似简单，却是帮助我们找到自我声音的重要起点。

可以每天写日记，把内心的感受、想法、忧虑和期望都记录下来。在反思中，我们会逐渐发现自己内心深处的渴望与梦想。它们可能是被生活忽略的小小愿望，也可能是因为某种原因被压抑的情感。日复一日的记录，将帮助我们剥去社会赋予的层层外壳，看到那个最真实的自己。

案例：小慧的日记练习

小慧在朋友的建议下开始了日记练习。起初，她只是简单地记录日常生活，但慢慢地，她发现每次记下的情绪反应，往往都与她的内心声音相关。她开始意识到，自己在社交时往往会迎合他人，而在心里，她其实有不同的观点。日记让她逐渐学会了正视自己的感受和想法，不再因外界的评价而忽略自己的声音。

确立核心价值观：找到生命的指引

每个人的内心都有一个属于自己的"指南针"，而这个指南针便是我们的核心价值观。价值观可以是我们一生中最重要的信念，它们可能来自家庭、生活经历或是某次深刻的体验。当我们找到并确认自己的价值观时，我们就拥有了一份对自我的坚定认知。

确认自己的价值观并不容易，但可以通过问自己一些关键问题来探寻：我最看重什么？对我来说，什么是非做不可的？这些价值观可能是诚信、自由、尊重，或是帮助他人。这些价值观将帮助我们在生活中做出选择，并在遇到困难时指引我们前行。它们也是我们声音的核心。

方法：列出三至五个最重要的价值观

将自己认为最重要的价值观写下来，并在生活中尝试按照这些价值观行事。每当面临抉择时，问问自己，这个选择是否符合我的核心价值观？在不断的实践中，我们会更加清晰地确认自己的方向，也会找到属于自己的声音。

学会情感表达：真实的感受，不被压抑

找到自己的声音，离不开情感的真实表达。很多人习惯性地压抑自己的感受，不敢表达愤怒、悲伤或失望，害怕这些情绪会被他人误解或批评。然而，真实的情感表达是我们通向自我认同的一扇窗。学会表达情感，让我们更好地接受自己的全部，而不是掩盖自己的真实想法。

可以试着和信任的朋友、家人或是支持性的圈子分享自己的感受。不必强求自己每次都表达得很完美，只需真实地表达内心的情绪。无论是快乐、失落还是愤怒，都值得被聆听与尊重。当我们学会坦然面对自己的情感，便离找到自己的声音更近了一步。

练习：情感表达记录

尝试在一天结束时，记录自己当日的情绪。简单地写下：今天有什么事让

我感到高兴？什么事让我感到不安？通过记录，我们能够更好地理解情感背后的需求，从而逐步练习情感的真实表达。

勇敢表达：敢于发出自己的声音

找到声音的过程需要勇气，而发出声音更需要行动。很多人习惯性地保持沉默，害怕自己的观点不被接受，害怕自己会因此遭到他人的批评或误解。然而，找到自己的声音，不只是内心的认同，更是对自我表达的坚持。

可以在一些小的情境中练习表达自己的观点，哪怕只是分享一些生活中的小事，也会帮助我们积累自信。例如，尝试在朋友聚会中分享自己的看法，或者在家庭讨论时主动发表意见。无论他人如何回应，学会坚持自己的声音，是走向自我认同的重要一步。

实际练习：逐步增加自我表达的场合

从小范围开始练习，比如，在与朋友、同事的对话中提出自己的看法；然后逐步拓展，勇敢表达自己真实的想法。通过这种循序渐进的方式，我们的自我表达能力会得到提升，也会在逐渐扩大表达范围中找到更加自信的声音。

寻求反馈：聆听他人的声音，提升自我认知

找到自己的声音，不意味着忽视他人的声音。在生活中，他人的反馈和建议往往会让我们更好地认识自我。在表达自己的同时，倾听他人的声音，并从中筛选出有价值的反馈，是自我成长的重要部分。

可以主动向亲密的朋友或信任的导师寻求反馈，问问他们对自己的一些行为、习惯的看法，或者在关键时刻的表现如何。通过外界的反馈，我们可以更清晰地认知自己的优势和不足，并通过调整行为来更接近内心的真实声音。

方法：建立支持网络

找到能够信任的人，形成一个小的支持网络，在其中分享自己的经历和想法，获得他人的反馈。支持网络不仅能让我们有勇气坚持自我表达，还会在关键时刻为我们提供强大的情感支持。

持续探索：保持对自我声音的关注

找到声音并不是一蹴而就的，而是一个需要持续关注和探索的旅程。我们生活在一个不断变化的环境中，随着时间的推移，我们的经历、认知和情感都会有所改变。因此，找到自己的声音也是一个不断重塑自我的过程。

在日常生活中，保持对自我声音的关注，时刻关注内心的感受。定期进行

自我反思，问问自己：我是否还在遵循自己的价值观？我是否还在表达真实的自己？通过不断地问自己这些问题，我们会发现，自己的声音会越来越清晰，而内心也会更加坚定。

练习：每月自我反思

设定一个固定的时间，每月进行一次自我反思，记录自己的成长与变化。通过不断的反思，我们能够更好地确认自己的声音，并在成长的过程中找到更真实的自我。

找到自己的声音，是一条自我认知与自我表达的路。通过自我反思、确认价值观、学会情感表达、勇敢发声、寻求反馈和持续探索，我们能够在复杂的生活中逐渐找到内心的方向。这份声音不一定响亮，但它是最真实的我们，是引导我们前行的力量。让我们在这条路上坚持下去，找到属于自己的声音，用真实的自己迎接每一天的生活。

七、表达与认同的双重探索

找到自己声音的过程，实际上是自我表达与身份认同的双重探索。心理学中的"表达理论"和"身份理论"能够为我们提供更深层次的支持与指导，帮助我们理解在表达自我、确认身份时所经历的心理过程与情感反应。这些理论不仅揭示了自我表达对心理健康的重要性，还阐明了为什么"找到自己的声音"会在我们的人生中产生深远的影响。

表达理论：表达自我对心理健康的作用

表达理论最早源于心理学家詹姆斯·彭内贝克的研究。他通过大量实验发现，自我表达对个体的心理健康具有重要的积极作用。具体而言，表达自我，尤其通过文字或语言的表达，能够帮助个体处理内心的情绪，缓解压力，甚至提升身体健康。这种"表达"的过程，是我们心灵的一个重要出口。

在表达理论中，情绪的释放被认为是心理健康的重要组成部分。情绪若被长期压抑，会在内心堆积，成为负担，使个体产生焦虑、抑郁等情绪。然而，表达理论表明，当我们勇敢地表达内心真实的情感，表达出困惑、不安，甚至是愤怒时，我们的心灵负担便能得到释放。这种表达不仅使我们心理上得到安慰，还可以使我们更深入地理解自我，促进个人成长。

找到自己的声音，就是将内心的情感和思维真实地表达出来，是将"自我"展现在外界的一种方式。表达理论表明，真实的自我表达能够提升自我价值感。当我们能够坦然表达自己的需求、感受与想法时，我们便在心灵深处建立起对自我的认同与接纳，这种自我接纳对心理健康极其重要。

应用实例：表达的治愈作用

一位心理治疗师曾分享过一个案例：她的一位患者在多年中习惯压抑自己的情感，不敢对家人、朋友表达内心的真实感受，最终导致了严重的焦虑和孤独感。在接受治疗的过程中，患者被鼓励每天记录自己的情感变化和想法。这种记录不仅成为情绪的出口，还逐渐帮助她重新认识自己的需求。通过表达，她逐渐走出了孤独的深渊，找回了真实的自我。

在这个过程中，表达不仅是倾诉，还是一个重新审视自己的机会。通过书写和言语，个体能够回顾并分析自己的情绪反应，从而更好地理解自我。这种自我探索的过程，也在无形中提升了个体的情感智商，使他们能够更好地识别、理解和调节自己的情绪。

身份理论：自我认同与社会角色的关系

身份理论关注的是个体在社会环境中的身份认同。根据社会心理学的观点，身份是个人对自我存在的定义。它不仅包含我们认为自己"是谁"，还包括我们在社会互动中所扮演的角色。每个人都拥有多个身份，例如，家庭中的角色、职场中的身份、朋友间的定位等。身份理论认为，我们通过不同的身份与外界互动，从而形成和确认自己的自我认同。

身份理论的核心是自我同一性，即个体对"我是谁"的深刻认知。当我们在社会中不断接受他人对我们的反馈时，我们的自我认同感也在不断调整与塑造。若能够找到一个与自己内心一致的身份，个体会感到更为舒适、安心，并更具自信；反之，若身份与自我认知产生冲突，个体则会感到迷茫、焦虑，甚至产生内心冲突。

找到自己的声音实际上是确认自我身份的过程。通过表达真实的自我，我们在与他人的互动中逐渐构建属于自己的身份。这种身份不再是由外界定义的标签，而是基于我们内心的真实需求、情感和价值观的反映。身份理论告诉我们，当我们能够清晰地表达自我、展现自我的真实特质时，我们便会对"我是谁"有更清晰的理解，进而形成自我认同感。

身份理论的应用：确认自我身份的力量

身份理论在很多人际关系中得到了应用，尤其在青少年成长的过程中。青少年常常会因家庭、学校等环境的影响，形成对自我的多重认知，产生内心的矛盾。而那些能够找到自己声音的青少年，往往会通过与父母、老师的沟通，以及与同龄人互动，确认自己的身份。这种自我确认让他们在成长过程中更有方向感与自信心，面对外界的压力时也更具抵抗力。

例如，在一个青少年心理辅导小组中，学生们通过分享个人故事和情感经历，互相倾诉和聆听。他们的真实表达不仅让彼此感受到支持与理解，更重要的是，这一过程还能帮助他们逐渐认识到自我的独特性，形成对自我身份的认同。这种积极的互动也促使他们在生活中更加勇敢地表达自己，形成良好的沟通习惯。

两个理论的交汇：表达自我与建立身份的关系

表达理论与身份理论在"找到自己的声音"这一主题中有着密切的联系。通过自我表达，我们的内心世界得以显现，我们的情感和想法不再被掩藏。每一次自我表达，都是自我确认的过程。我们在表达中认识到自己的情感、价值观和需求，这种认识构建了我们的自我身份。

在找到自己声音的过程中，我们会经历许多矛盾和冲突。这种冲突可能来源于个人内心的不安，或是外界对我们的期望。而表达自我的过程，实际上是在不断确认身份的过程。当我们通过表达真实的想法和情感来面对他人的反馈时，我们会逐渐发现哪些身份真正符合自己的内心，从而建立起稳定的自我认同感。

实际应用：个人表达与自我认同的强化

许多人在生活中都曾经历过类似的困惑：我们在特定环境中或与特定群体互动时，表现出的自我形象可能与内心的认知相悖。通过表达自己的真实想法、坦诚自己的感受，我们逐渐能够打破这种矛盾，找到真正的自我身份。例如，一位职场新人在入职后发现工作内容与自己的人生价值观不符，最终通过与上司的坦诚沟通、表达自己的兴趣，获得了更加适合的工作岗位。这种自我表达的过程不仅帮助其重新确认了自己的身份，还在其内心建立起自信与稳定感。

这种表达带来的变化是深远的。当个体通过自我表达获得他人的理解和支持时，内心的焦虑和不安往往会显著降低。他们感到自己的声音被听见、被重视，从而增强了自我效能感。这种自我效能感又进一步激励个体去探索更多的自我表达方式，让他们在生活中更加积极主动。

表达与身份的重要性：找到声音对个人成长的意义

找到自己的声音，不仅是表达的自由，还是身份认同的确认。当我们学会用真实的声音表达自我，便会形成稳定的自我认同。自我认同感是一种内在力量，使我们在面对生活的复杂性和多变性时，能够保持内心的平静。身份理论与表达理论共同支持着我们，在表达中确认身份，在身份中找到力量。

这种自我认同感不仅让我们更加坚定，还让我们在外界的压力和他人评价中，更清楚自己的位置。无论他人如何评价，无论环境如何改变，内心的声音都将成为我们的指南针。找到自己的声音，使我们在自我认同的过程中获得了成长，也帮助我们在面对人生挑战时更加从容和自信。

通过自我表达与身份确认的过程，我们的情感得到了释放，内心的矛盾逐渐消解，从而形成一个更加完整的自我。这种完整性使我们在面对未来的挑战时，更能保持心理的弹性与适应性，无论生活的道路如何曲折，我们都能找到继续前行的勇气和动力。

表达理论和身份理论在帮助个体找到自己声音的过程中发挥了重要作用。表达理论告诉我们，自我表达对心理健康的积极影响，而身份理论则揭示了自我表达在建立自我认同中的关键作用。通过将情感与想法表达出来，我们不断确认自己的身份，找到属于自己的声音。

八、温柔小结

找到自己的声音，是一场细腻而深刻的旅程。我们通过这段旅程，在生活的角落里捕捉自己，在沉默的日子中寻找真实的感受，最终发现那个原本就属于我们的声音。这声音可能并不嘹亮，甚至未必清晰，但它带着我们最纯粹的情感和真实的自我，是我们对自己的一种确认，也是我们在这喧嚣世界中的一份安宁。

在我们人生的不同阶段，外界的声音和他人的期望往往成为我们最大的影响。它们可能来自家庭、朋友，甚至社会的无形压力，让我们不自觉地随着期待的潮流前行，逐渐忽视了自己真实的声音。或许，这些声音有时会显得温暖、支持，但也时常带着指引与评判，让我们产生迷茫和困惑。而找到自己的声音，不是要拒绝他人的声音，而是要在繁杂的世界中保留一片属于自己的清澈，让自己始终记得"我是谁""我想要什么"。

找到自己的声音，是一种生活的自觉。它要求我们在日复一日的琐事中始终保留对自我的尊重。我们可以为了融入他人、为了彼此的理解而适度妥协，但在任何情况下，始终不要让自己的声音淹没在别人的需求中。我们的声音不需要嘶喊，不需要占据所有的空间，但它应当是一道不容忽视的存在。它可以是我们在会议中坚定的看法，可以是我们对家人真诚的表达，也可以是独处时默默生长的念头。我们每一次的自我表达，都是对自我力量的肯定。

在这条寻找的路上，我们学会与自己的不安对话，学会接受内心的脆弱。因为只有真正坦然面对自己，才会发现那种来自内心的力量。这种力量不一定是对抗，不一定带有对周围的抗争；相反，它更像是一种安静的坚持。它在任何情况下都愿意站在真实的自我这一边，愿意接受自己内心的波动与困惑。这种坚持会让我们在面对选择时更加从容，让我们不再轻易被外界的评价左右，因为我们知道，真正的答案其实早已在我们心中。

找到自己的声音，不是让我们在社会中变得孤立，而是让我们在社会关系中更自由、更真实。每个人都是一个独立的个体，拥有独特的经历和情感。找到自己的声音，让我们在面对复杂的关系时依然能够保有自我，不因他人的观点而动摇。它是我们与他人之间最真实的纽带，它让我们不再因为迎合他人而模糊了自我，也不因害怕被误解而沉默。这样的声音，可以成为我们与周围建立深厚联系的桥梁，让关系更加真诚而有力量。

每个人的声音都是独特而珍贵的。无论我们认为自己的声音是微弱还是强大，这份声音都是不可替代的。它是我们对这个世界的回应，是我们内心真实的投射。当我们找到自己的声音，就拥有了一份内在的力量，这份力量会在我们遇到挫折和失败的挑战时支撑我们前行。无论生活中的遭遇如何，我们知道自己是谁，知道自己的需求和边界。这样的自信，不是为了让我们与世界对抗，而是为了让我们在自己的步伐中找到安稳与宁静。

在与自己相处的过程中，我们会不断反思，不断调整。找到自己的声音并不是一个一劳永逸的过程，而是一个随着生活变化而不断确认的旅程。生活的每一个阶段，我们的心态和想法都会变化，而每一段变化都为我们的声音注入了新的内容。它可能变得更柔和，也可能更加坚定。我们会逐渐发现，自己的声音正是我们成长和经历的产物，它不再是单一的表述，而是多层次的丰富表达。

当我们学会尊重自己的声音，我们也会更懂得倾听他人。在这个多样化的世界中，每个人的声音都承载着不同的故事与经历。找到自己的声音，意味着我们在承认自我价值的同时，也看见了他人的价值。每个人都是独特的，每个人的声音都应当被尊重。我们可以理解那些与自己不同的声音，正是这些多元的声音，使得生活更为丰富多彩。

找到自己的声音，是一种温柔的力量。它并不追求让所有人理解，也不需要所有人接纳，而是让我们不论在什么环境中，都能够安住于内心。这样的温柔，是一种自我接纳，它让我们在生活的起伏中始终与自己同在。我们可能会经历失望、失败，甚至是他人的不解，但这些并不会让我们迷失，因为我们的声音始终是指引内心的方向。

希望我们都能在生活中找到自己的声音，拥有那份来自内心的自信与坚定。让这份声音，成为我们在这个世界上存在的印记，成为我们与他人沟通的桥梁。找到自己的声音，不是终点，而是让我们更好地与生活相处、更自由地与他人交往的开始。无论未来的路途多么曲折，我们始终带着这份声音前行，找到那份属于自己的平静和满足。

第八章 温柔的力量：如何在改变中保持自我

> 温柔是一种力量，它不仅能改变自己，也能改变他人。
>
> —— 林徽因

一、手机时代的心灵迷雾

在这个信息洪流扑面而来的时代，手机几乎成了我们每个人生活的"第二大脑"。它不仅是沟通交流的工具，还是一座迷宫，将我们每时每刻都吸引进去。你或许早晨醒来时第一件事就是摸索手机，查看昨晚错过的消息和社交媒体的更新；又或许你会在睡前再次打开屏幕，目不转睛地浏览无数条信息，任时间在指尖悄然流逝。手机的触碰变得如呼吸般自然，几乎没有人能抵挡其诱惑，然而，你是否曾有过一瞬间的自我审视：这场看似无害的数字盛宴，是否正在悄悄侵蚀着你的自我认知？

手机逐渐成为我们日常生活的核心部分，它不仅改变了我们的沟通方式、消费习惯和娱乐方式，还悄无声息地改变了我们的心理状态、情感世界，甚至对自我的感知。社交媒体上光鲜亮丽的展示让我们不断与他人对比，焦虑悄然而至；屏幕背后无休止的刷屏让我们忘记了内心的声音，逐渐失去了对自己真正需求的敏感。虚拟世界的连接性和即时反馈，表面上拉近人与人之间的距离，然而，它也让我们与内心的自我逐渐疏远。那些不断刷新出的通知和内容，变成了我们生活的全部，吞噬了我们与自己内心对话的空间。

那么，在这个数字化、虚拟化越来越深的世界中，我们该如何保持温柔的力量，去承载和守护那个真实的自我？如何在手机成瘾与变化的时代中，既不失温暖，也不丧失力量，去重新发现和坚守内心的真我？这是我们每个人在面对现代社会快节奏与高度数字化生活时，必须面对的深刻问题。

二、在虚拟世界中找回真实的自我

手机：从工具到主宰

手机的变革带给我们的是前所未有的便利，它让沟通变得无比迅捷，它为我们提供了无尽的娱乐与信息，但同时它也无声无息地占据了我们更多的时间与精力。曾经，我们拥有更为深刻的沟通和自我对话的空间；曾经，我们用自己的双手去创造、去思考、去感受世界。而如今，手机成了信息接收的唯一渠道，真实的自我与外界的关系逐渐被打乱。

每天，我们的生活都在被手机引导着：一开始是无意识地查看信息，随后逐渐成为一种习惯，最终变成了一种无形的束缚。手机的"智能性"不断"优化"着我们的生活，让我们感受到一时的便利与满足，但它也在悄然改变我们感知世界的方式。我们不再关注身边的人，不再关心自己的内心声音，反而被那些瞬息万变的社交媒体和实时更新的动态所吸引。手机成了我们生活的主宰，我们的思想、情感，甚至生活的步伐，都在它的牵引下被重塑。

然而，这种虚拟世界的喧嚣背后，是深深的焦虑与空虚。当我们追求点赞、关注和评论时，内心的空洞越发加剧。手机的连接让我们时刻处于外界的声音中，无法听见内心的呼喊。我们用外界的认同来确认自己，但这种认同的虚假性让我们的内心变得越发迷茫。你开始发现，自己似乎在这个数字世界里失去了身份，不再清晰地知道自己是谁，只知道自己如何被他人看待。

虚拟的认同与自我的丧失

社交平台的快速反馈模式不断强化了一种"即时满足"的心理。每一次的点赞、评论、转发，都在短时间内给予我们一份满足感，仿佛我们被认同、被接纳。然而，这种满足感只是瞬间的，它无法填补内心深处的空虚。你曾经试图通过手机构建一个完美的自我：精心挑选的照片、言之不尽的心情文案、随时分享的生活点滴。然而，这些背后隐藏的，究竟是你真实的自我，还是你为了满足外界期望所精心雕刻的形象？这些虚拟世界中的展示，真的能帮助你更好地理解自己吗？

不幸的是，虚拟世界中的这种认同常常是肤浅的、片面的。你把自己的价值寄托于他人的眼光和评价上，却忘记了这些评价是否真实，是否来自内心深处。你会发现，当没有得到预期的点赞时，焦虑与不安袭来；而当得到满足时，那种短暂的愉悦却又在很短的时间内消散，留下的只是更深的空虚感。你逐渐意识到，你已经把自己的存在感寄托于他人的反应上，而遗忘了内心的声音。你变得越来越依赖外界的评价，却渐渐丧失了对自己真实需求的理解。

温柔与力量：数字化时代的内心修炼

在这个快速变化的时代，温柔与力量不再是两个对立的概念，而是相辅相成的。在我们面临手机带来的虚拟依赖时，真正的力量，恰恰源自温柔。那种对内心的温柔关照，是对自我认知的坚持，是对自我感受的尊重。而真正的力量，并不是外在的刚毅与强硬，而是内心的平和与坚定，是在纷繁的变化中不丧失自我，是在手机成瘾的潮流中保持内心的独立与安定。

你或许以为，温柔意味着逃避，意味着忍让，但真正的温柔，却是一种智慧，是从内心对自己和他人的宽容与理解。它并不意味着放弃自己，而是能够在外界的纷扰中，依然保持对自我的清晰认知。

如何在手机成瘾中保持自我

要想在手机成瘾中保持自我，首先需要重拾对内心的关注。你要认识到，手机并不是生活的全部，外界的评价也无法决定你的价值。要学会在手机的虚拟世界中找到平衡，制定使用手机的时间限制，让自己有更多的时间去关照自己的内心，而不是被无休止的信息流所牵制。你需要时常自问：手机带给我的，是满足自我需求的工具，还是外界认同的诱饵？当你从这个角度审视手机，你便能意识到，真正的自我并不需要外界的评价来证明，它来自内心深处的认知与坚持。

其次，你需要重新定义"温柔"和"力量"的含义。温柔并非软弱，力量并非无所畏惧。真正的温柔，是内心对自我的宽容与接纳，是真正了解自己需求的力量；而力量，不是压迫与抗争，而是在变化中坚守自己的独立思考，在信息泛滥的世界中保持对自己内心的清晰感知。手机的诱惑会一直存在，但我们依然可以选择与其和平共处，而不是被其吞噬。

在这个数字化、信息化迅速发展的时代，手机无疑为我们的生活带来了诸多便利，但它也在悄无声息中改变了我们的生活方式，甚至改变了我们对自我的认知。当手机成为我们生活的主宰，我们是否还能够保有那份真实的温柔与力量？当外界的声音日益喧嚣，我们是否还能够聆听内心深处的声音？

回归真实的自我，不是与手机对抗，而是在快速变化的时代中，学会如何在虚拟与现实之间找到平衡，如何在数字化浪潮中保持独立。真正的自我源自内心的认知与理解，而非外界的评价与认可。温柔与力量的统一，正体现在我们能够在信息泛滥的世界中，保持对内心的关注与尊重，避免被虚拟世界的幻象迷惑，也不被他人的看法左右。在这个数字化时代，我们每个人都可以重新发现真实的自我，找回属于自己的温柔与力量。

三、建筑界的诗韵才女——林徽因

林徽因，这位我国近现代著名的建筑学家、诗人和作家，以她独特的才情与温柔坚韧的品质在中国现代文化中留下深远的影响。她的一生充满了波折与挑战，既有诗意的辉煌，也有疾病和现实的折磨。但在这些起伏中，林徽因始终坚持用一种温柔的力量，守护自己的信仰与初心。她的温柔不是妥协，而是勇敢，是一种在生活重压之下，仍然忠于自我、勇敢面对困境的姿态。

青年时期的理想与追求

林徽因出身于书香门第，家庭背景为她的才华奠定了良好的基础。从小，她就展露出对文学与艺术的浓厚兴趣。在她的心中，世界是辽阔而美好的，知识的追求是她无尽的动力。她的父母鼓励她追求理想，使她有机会接受良好的教育。正是这种家庭环境，培养了她对自由思想和文化的热爱。

然而，在追求理想的道路上，她也面临着重重挑战。尤其在去往英国和美国留学的过程中，面对陌生的文化和语言的障碍，林徽因常常感到孤独和无助。在那些深夜，她常常独自躺在床上，思绪如潮水般涌来，既有对未来的憧憬，也有对自我的质疑。"我是否真的能在这个陌生的世界中找到属于我的位置？"她在心中反复问自己。

但她并没有被这些疑虑击倒。相反，这种内心的挣扎促使她更深刻地思考自我的价值。她在校园的图书馆中，一遍又一遍地翻阅那些关于建筑的书籍，幻想着有一天能用自己的设计改变世界。正是这种对理想的执着，让她不断前行。她常常在自言自语中提醒自己："即便道路崎岖，我也要勇敢追逐我的梦想。"她的内心活动如同一把双刃剑，一方面让她感到脆弱，另一方面又在痛苦中塑造了她的坚韧。

面对现实与病痛的考验

回国后，林徽因积极投身于建筑学研究，她与丈夫梁思成共同致力于中国古建筑的研究与保护，走遍了大半个中国，去探寻那些被时光遗忘的文化瑰宝。然而，这条路并不平坦。20世纪三四十年代的中国，正值战乱动荡，经济拮据，资源稀缺，研究工作异常艰辛。

在研究过程中，林徽因的身体健康也遭遇了重大挑战。她长期被肺结核病痛折磨，这种身体上的痛苦几乎成了她生活中的一部分。她的日常生活充满了药物和治疗的折磨，让她时常感到疲惫不堪。在这样的日子里，她会对着镜子默默地问自己："我还能坚持多久？"每当这个问题浮现，她的内心便会涌起一阵不安和恐惧。然而，她总能在这种恐惧中找到一丝勇气，告诉自己："只要我还活着，就要为我热爱的事业而奋斗。"

在考察和研究中，林徽因数次病倒，但每当身体稍有好转，她便又投身到建筑遗迹的调查工作中。她的温柔不是停留在安逸中，而是在病痛与战乱中，始终以平静的心态面对生活的苦难。她的内心常常充满矛盾：一方面，她渴望健康和安宁；另一方面，她对研究的热爱让她无法停下脚步。林徽因常常在夜深人静时反思自己的选择，想过放弃，但最终都选择了坚持。她的坚持与脆弱形成了鲜明的对比，让她的故事越发动人。

建筑中的温柔坚韧

林徽因的建筑研究，不仅仅停留在学术上，更带有一种温柔的情怀。她对古建筑的热爱，是出自内心的敬畏，是对历史和文化的温柔呵护。在面对古老而脆弱的建筑时，她感受到一种责任感，她明白这些建筑不仅承载着历史，还承载着无数人的梦想和希望。

每当她走进一座古建筑，望着那斑驳的墙面和风化的砖瓦，她的心中总会涌起一种无法言喻的感动。这种感动源于她对历史的敬畏和对文化的热爱。在一次考察中，她在一座古庙前停下，凝视着那精美的雕刻，泪水不禁夺眶而出。她心中想："这些文化的痕迹，是我们民族的灵魂，我必须为它们发声。"

这样的瞬间让她感受到自己的使命与责任，激励她继续前行。

林徽因的温柔力量，表现在她对古建筑的深入研究和无私奉献。她常常用温柔的语言向世人讲述古建筑的美，努力让更多人理解这些古老遗迹的价值。她希望人们能够体会到古建筑背后的故事和文化意义，而不仅仅是欣赏它们的外在形式。在一次公开演讲中，她深情地说："建筑是凝固的音乐，是一代又一代人心灵的寄托。"她的声音温柔却坚定，让在场的人都为之动容。

温柔的力量：文化的坚守

林徽因不仅在建筑领域有所成就，她还是一位出色的作家和诗人。她的诗歌语言优美、细腻，总能在人们心中激起涟漪。她的作品中没有强烈的对抗，也没有激烈的宣言，而是充满了对生活的热爱和对生命的感悟。她用温柔的笔触描绘人间美好，表达对人情世故的感叹，这种文字中的温柔不仅让人心生共鸣，也让人看到一种静默而恒久的力量。

抗战期间，林徽因一家随清华大学西迁昆明，条件异常艰苦，生活充满了不确定性。在这样的困境中，她依然坚持写作和创作，将对生活的感悟化作诗句，用温暖的语言抚慰人们疲惫的心灵。她没有怨天尤人，也没有放弃自己的文化理想，反而用平和的态度去面对这些困境，用文字带给身边的人力量。她的诗句常常在朋友们的聚会中被朗读，成为彼此互相慰藉的桥梁。

每当夜幕降临，她坐在窗前，凝望着窗外的星空，思绪便会飞回过去。她会想起在北京的那些日子，和朋友们一起讨论艺术与理想的情景。那些日子里，虽然生活简单，但她的心中却充满了热情与希望。她常常思考："未来会怎样？我能否在这个动荡的时代找到自己的声音？"这样的思索让她感到不安，但同时也让她明白，无论前方的道路多么艰难，她都会义无反顾地走下去。

林徽因的温柔：对生活与自我的忠诚

林徽因的一生是温柔的象征，她的温柔不是沉默的服从，而是无声的坚守。她的一生中有无数次选择的机会，她可以选择远离动荡，选择舒适的生活，但她始终忠于自己的内心，选择了一条充满挑战的道路。她的温柔是对自我信仰的忠诚，是在面对生活的压力和不确定性时，依然保持内心的平静。

在最艰难的时刻，她常常反思："我的坚持是否值得？我是否该放弃？"这些问题在她的心中徘徊，但最终，她都选择了继续前行。她的温柔是对自我信念的坚定。她用自己的经历告诉周围的人，温柔的力量可以战胜许多困扰，可以在困境中开出美丽的花朵。

林徽因用她的一生向世人展示了温柔的力量，那是一种不易察觉的坚韧，是在面对风雨时依然屹立不倒的勇气。她的温柔不仅影响了她的家人和朋友，还在无形中激励了那个时代的许多年轻人。她教会我们，在人生的路上，不必用强硬的方式去对抗风雨，而可以用柔和的心去化解一切，去包容一切。她的温柔不仅是一种态度，还是一种生命哲学，更是一种以平静和温暖的心态拥抱生活的智慧。

温柔与力量的共鸣

林徽因的一生，温柔与力量交织在一起，形成了她独特的魅力。在她身上，我们看到了温柔如何在绝境中孕育出力量，如何在生活的挑战中保持自我。她的故事如同一首动人的乐曲，让人感受到那份温暖和坚韧。

她的生活观教会我们，温柔并不是无能，而是一种深刻的理解与包容。在面对困难时，选择温柔并不代表放弃，而是选择用心去感受、去理解，最终找到解决问题的方式。正如林徽因所展现的那样，真正的力量源于对生活的热爱与对理想的追求。

在当今这个快节奏的社会，我们常常被各种压力所包围，容易陷入焦虑与不安中。然而，回望林徽因的故事，我们不妨在忙碌的生活中寻找那份内心的宁静，让它成为我们面对挑战时的支柱。在生活的点滴中，用温柔的态度去对待自己、对待他人，也许我们会发现，温柔不但是治愈的良药，而且是内心力量的源泉。

四、点亮大山女孩梦想的"燃灯校长"：张桂梅

在云南省丽江市华坪县，有一位叫张桂梅的校长。她是华坪女子高级中学的创办人，也是无数贫困家庭女孩的希望。张桂梅校长的一生充满艰辛与坎坷，但她始终用温柔而坚韧的力量为贫困山区的女孩们带来知识的光芒和改变命运的机会。她的温柔不仅仅是对学生的关爱，更是对教育公平的坚定追求。

她的初心：用教育改变命运

张桂梅的教育之路始于一次深刻的触动。年轻时，她到云南支教，亲眼见到了当地许多贫困女孩因经济原因辍学，早早承担家庭重担的生活景象。她看

见这些孩子眼神中对外面世界的渴望，也看见她们因为经济困难和传统观念的束缚而被迫放弃学业。她暗下决心，一定要为这些女孩们争取接受教育的机会。她坚信，教育是改变她们命运的唯一途径。

为此，张桂梅开始奔走在教育前线，她四处寻求帮助，呼吁社会关注贫困女孩的教育问题。她的温柔力量从未体现在言辞的激烈上，而是每一次苦口婆心的劝说、每一次对家长的耐心解释中。她用温暖关切的语言告诉家长："女孩和男孩一样有接受教育的权利，只有让她们读书，才能改变贫穷的命运。"她的温柔是一种不急不躁的坚持，是一种温暖有力的说服力。最终，她成功筹集到了资金，创办了全国第一个全免费的女子高中——华坪女子高级中学。

面对困难，她选择温柔坚守

华坪女子高级中学成立之后，张桂梅面临的是一场艰难的战斗。由于资金匮乏，学校常年设施简陋，教学资源有限，许多教师也不愿长期留在偏远的山区。更重要的是，她的身体状况逐渐恶化，患上了多种疾病。常年的奔波和过度劳累让她的身体几近崩溃。

在身体痛苦的时候，张桂梅也曾感到无助和彷徨，但她从未放弃过。她总是温柔地安慰自己："这些女孩们比我更需要这所学校。只要我还在，就要给她们提供一个学习的机会。"她的温柔不仅对学生，也对自己。她用一种内心的温柔力量去支撑自己，告诉自己要坚强，因为她知道，这不只关乎她个人的选择，更关乎无数贫困女孩的未来。

即便是在病痛缠身的日子里，张桂梅依然会每天起早贪黑，走访学生的家庭，了解她们的生活情况，给家长们讲解教育的重要性。她从不严厉地要求家长改变想法，而是通过耐心的沟通和真诚的关怀，让家长们逐渐意识到女孩受教育的意义。她的坚定让家长们理解了她的用心，也让女孩们感受到温暖与希望。张桂梅的温柔在于她从不放弃任何一个学生，从不责备任何一个不理解教育意义的家长，而是用执着的态度化解每一道教育的难题。

教室里的温柔力量：尊重与激励

在教室里，张桂梅的温柔同样无处不在。她关心每一个女孩的生活与学习，知道她们的名字、家境和梦想。她不会让任何一个孩子在课堂上因为学习困难而感到羞愧，更不会让她们因生活的窘迫而自卑。她常常对学生们说：

"只要你努力，你就可以改变自己的未来，成为你自己梦想中的样子。"她用激励的话语温暖着这些贫困的孩子们，为她们注入了无比的信心和力量。

张桂梅知道，对于许多学生来说，进入华坪女子高中已经是一场"奇迹"，她们中的许多人从未想过能够读完高中，更不要说走进大学校园。然而，她并不允许这些孩子对未来感到渺茫和无望。她鼓励她们以最大的努力去学习，告诉她们知识能够带她们走出困境，去看到更广阔的世界。她的温柔在于，她不是以说教的方式去教育，而是用尊重与激励的方式去引导，让学生们在尊重中逐渐找到自信，在有力的支持中树立奋斗的目标。

温柔的背后：一次次深夜的反思

张桂梅的温柔不仅体现在她对学生的关怀上，还体现在她对教育的深度反思中。每当深夜来临，她会坐在教室的灯光下，静静地思考如何才能更好地帮助这些孩子。她会回顾一天的工作，思考自己在沟通中的不足之处，想方设法改进自己的教学方式。她曾经说过："我从来不敢懈怠，因为我知道，孩子们没有时间等我试错。"

这种温柔的自我反思让她不断进步，也让她在教育改革的浪潮中走得更远。她没有因为自己是一位校长而止步于管理，她始终坚信，温柔的教育是教育本质的体现，是一位教育者对孩子的承诺。她的温柔不仅是对他人的理解和包容，也是对教育本身的一种敬畏。这种敬畏让她在面对一切困难时都选择坚强应对，选择坚持与坚守。

社会反响与温柔力量的延续

张桂梅的事迹逐渐传遍全国，她的无私和大爱感动了无数人。许多人被她的温柔力量所感染，愿意伸出援手，支持这所山区女子高中。在社会各界的帮助下，学校的条件得到了改善，更多的女孩得到了入学的机会。张桂梅的温柔成了一种强大的社会力量，带动了更多人关注贫困女孩的教育问题。

她的温柔力量不仅改变了无数女孩的命运，也改变了许多教师对教育的看法。许多教育工作者从她的身上看到了教育的真正意义，看到了坚持的力量如何能够穿透困难和阻碍，为学生带来希望和未来。张桂梅用自己的行动诠释了温柔的教育理念，她不仅是这些女孩的校长，还是她们的人生导师，更是她们心中那道温暖的光。

张桂梅校长的故事让我们深刻体会到，温柔是一种强大的力量，它可以在风雨中屹立不倒，可以在困境中绽放光芒。她的温柔不是无力的妥协，而是对学生深切的关怀，是对教育信仰的坚定执着。在她的执着引导下，一批又一批贫困女孩走进了大学，走向了新的生活。

张桂梅用温柔的力量打破了教育的偏见与限制，让贫困山区的女孩们看到了希望。她的故事是教育改革中的一股清流，告诉我们教育的本质不是单纯的知识传递，而是对生命的尊重，对未来的培养。在她温柔的注视下，华坪女子高中的每一个女孩都获得了力量，她们知道，自己并不孤单，自己的命运掌握在自己的手中。

张桂梅的温柔力量不仅仅是"为你好"的坚定和鼓励，更是对每一位教育者的启示。她的温柔是一种教育哲学，是一种面对困难时的从容不迫。让我们从她的故事中汲取力量，在教育的道路上，用温柔的心去引导每一个孩子，让他们在这份温暖中找到属于自己的未来。

五、如何在变化中保持温柔

在这个快速变化的时代，生活的节奏仿佛加速了每个人的步伐。工作、家庭、人际关系的种种压力如潮水般涌来，许多人在无形中感受到的沉重负担，逐渐被焦虑和急躁侵蚀，直至陷入情绪的旋涡中，难以自拔。外界的喧嚣和内心的躁动让我们常常感到力不从心，仿佛失去了对生活的掌控。面对这样的变化，我们如何保持内心的温柔呢？

学会自我接纳

温柔的力量首先来源于对自我的接纳。在生活的变化中，很多人常常对自己充满苛责，害怕自己不够好、不够优秀。然而，自我接纳是一种温柔的力量，它让我们懂得，接纳自己的不足与不完美，是温柔的开始。人生中总会有很多不确定的因素，我们不必因为无法掌控一切而过分责备自己。

每当我们感到焦虑、迷茫时，试着对自己说一声："这样也没关系，一切会慢慢好起来的。"在这种自我接纳中，我们逐渐学会温柔地对待自己，给自己一些喘息的空间。接纳自己的不完美，也是在变化中温柔对待自我的第一步，只有接受自己，才能拥有温柔的底气，去面对生活中的种种变化。

保持好奇心，开放地看待变化

当变化来临时，许多人会因害怕不确定性而产生抗拒和焦虑，进而影响情绪和态度。然而，如果我们带着好奇心去看待变化，接受生活的种种新鲜事物，就会发现变化其实也包含着许多新鲜和有趣的可能性。

保持好奇心，是一种积极的心态。当我们面对新的环境、新的任务、新的关系时，试着温柔地告诉自己："这也是一次成长的机会。"通过这种开放的态度，我们能够在变化中保持一份平和，不再把变化视为威胁，而是视为一种探索和学习的机会。保持好奇心，能让我们更加温柔地接受变化，拥抱新的体验，而不再为未知而感到惶恐。

善待他人，理解他人的情感

温柔不仅是一种对自己的态度，还是一种对他人的关怀。生活中，我们常常在变化的过程中经历各种人际关系的波动，这些关系可能会让我们感到困惑和不安。无论是工作中的同事、生活中的伴侣，还是家人和朋友，面对彼此的需求与期望，我们往往会因情绪的变化而影响沟通的质量。

在面对人际关系的变化时，温柔的力量体现在对他人的理解与包容上。学会倾听对方的想法，理解他们的需求，并给予善意的回应。每个人在变化中都可能会感到不安，都会有情绪的波动，而温柔地对待他人，能够帮助我们在关系中创造出一种温暖和谐的氛围。通过温柔的沟通，我们可以更好地化解误解，增强彼此的信任，在变化中建立更加稳固的人际关系。

学会暂停，适时放下

在应对变化时，适当的暂停可以让我们更好地保持温柔。生活的变化有时会让我们感到压力重重，思绪繁乱，甚至不知道如何继续前行。这个时候，不妨选择暂停，给自己一些空间和时间去消化所经历的变化。

暂停并不意味着退缩，而是一种自我调整的智慧。它是我们在变化中寻找内心平静的过程。在这种暂停中，我们可以通过冥想、写作、散步等方式，慢慢整理自己的情绪，让内心重新归于宁静。温柔地对待自己，给自己一些喘息的机会，反而能够帮助我们更好地面对变化的挑战，让我们在内心找到重新出发的力量。

保持感恩，欣赏生活中的小确幸

在日常生活中，无论我们身处多大的变化中，总有一些温暖的瞬间值得我们去珍惜。保持感恩的心态，是一种积极而温柔的力量，能让我们在变化中依然感受到生活的美好。当我们在生活中经历波折时，试着关注身边的小确幸，比如，温暖的阳光、美味的早餐、朋友的陪伴、陌生人的微笑等。

感恩让我们学会珍惜当下，淡化对变化的恐惧。无论未来充满多少未知的可能性，生活中的小幸福会成为我们温柔的支撑，让我们在前行中不至于迷失。温柔地对待生活中的点滴美好，能够帮助我们在变化中找到一份内在的祥和，为我们带来安慰和支持。

用温柔的语言对话，与自己和解

在面对变化时，我们的内心往往会经历许多情绪的波动。这个时候，温柔的语言可以成为与自己对话的一种方式。温柔的语言是一种自我疏导的力量，它能够抚慰内心的焦虑，帮助我们找到平静。每当我们感到不安或愤怒时，不妨对自己说："会好的，我会慢慢适应。"

通过这种温柔的自我对话，我们内心的恐惧和不安会慢慢和解。无论是在独自反思的时刻，还是在写下内心独白的笔记本上，温柔的语言是一种心灵的呵护，是一种面对变化时的自我安抚。它让我们从语言中获取力量，让我们在自我对话中将坏情绪放逐。

不急于评判，给自己留出适应的空间

在生活的变化中，许多人习惯对一切进行评判，急于为一切找出答案。然而，温柔的力量在于，允许自己在适应变化时有一个过渡的过程，不急于做出结论，不急于评判自己或他人。无论是新的人际关系，还是新的生活环境，温柔地对待变化，意味着我们允许一切自然发生，而不是对一切做出迅速的回应。

给自己时间适应新环境，让自己在变化中逐渐找到自己的节奏。温柔的力量让我们不再苛责自己，不再急于找出答案，而是愿意在适应的过程中，去感受变化带来的新体验。通过这种放松的心态，我们能够更从容地面对变化，更温柔地对待自己与周围的环境。

记得你的初衷，保持内心的稳定

无论生活如何变化，保持温柔的关键在于不忘最初的初心。我们的生活在不断经历着改变，环境、角色、责任常常发生转换，但在这些变化中，温柔成为我们对初心的坚持，它是一种深深的归属感。无论是在事业、家庭还是自我追求中，温柔让我们在风云变幻的世界里保持方向，不至于因外界的波动而动摇自己最本真的价值观。

当我们在生活中感到迷茫或承受压力时，尝试回归最初的信念和目标。温柔的力量体现在，即使面对巨大的变故，我们仍能坚守自己的原则，保持一种不受外界干扰的从容。牢记初心，能够让我们在变化中保持清晰的心境，帮助我们以温柔而坚定的步伐，走过人生的每一个转折点。

在变化中找到温柔的力量

温柔是一种柔韧的力量，是我们在变化中坚守自我的方式。它并非消极的妥协，也不是逃避，而是在生活的波澜起伏中，以一种平和而坚定的态度去接纳一切。温柔的力量帮助我们保持平衡，让我们在适应变化的过程中，依然保有自己的节奏与步伐。

在这个充满变化的时代，温柔显得尤为珍贵。它让我们在面对变化时不急不躁，在压力中依然能够保持清晰的方向。在温柔中，我们学会接纳自己，宽容他人，感恩生活中的每一份美好。愿我们都能在风云变幻的过程中，找到那份柔情的力量，用一颗柔软的心去体验每一个瞬间，在温暖中成长，在平静中前行。

六、保持温柔心态的科学依据

在变化的潮流中保持温柔，不仅是一种生活的态度，还是一种心灵的智慧。心理学中的"情绪智力"和"积极心理学"提供了深入的视角，帮助我们更好地理解温柔的力量及其在生活中的影响。通过有效地管理情绪和培养积极的心态，我们能够在不确定性中保持镇定，像一棵扎根大地的树，哪怕风吹雨打，依然从容自如地生长。

情绪智力：与情绪共舞的力量

情绪智力，也称情商，指的是我们识别、理解和调节自己及他人情绪的能力。它并非抑制情绪，而是让我们学会与情绪和平共处。当生活中的波动和挑战让我们感到不安时，情绪智力帮助我们在风雨中保持内心的平衡。这种能力在面对生活的变迁时尤其重要，因为变化往往带来不安、焦虑，甚至恐惧。而温柔的力量，恰恰来自这种内在的智慧，让我们在不确定的世界中找到一份稳固的心态。

情绪智力的五个核心维度，如同五颗星辰，为我们指引前行的方向。

其一，自我意识：洞察情绪的钥匙。自我意识是情绪智力的基石，它要求我们认识到自己内心的波动，就像一位细心的观察者，明白每一次情绪的升起与落下。当生活发生变化时，我们常常会经历情绪的剧烈波动。自我意识帮助我们察觉这些情绪，并以温柔的心态去接纳它们。它让我们明白，情绪并非敌人，我们不需要压抑它们，而是要与之共舞，理解它们背后的深层需求。

其二，自我调节：情绪的引航者。自我调节是情绪智力的核心，它帮助我们在风起云涌时保持清醒。在面临挑战时，我们的情绪可能会失控，变得冲动或过于焦虑。而自我调节如同一张帆，让我们在狂风中调整航向，避免情绪的暴风把我们推向无序的方向。它不是压制情绪，而是让我们在感受到风暴时，依然能够保持内心的平静，清晰地看待眼前的问题。

其三，动机：内心深处的火焰。动机，是我们在面对困境时依然能挺身而出的内在驱动力。当生活的变化让我们感到迷茫时，动机会给我们点燃希望的火焰，激励我们在迷雾中继续前行。它让我们不被短期的困难打倒，而是在每一次挑战后，依旧坚定不移地朝着远方的目标前进。温柔的力量不仅来自耐心，还来自心中那股不灭的动力——它让我们温柔地坚持，稳步迈向理想。

其四，共情：感同身受的桥梁。共情，是理解和感受他人情绪的能力。在变化中，我们的关系也常常随之起伏。共情如同一座桥梁，连接着彼此的心灵，让我们能够在复杂的情感网络中找到理解与支持。当他人因变化而感到迷茫时，温柔的共情让我们能够站在对方的角度，理解他们的困扰，而不是急于评判。它让我们知道，改变并不是一个人的旅程，我们可以在彼此的陪伴中，找到力量。

其五，社交技能：沟通的艺术。社交技能是情绪智力的实践维度，帮助我们在变化的浪潮中保持与他人的良好联系。温柔的社交技能如同一朵盛开的花朵，在互动中散发着温暖与理解。当生活充满变动，良好的社交技能让我们在与他人沟通时，更加体贴与清晰，避免冲突的发生，增进彼此的信任和支持。通过温柔的沟通，我们能够在风暴中并肩前行，共同抵御生活的挑战。

在不断变化的世界中，情绪智力给了我们一个坚实的内在框架，让我们能够在动荡中保持温柔的姿态。它教会我们如何与情绪和谐相处，如何在压力中找到内心的支撑点，如何与他人建立深刻的联结。正是这些智慧的力量，让我们在每一次生活的波动中，依然能够保持温柔的心，稳步走向未来。

积极心理学：保持温柔心态的科学依据

在纷繁复杂的生活中，温柔不仅是一种心态，还是一种力量，它如同清风拂过心湖，帮助我们在压力和变化中保持宁静与从容。积极心理学关注的是如何在日常生活中发现并拥抱那些温暖的、积极的体验，进而实现内心的充实和幸福。它倡导通过专注于心理的光明面，帮助我们在动荡的环境中找到人生的意义与喜悦，从而轻盈地应对生活中的种种挑战和变化。

积极情绪：心灵的阳光

积极情绪如同阳光，温暖而明亮，照亮我们内心的每一个角落。积极心理学强调，快乐、希望和满足感是我们面对困境时的力量源泉。它们不仅让我们体验到愉悦的瞬间，更能在面对压力和挑战时，帮助我们保持清醒与开放。研究表明，积极情绪拓宽了我们的视野，像一把钥匙，打开了思维的无限可能，让我们在纷乱的变化中看见解决问题的光亮。保持温柔的心态时，积极情绪将是我们的指引，让我们更加从容不迫，避免陷入焦虑和恐惧的迷雾。

心理韧性：生命的根基

心理韧性，是面对风雨时，依旧能挺立的那份坚强与柔软。它是一种内在的力量，让我们在遭遇困境时，不被击倒，而是学会从挑战中汲取养分，蓄势待发。拥有心理韧性的人，能够在压力面前保持冷静，在逆境中看到希望的种子。通过正念冥想、深思自省等方式，我们能够培养这种韧性，如同养育一棵强大的树苗，让它在风中更为挺拔。温柔的力量正是来自这种适应能力，它让我们在不断变化的世界中找到自己的节奏与立场，从容地面对每一个挑战。

感恩与满足：心中的绿洲

感恩，是积极心理学中的一剂良药，它能让我们在变化的荒漠中找到一片滋养的绿洲。当我们学会感恩，我们的视线不再只聚焦于未知的恐惧，而是转向那些已经拥有的美好。感恩让我们放下对未来的不安，回望过去所得到的每一份支持与温暖。在压力之下，感恩让我们更清楚地看到生活中的闪光点，让我们不急于为未来担忧，而是在当下找到安慰与力量。感恩是一种对生命的温柔回应，让我们在面对动荡时，依旧能够保持心中的平静与满足。

情绪智力与积极心理学的交织：在温柔中汲取力量

情绪智力和积极心理学如同两颗星辰，在夜空中交相辉映。情绪智力教会我们如何在生活的波涛中，保持与自我情感的和谐。它帮助我们管理情绪，如同一位温柔的园丁，细心地修剪着我们内心杂乱无章的枝叶，确保情感不至于泛滥。而积极心理学则是我们内心的阳光，它通过培养积极的情绪和心理韧性，帮助我们在生活的变动中找到坚实的立足点。两者交织在一起，形成了一种力量，让我们在任何变化中，都能保持内心的温柔与清澈。

温柔的自我管理：与情绪共舞

情绪智力不仅仅是管理情绪，更是一种与情绪共舞的智慧。当生活的节奏发生改变，情绪的波动如同海浪般涌来时，情绪智力让我们学会观察这些波动，不急于让它们引发混乱，而是温柔地让它们退去。我们不需要消灭情绪，而是与它们和谐相处，让情绪像水面上的涟漪，逐渐恢复平静。

积极的心理资源：种下希望的种子

积极心理学则教导我们，如何培养一种乐观的心态，如何在压力中找到力量。它引导我们像播种者一样，在内心播下希望的种子，让它在心田中生根发芽，带来丰盈的果实。当面对生活的风雨时，积极的心理资源帮助我们看见希望的曙光，而不是沉溺于恐惧的深渊。它让我们以一种从容的姿态，去面对每一个不确定的明天。

情绪智力与积极心理学的交汇，给我们提供了应对生活变化的智慧。在这场生活的旅程中，我们在情绪智力的指引下学会温柔地接纳自己，而在积极心理学的光照下，我们又能以更加积极的心态面对一切变故。这种力量，深藏在温柔的心态里，它让我们在每一次的风起云涌中，依然保持内心的清澈与坚定，轻装前行。

七、温柔小结

在这个碎片化的时代，温柔显得尤为珍贵。生活中的每一次波动，无论是工作上的压力、家庭中的纷争，还是内心的焦虑，都会让我们在瞬息万变的环境中感到不安。在这样的时刻，温柔的力量如同一缕和煦的阳光，透过乌云洒落在每一个渴望安宁的心灵上。

在日常生活中，当我们遭遇挫折和挑战，第一反应往往是自我保护，甚至是抵触。然而，若能在这一刻选择温柔，不仅是对他人的关怀，还是对自己的善待。通过温柔的沟通，我们不仅能减轻他人的痛苦，也能缓解内心的焦虑。林徽因在她艰难的岁月中，正是凭借这种温柔，才在困境中坚持自我，找到了生活的意义。

想想张桂梅校长，她在教育改革中的奉献，便是柔性力量的真实体现。面对无数困苦的孩子，她选择不离不弃，以温柔的心态去倾听、去帮助、去激励。张桂梅校长用自己的行动告诉我们，温柔是一种坚定的信念和无私的奉献。当她与孩子们交流时，她所展现的温暖与关怀，犹如春风拂面，让每一个孩子感受到希望的存在。正是这种温柔的坚持，使得无数个孩子在困境中看到光明，找到了属于自己的未来。

生活中，我们常常被周围的喧嚣所困扰，忽视了内心深处的声音。在这片纷繁复杂的环境中，保持温柔的态度，意味着与自我和解。我们需要学会倾听内心的声音，理解自己的情感，无论是喜悦还是失落。这种自我接纳的过程，往往会让我们更加坚定地走向未来。就如同在暴风雨中，只有在内心深处建立起一座坚实的灯塔，才能在迷雾中找到回家的路。

变化常常让我们感到不安，甚至是恐惧。这种情绪在所难免，但关键在于我们如何应对。当我们选择用温柔的方式去看待变化时，便会发现其中的机遇与可能。就像在生活的转角处，总会有新的风景等着我们去探索。面对未知的挑战，温柔的心态让我们能够以开放的姿态去迎接每一个新的开始。

温柔是一种积极的生活方式。在温柔中，我们能够更好地理解他人，促进彼此之间的交流与信任。温柔的沟通打破了冷漠的壁垒，让人与人之间的距离拉近，形成一种深厚的情感联结。当我们用温柔的方式表达自己的需求和感受时，常常能够得到意想不到的回应和支持。这种互动让我们在人际关系中找到归属感，从而提升生活的幸福感。

在这个充满挑战的时代，我们需要更多的温柔来抵御生活的风雨。温柔的力量是无穷的，它能渗透到生活的每一个角落。无论是在职场中，与同事的合作；还是在家庭中，与亲人的沟通；又或是在社会中，与陌生人的相遇，温柔都能够让一切变得更美好。当我们选择温柔时，我们也在选择一种更积极的生活态度。

因此，在未来的日子里，无论生活如何变化，请记得保持那份温柔的心。让温柔成为你的习惯，让它在你生活的每一个细节中闪耀。用温柔去对待自己，理解自己的不完美；用温柔去对待他人，给予他们支持与关怀。在这样的互动中，我们不仅能建立更亲密的关系，还能让自己的内心更为丰盈。

以温柔之力，你可以震撼世界。

—— 甘地

一、在竞争时代中绽放柔和之光

在这个充满压力与竞争的时代，我们常常被告知要像岩石一样坚硬，只有这样才能应对生活的风暴。然而，岩石虽然坚固，却也容易因不断地被撞击而崩裂。在这种固守中，我们有时会忽视内心深处的柔软与温暖，错失了真正的力量。而那些看似温和、柔软的品质，实际上就像深海中的暗流，虽然看不见，却能够在不经意间改变方向，引领我们走向更加持久的成功。

我们常常将"强韧"与"柔和"对立，认为前者如同钢铁，代表决策与掌控；后者如同羽毛，显得轻盈且容易屈服。然而，这种对立的观点过于表面。真正的强韧，像是一棵扎根大地的古树，其根深深植入泥土，无论风雨如何肆虐，它依然能够挺拔生长。而真正的温和，则如同清晨的露水，柔软、透明，却滋养万物，赋予周围一切生长的力量。它并不是对抗世界，而是以一种包容的姿态，去感知与理解，最终在沉默中带来深远的影响。

在当今社会，我们常谈"硬实力"——力量、资源和财富。然而，这些外在的力量，如同暴风中的巨石，虽然强大，但终究无法永恒。而真正决定一个

167

人能否走得更远、走得更长久的，不是那些表面的强硬，而是内心深处的"软实力"。这种软实力，如同大海中的潮汐，看似平静，却蕴含着无穷的力量。它来自内心的修养与智慧，是与他人共鸣、建立连接的能力。在这股力量的推动下，我们能够在这片波涛汹涌的海洋中，保持自己航行的方向，不会因暴风骤雨而偏离航道。

通过这种温和的力量，我们不仅能够在纷繁复杂的世界中找到内心的平衡，还能够像树木在风中摇曳般，随风而动，却不失根基。这种力量让我们在面对挑战时更加从容，同时也能够在平静中影响他人，创造更加和谐的共处与合作。

二、从程序员到科技巨头：雷军的温柔蜕变

在这个喧嚣独立的社会，个体往往被要求在强硬的外界环境中求得一席之地。无论是在职场上争取晋升，还是在社交圈中获得认同，都离不开一定的强硬。强硬意味着能够坚决地说"不"，能够在争执中占得上风，能够在困境中拼尽全力。但是，持续的强硬却往往伴随着心灵的空虚和内心的疲惫。

真正的强硬，是来自内心的稳定与清晰。在这个喧嚣的世界中，内心的柔和能帮助我们保持冷静，拒绝让外界的噪声侵扰我们的判断。它让我们学会不被表象所迷惑，学会在激烈的竞争和压力面前，依然能保有一份平和与从容。这种平和，并不是缺乏行动力，而是在面对决策时，能够理性且坚定地做出选择，不为外界的评判所左右。

在创办小米的初期，雷军并非凭借着单纯的强硬来打入竞争激烈的智能手机市场。相反，他采用的是一种"柔和"的策略：倾听用户需求、关注产品细节，并通过社交媒体与消费者建立信任关系。这种建立在信任和透明度基础上的做法，使得小米从一个初创公司，快速成长为行业领头羊之一。

雷军的"柔和"不仅仅体现在外在的谦和态度上，更深藏于他的决策风格中。在面对市场的快速变化和竞争对手的压力时，他总能冷静判断形势，并以用户为中心调整策略，而不是仅仅依赖硬性竞争和资源优势。这种内在的柔和，使得他在竞争的浪潮中保持了一个清晰的方向，并最终带领小米走向了成功。

柔和中的力量：无声的引导与改变

"软实力"不仅仅是抵抗外界压力的力量，更是一种无声的引导与改变。在与他人交往时，我们常常通过无形的影响力，潜移默化地改变他人的看法和行为。柔和的态度能让我们更加敏锐地感知他人的需求与情感，从而在没有直接对抗的情况下，达到自己的目标。

想象一个职场场景：一个看似温和的领导者，在面对员工的不满时，并不会立即采取强硬手段去压制；而是通过倾听、理解和共情，与员工建立起一种深厚的信任关系。通过这种无声的力量，他能够改变员工的态度，激发他们的内在动力，从而取得更好的工作效果。

雷军的领导风格也恰好展现了这种"柔和"的力量。小米的成功，很大一部分来自雷军将"与消费者同心"的理念融入公司的文化中。他通过极致的产品体验、无缝的沟通渠道及快速的响应机制，逐渐积累了消费者的口碑和信任。雷军的决策不拘泥于传统商业规则，而是通过理解用户的需求，去调整公司战略，令小米品牌在全球范围内得到了广泛的认同。这种内在的柔和，能够在人际关系和社会交往中，带来深远的影响。

强硬与柔和的平衡：软实力的真正价值

当我们将"软实力"引入"强硬中保持柔和"这一话题时，我们会发现，这种平衡并非单纯的对立，而是一种深刻的协调。强硬和柔和不是相互排斥的，它们可以并行不悖，甚至相辅相成。真正的强硬，是在柔和的内心支撑下，做出清晰、果敢的决策；而柔和，也不是盲目的妥协，它是在强硬的环境中，通过自我认知和对他人的尊重，去化解冲突，达到一种更高层次的共识与理解。

例如，很多成功的管理者，虽然表面上充满决断力，但在他们的管理风格中，往往流露出深刻的柔和。他们知道何时需要展现强硬，何时又应该通过倾听与包容去赢得他人的支持。"软实力"让他们能够在日益复杂的全球化竞争中，始终保持一种稳健的态度和方向感。

小米的成功，正是得益于雷军能够平衡强硬的商业决策和柔和的人际沟通。他不仅依靠市场上的强硬竞争，还通过建立与消费者和员工的深厚信任，达到了"软实力"的最大化。雷军的强硬是战略决策的果敢，而他的柔和则是领导风格中的"润物细无声"。这种平衡，使他能够在复杂的市场中保持领导地位。

在强硬的世界里，温柔是最强的力量

世界越来越复杂，人际关系越来越微妙，我们在职场、家庭、社交等领域面临着更多的挑战。在这些挑战面前，强硬似乎是一种直观且必要的应对方式，但过度的强硬往往会导致情感的疏离与内心的空虚。而真正的力量，恰恰在于能够在强硬中保持柔和，能够在复杂的局势中，依然坚持本心。

柔和并非让步，正如强硬并非唯一的出路。"软实力"的真正价值，在于它能够在激烈的竞争中，帮助我们在外部环境变化中稳定核心，保持清晰的目标，并以一种更深刻的方式影响他人。在强硬的世界里，温柔是最强的力量，它不是逃避冲突，而是通过智慧与包容，寻找更加持久、深刻的胜利。

因此，我们在追求外在强硬的同时，不妨回望内心，找到那份柔和。雷军的故事告诉我们，真正的成功不仅仅是表面的力量，更是在内心深处培养出一种能够引导变化的"软实力"。它将成为我们在现代社会中最为珍贵与持久的资本，不仅帮助我们与他人建立更深刻的关系，还帮助我们在喧嚣的世界中，保持最初的方向与坚持。

三、圣雄甘地的非暴力抗争之路

在印度的历史长河中，甘地无疑是星光闪耀的诸多名人之一。他不仅是印度独立运动的领导人，还是世界历史上最具影响力的精神领袖之一。甘地的生活和信念，至今仍然影响着无数人。虽然他以非暴力、和平抗争的理念而闻名，但他在面对极大压力和困境时，所展现出的内心力量和温柔却是他真正的强大所在。

从西方到印度的转变

甘地的故事始于他在南非的经历。作为一名年轻的律师，他曾在南非奋斗多年，并且深受当地歧视与不公待遇的折磨。有一次，在旅程中，他因为自己的肤色被驱逐出车厢，这一事件深深刺痛了他。他的愤怒没有让他做出激烈的反应，反而让他更加坚定了一个信念：改变社会必须从根本上改变人们的心态，而不是单纯通过暴力来达到目的。

此后，甘地开始在南非推广非暴力抵抗的理念。他倡导通过"人性"与"非暴力"的力量，去对抗殖民主义和种族歧视。在南非的时间里，他并没有像许多人期待的那样选择以暴制暴，反而是通过宽容和宽恕的态度，挑战社会根深蒂固的偏见。他不与人对抗，而是与自己的内心对抗，不断追寻心灵的宁静与力量。这种温柔的力量，恰恰成了他日后领导印度独立运动的核心力量。

返回印度，展开非暴力斗争

1920 年，甘地返回印度，带着一颗满怀理想和信念的心。印度当时处于英国的殖民统治下，人民痛苦不堪，且深受英国人的压迫。然而，甘地的方式却与常规的抗争迥然不同。他并没有拿起武器，而是带领人民进行大规模的非暴力抵抗，要求结束英国的统治。甘地的领导力，并非建立在强硬和暴力的基础上，而是在于他能够以极大的温柔和耐心，感染周围的人，激发他们内心对正义、自由和平等的渴望。

其中最著名的莫过于"盐税抗议"。在英国的统治下，印度人民被强制缴纳盐税，而盐是印度普通百姓日常生活的必需品。这一税收严重剥削了人民的生活。甘地看到了这一点，决定带领大家走上街头，走向海边，用行动来反抗这种不公。然而，他并没有号召暴力，而是号召人们用一种纯粹的、象征性的行为来表达抗议——在海边自己生产盐，违反英国的盐税法。

"如果我们不主动反抗不公，我们的沉默将是对压迫者的纵容。"甘地在一场公开演讲中如此说道。尽管英国殖民政府试图压制这场抗议，但甘地的非暴力抗议和他不屈的精神，激起了无数印度人民的共鸣。数以万计的印度人民跟随他走上街头，手中捧着白色的盐，象征着他们对自由与尊严的追求。这一场景成了全球争取自由与权利的标志之一，也成就了甘地的精神和理念。

非暴力的力量与深沉的柔软

甘地所倡导的"非暴力"理念，并不是无能的表现，相反，它是一种深沉的力量。甘地始终认为，暴力是解决不了根本问题的，反而只会带来更多的仇恨和破坏。他坚信，人类的心灵是最强大的力量，正是通过心灵的力量才能推动社会的变革。在那个动荡不安的年代，甘地以温柔和坚定的姿态，告诉世界：真正的力量，不在于征服对方，而在于征服内心的愤怒与仇恨，去创造一个和平、公正的社会。

有一次，甘地在一次会议上对他的追随者说："我们所追求的独立，不能仅仅是摆脱外国殖民的统治，更重要的是要获得内心的独立。我们每个人都要做到内心的自由和对他人的宽容，这样我们才能真正地获得民族的自由。"

甘地的这些话，深深影响了那些追随他的人们。他们开始反思自己心中的仇恨与不公，开始意识到，唯有温柔与非暴力的力量，才能真正改变自己和周围的世界。

最后的胜利：真正的独立

甘地的温和并没有让他软弱，相反，却给了他无与伦比的力量。1930年，印度通过非暴力抗争最终获得了独立。甘地的非暴力理念不仅改变了印度，还影响了世界的许多国家和领袖。马丁·路德·金曾说："甘地的非暴力抗争为我提供了一个全新的思想框架，让我明白了改变社会和自我，应该通过爱与宽容，而非愤怒与仇恨。"

甘地的故事告诉我们，真正的力量并不是外在的强硬，而是在内心的深处找到一种柔软的力量，能够超越一切痛苦和困难。在强硬与变化的时代中，保持温柔，并非放弃自己的立场，而是能够坚定地、从容地去面对每一次挑战，去改变每一个不公，而不会因此迷失自己。只有通过这种方式，我们才能真正影响他人、改变世界。

四、林志玲：从"台湾第一名模"到"温柔力量的使者"

林志玲是许多人心中的"温柔女神"，她的温柔、优雅和甜美形象几乎成了公众给她贴上的标签。然而，鲜有人知道，林志玲的成功并不仅仅来自她的外表或是她那柔和的气质，更重要的是她在背后付出的坚持和努力，以及她如何在这个竞争激烈的娱乐圈中，保持了自己独特的温柔和力量。

林志玲的成名之路，几乎可以说是一条充满挑战与变数的路。她原本是一个普通的女孩，出生于台湾的一个知识分子家庭。她的父母希望她成为一名医生或者律师，但林志玲却有着自己的梦想。她对模特的工作充满兴趣，于是，她决定放下学业，勇敢追寻自己的理想。

初入娱乐圈时，林志玲并不是所有人眼中的最佳人选。她的身高和外形优势虽然明显，但在追求性感和张扬的娱乐圈，她的气质似乎过于轻柔。许多导演和制片人认为她的外表太过纤弱，没有足够的气场去应对娱乐圈的残酷竞争。

但林志玲并没有因此放弃，相反，她选择了不断磨砺自己。她通过不懈的努力提升自己的演技和表现力，不断寻找机会，逐渐从一个新人走进了公众的视野。她凭借着一股柔和的韧性，逐步站稳了脚跟。

正当她的事业迎来转机时，一次意外的事故改变了她的命运。在一次拍摄活动中，林志玲突然摔倒，导致了她的脊椎受伤。这个事件对于任何人来说，都是一次巨大的打击，尤其对一名依赖身体和外貌的艺人而言。然而，林志玲并没有因此一蹶不振，反而通过这一过程，开始思考自己的人生与事业。

她曾在采访中说道："这次受伤让我明白，真正的美，不仅仅是外表的光鲜亮丽，更多的是内在的坚韧和温暖。从那时起，我开始更加关注自己的内心，寻找更多的力量。"这番话的背后，折射出的是林志玲对自身深刻的理解与反思。她知道，娱乐圈中充满了快速淘汰和变换，只有保持平和的心态和坚持自我的信念，才能真正脱颖而出。因此，在康复期间，林志玲不仅加强了体能训练，还开始接受心理辅导，重新调整自己的心态。她意识到，虽然自己身处娱乐圈这个浮躁、快节奏的行业，但如果过于迎合外界的眼光，忽略了自己真正想要的东西，那么最终的结果只会是空虚和疲惫。

林志玲的故事，不仅仅是一个从平凡到成功的励志故事，更是一个关于如何在喧嚣与浮躁中坚持自我的故事。在她的职业生涯中，她从未迎合过过于浮夸和过度商业化的形象。她始终坚持自己内心的温柔与优雅，这也成就了她独特的魅力。

她在公众面前的形象，总是给人一种亲和力极强的感觉。无论是主持节目，还是参与影视作品，她似乎永远都保持着暖暖的善意。然而，大家却很少知道，林志玲不仅在工作上尽职尽责，还一直保持着对自我的要求。她在职业选择上非常谨慎，选择了那些她认为能让自己发挥最大潜能的作品，而不是一味追求高曝光率和流量。她的温柔和力量，恰恰就在于她能够在繁华的背后，保持内心的坚定与清醒。

有一次，她在接受采访时说道："娱乐圈虽然是一个竞争激烈的地方，但我觉得如果能在这个环境里坚持自己的原则，保持自己独立的思考，做自己真正想做的事情，那才是最有意义的。"她的这句话，体现了她对于成功的深刻理解。在她看来，真正的力量，不是去迎合大众的期待，而是保持内心的坚定和自我，敢于在众声喧哗中保持独立思考。

林志玲的温柔不仅仅体现在她的工作和形象中，她的个人魅力还表现在公益事业中。她长期致力于慈善工作，尤其关注弱势群体和儿童福利。她利用自己的知名度，积极参与各类公益活动，帮助需要帮助的人。她所做的每一份公益，都是她内心温柔的延伸。

更重要的是，她通过实际行动向社会传递了一种温柔的力量：温柔不仅仅是一种外在的表现，它同样可以是一种力量，能改变他人、改变社会。她的每一份爱心，每一分努力，都在默默影响着身边的人，带动着更多人去关注和帮助他人。

林志玲的故事告诉我们，真正的力量，并不需要通过过分的张扬或过度的强硬来表达。她的温柔与坚韧，正是她在娱乐圈中保持独立并赢得大众喜爱的原因。她不迎合，不做作，始终坚持自己的原则。她的温柔，既是她的外在标签，又是她内心强大的无形力量。正是这份力量，让她在复杂的名利圈，独立、坚强、优雅地走向更广阔的未来。

五、温柔在冲突解决中的应用

冲突是社会生活中普遍存在的现象。我们从小就被教导如何在冲突中取胜、如何捍卫自己的立场，直到长大后，我们才逐渐意识到，许多时候胜利并不是解决问题的真正方式。尤其在情感、信任和关系的维系中，强硬的立场往往只会加剧矛盾，令双方疏远。而温柔，这种看似柔软的品质，实际上在冲突解决中具有难以忽视的力量。它不仅仅是一种行为的表现，更是一种深刻的内心力量，能够改变冲突的本质，推动关系走向和解。

冲突中的隐性战场：内心的冲突

大多数冲突看似是外部的对抗，实际上，背后隐藏的是每个人内心的冲突。无论是工作中的意见分歧，还是家庭中的争执，真正的冲突往往源于情感的波动和内心的不安。当两个人在冲突中对立时，实际上每个人都在与自己内心的不安做斗争。

我曾经接待过一位客户，她在婚姻中的冲突愈演愈烈，每一次与丈夫的争执都以彼此的指责和愤怒告终。然而，经过几次深入的对话，我逐渐发现她的愤怒并非只是针对丈夫的行为，而是源于她内心的无力感与不被理解的痛苦。她的丈夫，并非刻意要伤害她，而是在表达自己的需求时缺乏敏感度和沟通技巧，最终演变成了彼此无法理解的对抗。

当我们面对这种冲突时，我们不仅需要解决表面的分歧，还需要看到深层次的内心不安与需求。温柔，正应在此刻展现出它的力量。它不是对问题的回避，而是通过对内心的温柔处理，去理解自己与对方的真实需求，从而打破冲突的恶性循环。

温柔的真正含义：接纳与耐心的力量

温柔在冲突中的应用，首先要求我们学会宽容。不仅是对他人行为的宽容，还是对自身情感的宽容。在面对冲突时，我们常常沉浸在自己的情绪中，认为自己无所畏惧，始终站在"理性"一方。殊不知，这样的"理性"往往带有情绪的扭曲。温柔的力量，恰恰在于它能够帮助我们看见自己和他人的脆弱与不足，从而为冲突的解决创造一个更宽容的空间。

比如，在职场中，领导与下属之间的意见冲突往往伴随着权力的博弈。当领导能够从内心接纳下属的不满与建议，而不仅仅是用上级的权威去压制下属时，这种温柔的态度反而能增强下属的信任感与归属感。相反，如果领导的态度过于强硬，单纯依赖权力和规则去解决问题，虽然表面上看似达到了权威的巩固，却可能加剧了团队的疏离感和不信任，最终影响工作效率与团队凝聚力。

温柔，也正是通过这种包容与耐心，细致入微地聆听对方的心声，在最具冲突性的时刻，用一种温和的方式去引导情感的发泄与调整。这种方式看似软弱，实则是一种非暴力的智慧。

冲突中的温柔：重新定义"赢"

在许多冲突中，双方都设定了一个"胜利"的标准，这个标准往往是"自己能占据上风"。然而，这种胜利标准是狭隘的，忽视了长期关系的平衡与未来的合作机会。在温柔的视角下，冲突的解决不是谁对谁错，而是如何通过共情与理解，找到一个双方都能接受的平衡点。

曾经有个朋友在和母亲发生争执后，向我诉说她的困惑。她的母亲总是过度干涉她的私人生活，而她自己又总是无法拒绝母亲的要求。每次沟通，她和母亲总是陷入一种恶性循环：母亲因不被理解而愤怒，她因母亲的过度干预而感到无力。她问我："我该怎么做才能让她明白我的立场？我需要让她看到我自己的需要！"

我的回答是："你要先让自己明白你的立场。你不是在与母亲争斗，而是在与自己的恐惧和不安对话。你要明确自己在这段关系中的界限，并且温柔地表达这些界限。"

温柔并不是不表达，而是通过细腻的语言与耐心去帮助对方理解你内心的需求。这种"温柔的对抗"常常比直接的冲突更加有效，因为它既不会破坏关系，又能够让对方感受到你的真实想法和情感，进而改变彼此的互动模式。

强硬与温柔的平衡

温柔并非强硬的对立面，而是应对冲突时的一种力量。在冲突的解决中，我们需要从心出发，通过接纳和理解，避免将对方视作敌人，看到其背后的情感与需求。强硬的外表下，温柔的内心能够帮助我们在纷繁复杂的冲突中找到一条更长远、更智慧的解决之道。

当我们放下冲突中的固守立场与攻击性，我们就会发现，温柔不是放弃自己，而是在保持自我的同时，展现出更多的包容与理解。它让我们在冲突中不仅仅看到对立，更能看到可能的和解与共赢。温柔的真正力量，来源于内心的强大。当我们在冲突中以温柔的姿态应对，我们不仅能够解决眼前的问题，还能够通过这一过程，增强自己与他人之间的理解与信任，最终将每一次冲突转化为一次建设性的对话和一次成长的机会。在这个充满变化与挑战的世界中，温柔的力量，正是我们解决冲突、重建关系、走向未来的智慧钥匙。

第十章　共情的艺术：
站在他人的角度看世界

共情，是了解他人内心最温柔的方式。

—— 卡尔·罗杰斯

一、奥巴马从平凡到非凡的梦想之路

提到共情，就不得不提美国第 44 任总统巴拉克·奥巴马，他以其深思熟虑的领导风格和卓越的共情能力而闻名。作为美国历史上首位非洲裔总统，他在任内多次面对复杂的种族问题和社会分裂，却始终通过共情与倾听的方式处理政治与社会冲突，并推动变革。

2014 年 8 月 9 日，美国密苏里州费格森市发生了一起引起全国关注的事件——18 岁的非洲裔青年迈克尔·布朗在与警察的冲突中被射杀。布朗的死亡引发了全美范围的大规模抗议，抗议者声讨警察暴力和种族不公，要求为布朗讨回公道。与此同时，这一事件将美国长期存在的种族歧视和警察暴力问题再次推向公众视野。

这一事件不仅在美国引起了广泛的抗议与讨论，还激起了深刻的社会裂痕。奥巴马总统作为当时的领导人，面临着如何回应这一事件的挑战。在这场社会冲突中，奥巴马的共情能力和领导风格表现得尤为突出。

在事件发生后的几天，奥巴马通过新闻发布会公开发表了自己的看法。他表示，尽管他并不完全了解布朗事件的细节，但他能够理解黑人社区对警方暴力和种族歧视的深切恐惧和愤怒。他指出："我可以理解为什么很多美国人，尤其是非洲裔美国人，对警方的行动感到不安和愤怒。种族问题在美国是一个存在多年的问题，我们不能忽视。"

奥巴马在回应中并没有仅仅从政策层面进行讲话，他还分享了自己作为一个非洲裔美国人，身处社会中的种族身份所带来的感受。他回忆道，自己年轻时也曾经历过类似的情况——被警方因肤色而怀疑的经历。这种个人化的情感分享让他的言辞更加真实有力，让更多的人能够感同身受。

除了表明自己对事件的同情和理解，奥巴马还呼吁各方保持冷静，避免过度暴力与仇恨的蔓延。他强调，解决种族问题需要时间和对话，政府和社会各界应当通过理性和建设性的对话来推动变革，而不是通过暴力与对立。

在奥巴马的领导下，美国政府没有停留在言辞上的表达，更是采取了实际行动。在此事件后，奥巴马推出了一系列旨在改进警察执法和加强警察与社区之间沟通的政策，特别是关于"警察体面执法"的项目。他还提出了"体面执法基金"，该项目旨在促进警察使用身体摄像头，以提高透明度，减少冲突。

奥巴马不只是通过演讲回应社会事件，他的共情还体现在他推动实际社会变革的决策中。

奥巴马政府成立了"警察与社区关系工作组"，旨在促进警察与社区之间的信任与合作。这个工作组的成员包括来自不同领域的专家，他们集思广益，提出了一系列改革建议，旨在减少警察暴力，并提升警察部门的透明度与责任感。

奥巴马也对美国社会的种族不平等问题进行了深入的思考和回应。奥巴马在多次公开演讲中强调，解决种族不平等不仅仅是改善警察与少数族裔的关系，更需要从教育、就业、住房等各个方面进行社会结构性的改革。他推动了包括教育改革、扩大少数族裔在就业市场的机会等一系列政策，旨在从根本上改善少数族裔群体的社会地位。

奥巴马通过共情能力把自己与广大民众，尤其将黑人社区的痛苦和需求紧密联系在一起。他能够从民众的角度出发，表达他们的情感和诉求，同时又不失冷静与理性，避免激化社会矛盾。在面对这个历史性的种族冲突时，奥巴马没有选择站在高高在上的位置做出冷漠的决策，而是以一种充满共情与理解的方式回应了美国人民的痛苦，推动了社会的改进。

通过他的努力，尽管无法立刻解决所有问题，但他向全国乃至全球展示了一个领导者如何通过共情去触及社会深层次的问题，如何在极端冲突和挑战面前，采取一种平和、建设性且富有同理心的回应方式。这种通过理解他人痛苦和恐惧来推动社会变革的领导力，为未来的政治家和社会活动家提供了重要的榜样。

奥巴马的回应不仅仅是一次政治演讲，更是一种深刻的共情实践。他通过感同身受的语言、真诚的个人分享及政策上的实际行动，促进了对话与理解，推动了社会变革。奥巴马的温柔领导力展示了共情在应对复杂社会问题时，如何才能成为一种有效的力量。

二、心灵钥匙：艾瑟·托马斯与罗伯特·米尔斯的故事

在心理学的世界里，有一个被许多人称作"心灵钥匙"的概念，那就是——共情。共情，不仅仅是理解他人的感受，更多的是能够站在对方的立场上，感同身受。今天的故事就源自两个心理学家艾瑟·托马斯和罗伯特·米尔斯的一个实验，他们通过一项非常简单却深刻的实验，揭示了共情如何改变我们做道德决策的方式。

故事的起点

在一个普通的心理学研究室，托马斯和米尔斯坐在一张圆桌旁，讨论着一个问题——共情。他们意识到，虽然共情在情感交流中起着无可替代的作用，但它如何影响我们做出道德决策，却从未得到过足够的关注。他们想知道，在面对困难抉择时，我们是否真的能够通过感知他人的痛苦与需求，做出更加"善良"的选择？

于是，他们决定设计一项实验，来解开这个谜团。

实验的设计

托马斯和米尔斯邀请了一些参与者，给他们设置了一个道德困境的情境——一名学生因为家庭经济困难，面临着辍学的风险。学生希望得到帮助，但他面临的选择让他陷入了两难：一方面，他不想要求别人帮忙；另一方面，如果没有帮助，他将无法继续学业。这个情境似乎对每个人来说都不陌生，因为我们都曾在某个时刻，处于这种两难的选择之中。

然而，托马斯和米尔斯并没有直接让参与者选择是否帮助这个学生。他们知道，要让参与者做出有道德感的决定，必须首先激发他们的共情能力。于是，他们设计了一个特殊的环节——情感共鸣。

共情的激发

每个参与者被要求听一段录音，录音里传来这名学生的声音——他低沉而焦虑的语气中，透露着无奈与困惑。随后，研究者给参与者展示了学生的生活环境，贫困的家庭、破旧的房间及学生渴望改变命运的眼神。这一切都在潜移默化地触动参与者的情感神经，让他们开始感受到这个学生的困境。

托马斯和米尔斯明白，只有当参与者能够真正感同身受，站在学生的角度看问题时，他们才会做出更具同理心的决策。因此，他们给了每个参与者充足的时间去"体验"这名学生的生活，而不是单纯地让他们做出选择。

道德决策的时刻

当所有的共情环节完成后，托马斯和米尔斯才让参与者做出决定。参与者们面临的选择：是否愿意为这名学生提供帮助，哪怕这意味着他们需要牺牲一些个人利益。部分参与者选择了帮助学生，虽然这对他们来说并不容易，甚至可能让他们感到不便。而另外一些人则选择了回避，认为自己无法在这种情况下伸出援手。

结果让托马斯和米尔斯感到震惊：那些在实验过程中表现出强烈共情反应的参与者，几乎都选择了帮助这名学生；而那些没有产生太多情感反应的人，则倾向于回避，做出了更加冷漠的选择。

心理学分析

托马斯和米尔斯的实验结果引发了他们对共情与道德决策之间关系的深入思考。通过这个实验，他们发现共情并非仅仅是对他人情感的理解，更是一种强大的力量，能够在我们做出决策时产生深远影响。

心理学上有一种理论叫作"情感推理"，它认为我们的道德决策并非完全依赖理性分析，更多时候，情感会影响我们的判断。在托马斯和米尔斯的实验中，共情显然发挥了这种作用。当参与者感受到他人困境时，他们的内心涌动着同情与关爱，这促使他们做出了有道德感的选择——选择帮助他人，而非冷漠回避。

托马斯和米尔斯的实验向我们证明了一个道理：共情不仅改变了我们与他

人的关系，还会深刻影响我们如何做出道德判断。当我们能够感同身受时，我们更有可能做出符合社会伦理和道德标准的选择，哪怕这些选择对我们来说并不轻松。

这个实验告诉我们，在面对他人困境时，我们每个人都有能力通过共情去理解他人的痛苦，从而做出更加善良和富有同情心的决策。也许，这正是人类社会变得更加美好和和谐的根本原因——我们通过共情，连接彼此，超越自我，推动社会向着更高的道德标准前行。

托马斯和米尔斯的实验虽然简单，却为我们揭示了深刻的心理学真理。共情不仅仅是人际关系的助推器，更是我们做出道德决策时的重要力量。在人情逐渐淡漠的社会环境下，用共情去理解他人，站在他人的角度看世界，或许是我们能做出的最重要的道德选择。

三、真实案例：用心聆听，温暖彼此

那是一个普通的星期五下午，我正在咖啡馆里喝着我的拿铁，专心于手中的书。突然，一阵压抑的哭声打破了周围的喧嚣。我抬起头，看见一个坐在角落的男人，他低着头，眼睛里充满了泪水。周围的人似乎没有注意到他，咖啡店的氛围照旧，温暖而喧闹。

我想忽视他，继续我的下午时光。只是，眼前这个男人的泪水像一根针一样，刺破了我的防线。我开始留意他的表情，注意到他那种极力隐藏情感的方式。他试图用手擦去泪水，却显得那么无力，仿佛有一种深深的痛苦被压抑着。

不知道为什么，我的心被触动了。我想起自己曾经也有过那种无法言喻的无助，仿佛世界对我关上了门，连一丝安慰都没有。那种感觉，不是愤怒，也不是沮丧，而是一种深深的孤独，仿佛没有人懂你。

"也许他只是需要有人倾听。"我心想。

于是，我走过去，轻轻地坐在他的对面。我没有说话，只是静静地坐着。我知道，如果他不想说话，我也不会强迫。但我可以给他一个空间，一个让他感到不那么孤单的空间。

他抬起头，看到我坐在他面前，眼神中闪过一丝惊讶，然后又迅速低下了头。我没有急于开口，只是保持着安静的目光，让他知道我在这里。

几分钟后，他终于开口了，声音沙哑："我不知道为什么，突然就控制不住了。"

"有什么事吗？"我轻声问。

他缓缓讲起了他的故事："公司破产了，孩子刚出生，可是我的父亲却走了，和家人关系越来越疏远，感觉自己被所有人抛弃了。"他停顿了一下，眼中充满了无奈，"我好像连自己的生活都无法掌控。"

我听着，心里泛起一阵酸涩。我没有打断他，也没有试图给出任何建议，只是让他继续说下去。有时候，他们最需要的不是解决问题，而是有人能理解他的痛苦，和他在一起。

他说完后，我们都保持着沉默。我没有急于找出答案或者试图说些什么安慰的话，只是在他对面静静地坐着。也是在那一刻，我明白了共情的真正意义。共情不仅是理解对方的感受，还是在对方需要的时候，给予他们一个空间，让他们的苦楚有个表达的出口，同时让他们感受到外界的善意。

最终，他抬起头，眼中不再只有泪水，而是带着一丝释然。他勉强一笑："谢谢你听我说这些话。真的很久没有人这么静静地听我说过话了。"

当我们真正共情时，我们不仅仅是给予对方安慰，更是通过理解他们的痛苦与喜悦，让彼此的心灵得到共鸣。共情让我们不再只是旁观者，而是与他人并肩同行的伙伴。在这种连接中，我们彼此给予支持，创造出一种温柔而强大的力量，帮助彼此走出困境、找到希望。

有时候，世界上最需要的，不是巧妙的建议，而是一颗愿意理解和陪伴的心。共情让我们感受到自己并不孤单，也让我们有力量去温暖他人。它不要求我们改变对方，而是让我们在彼此的生命里留下温暖和理解的印记，哪怕只是片刻。在这片广阔的世界中，每个人都有自己独特的故事，共情正是我们理解他人、创造和谐关系的桥梁。让我们在每一次相遇中，带着温柔与理解，去触动心灵，陪伴成长。

四、共情的练习步骤

1.选择一个练习伙伴。信任的朋友、同事或家人进行练习，确保你们能在没有打扰的环境中进行沟通。

2.开始对话。让对方谈论一个他们最近经历的情感事件或困境。可以是工作上的压力、生活中的挑战或是任何让他们感到不安、悲伤或兴奋的事情。尽量让对方自由表达，而不是打断或提出解决方案。

3. 倾听与观察。在对方讲话时，除了听他们说的话，还要注意他们的非语言信号，如面部表情、语气、肢体语言等。这些细节能帮助你更好地理解他们的情感状态。

4. 用共情回应。当对方分享完后，你可以通过以下方式回应：

（1）情感反应。表达你对对方感受的理解。例如，"听起来你最近真的很累，面对这些挑战一定让你感到很沮丧"。

（2）反思与确认。总结对方的感受，确认自己理解了他们的情绪。例如，"你是说，尽管工作压力很大，但你依然试图保持冷静并解决问题，对吗？"

（3）避免评价与解决。不要急于给出解决方案，也不要评价对方的感受。共情的重点在于理解，而不是改变或解决问题。

5. 确认与反馈。鼓励对方继续表达，并在对话过程中给予积极反馈。你可以使用一些简短的语言，表示你在听，并且理解他们的感受，例如，"我明白你的感受""我能想象这对你有多困难"。

6. 总结反思。在练习结束后，花几分钟思考：

（1）你在这次练习中学到了什么？

（2）你是如何感受到与对方情感的连接的？

（3）你是否能在不急于提供解决方案的情况下理解对方的情感？

通过这项练习，你将能够在日常交流中更好地理解他人的情感，并用更加温和、共情的方式回应。这不仅能增进你与他人之间的信任，还有助于在团队合作、亲密关系中建立更深的情感联系。

第十一章 温柔的界限：如何在关爱中自我保护

一、最珍贵的情感纽带

在我们日常的互动中，我们常常听到"关爱他人""做个温柔的人"这样的呼声。温柔与关爱，是人际关系中最为珍贵的情感纽带，它们使我们感受到人与人之间的温暖与支持。无论是在亲密关系、友情，还是家庭中，温柔与关爱似乎成了每个健康关系的基础。然而，这种"为他人付出"的美好理想，常常会在实践中变得复杂，甚至带来自我迷失。尤其在关系中，我们容易因为过于关注他人的需求而忽略自己的感受，从而陷入情感的困境。

温柔与关爱的核心：理解与支持

我们必须理解，温柔与关爱并非盲目的付出，它们本质上是一种理解和支持。温柔不仅仅是温暖的言辞，更是理解他人情感的敏感度，是站在他人的角度感受他的困境和需求。它是一种细腻的关注，能够在别人脆弱时伸出援手，在别人伤痛时给予安慰。

关爱则更多的是一种行动上的表现。它不仅仅是对他人情感的回应，更是为他人创造幸福的实际行动。关爱可能是一次深情的拥抱，是在别人忙碌时送上一杯温暖的茶，或者是在他人难过时耐心倾听。关爱的意义，不仅仅在于行动本身，更在于它能够让对方感受到被接纳、被理解，感受到彼此之间无形的纽带。

然而，这种温柔与关爱，往往会在我们过度投入时失去平衡。我们可能会为了他人的情感而忽略自己的需求，甚至在情感的旋涡中迷失自己。这时，界限与自我保护的概念便显得尤为重要。

界限：保护自我，不是自私

界限是我们与他人之间的一道隐形的线。它代表了我们对自己的尊重，帮助我们在给予他人关爱时，保护自己的情感和心理健康。界限并非意味着拒绝他人，而是意味着在尊重他人的同时，也要尊重自己。它教导我们如何在别人的需求面前，做出理性的选择，而不是盲目地被牵动。

当我们没有清晰的界限时，很容易变得过度妥协，总是试图迎合他人，最终让自己在情感上耗尽。当他人的需求开始成为我们唯一的焦点时，我们的情感与心理承受力就开始崩塌。建立界限，不是为了排斥别人，而是为了更好地保护自己，让我们能够在健康的关系中保有自我。

自我保护：学会说"不"

自我保护的核心，不是为了拒绝他人的需求，而是为了保留自己的内心空间。我们在关系中必须学会如何拒绝、如何在需要的时候说"不"，而不是一直迎合他人。说"不"并不代表冷漠或者自私，它是一种成熟的情感管理方式，是对自己和他人负责的表现。只有保护好自己的情感界限，我们才能为他人提供更有质量的关爱。

自我保护并不意味着忽视他人需求，而是理性地分析自己的承受能力，并根据实际情况做出合适的回应。例如，在亲密关系中，我们可能会遇到伴侣的需求和自己需求的冲突。这时，如果我们过于委屈自己，总是满足对方的要求，而忽略了自身的感受，最终可能会导致内心的疲惫和冲突。反之，适当的自我保护，可以让我们在关系中保持平衡，不会在过度消耗中迷失自己。

关爱与自我保护的平衡：温柔与坚守

如何在关爱他人和保护自己之间找到平衡？这需要我们在每一段关系中，学会识别自己的感受，理解自己在每一时刻的真实需求。在关爱他人的同时，我们也要时刻关注自己的情感和心理状况。在提供帮助和支持时，我们可以温柔地表达自己的感受，并设定必要的界限。只有如此，我们才能在保护自己内心的同时，更好地关爱他人。

有时，温柔并不代表完全的妥协与放任，而是能够在情感的流动中保持清晰的判断，知道什么时候该坚守自己的底线，什么时候该为他人"让步"。真正的温柔，来自对自己和他人都负责任的态度，是一种在复杂的情感世界中始终保持自我的智慧。

健康的关系从自我保护开始

温柔、关爱、界限与自我保护，这四者是相辅相成的。在人际关系中，关爱和温柔是建立深厚联系的基础，而界限和自我保护则是确保我们在这段关系中不迷失自我的守护者。通过合理设立界限，保持自我保护，我们不仅能够维持心理健康，还能在关系中提供更具质量的支持与爱。健康的关系并不是建立在无底线的付出之上，而是在关爱他人的同时，尊重自己的情感需要。在这个过程中，我们不仅是他人的支撑，还是自己的守护者。只有在平衡的关系中，温柔才会变得更加深远和持久，关爱才会更加有意义。

二、TED 的宝藏：布琳·布朗《脆弱的力量》

布琳·布朗是一位广受尊敬的心理学家，专注于脆弱性、羞耻、勇气和同情心等领域的研究。她提出的"脆弱并不意味着没有界限"这一观点，深刻地改变了我们对脆弱的理解。她强调，在展现脆弱时，设定健康的界限至关重要。

布琳·布朗的研究最初集中在羞耻和脆弱性上，但她的真正启示来自个人的亲身经历。在她的职业生涯中，有一次特别的经历让她意识到脆弱与界限之间的紧密关系。当时，她正在准备一场重要的演讲，需要分享自己深入的研究和个人故事。然而，就在演讲前夕，布琳·布朗感到一种从未有过的恐惧与不安。

当时，布琳·布朗的内心被两股力量拉扯得左右为难。一方面，她对自己坚实的学术背景和专业知识感到自豪，而对演讲的恐惧会让她的脆弱暴露无遗；另一方面，她习惯性地以理性和专业的面具面对世界，尽力避免展示任何情感上的脆弱。在这股强烈的内心冲突中，她突然意识到，脆弱并不等于放弃专业性，而是在自己感到安全的领域内，能够勇敢地展现真实的自我，接纳自己的不完美，并愿意接受他人的理解与支持。

为了更好地接纳自己的脆弱，布琳·布朗开始设立内心的界限。她知道，自己需要足够的时间来准备演讲，同时也需要在展现脆弱之后，给自己留出足够的时间来恢复与休息。通过设立这些界限，她能够保护自己免受外界过多压力的干扰，并且仍然能够真诚地分享自己的故事和研究成果。

　　布琳·布朗在事业上的发展，尤其在公开演讲和写作时，她始终坚持一个原则——设立界限以保护自己在脆弱中的成长。在她的 TED 演讲中，她讲述了自己首次体验脆弱的心路历程。这次演讲一经发布，迅速引起了广泛关注。然而，随之而来的大量反馈和评论让她感受到情感上的压力。

　　最初，布琳·布朗试图回应每一条评论与建议，期待与每个人建立联系。但她很快意识到，这样的回应让她感到焦虑和疲惫，严重影响了她的心理健康。于是，她开始为自己设立更加明确的界限，她决定只回应那些能够带来建设性反馈和温暖的评论，对于批评或无意义的言论则选择忽视。与此同时，她也设定了每天浏览和回应社交媒体的时间，确保其他时间专注于家庭和个人生活。布琳·布朗的做法表明，脆弱和分享自己并不意味着接受所有外界的评价与压力。通过设立界限，她保护了自己的情感空间，从而在公众生活中保持健康和稳定。

　　在个人生活方面，布琳·布朗同样面临着脆弱与界限的挑战，尤其在亲密关系中。作为一名长期从事脆弱性研究的心理学家，她常常会陷入一个两难境地：如何在自己的生活中展现脆弱性，同时避免情感上的过度消耗。她发现，在某些亲密关系中，保持脆弱是建立情感连接的关键，但这并不意味着需要暴露自己所有的情绪，尤其在冲突或压力较大的时候。

　　布琳·布朗与丈夫的关系是她探索脆弱与界限平衡的一个典型例子。她与丈夫曾经历过几次深入的沟通与冲突。在这些过程中，布琳·布朗学会了如何在脆弱与界限之间找到平衡。有一次，她与丈夫坦诚地讨论了自己感到疲惫和缺乏空间的感受，并明确表示：她需要更多的私人时间来恢复与充电。通过对话，她与丈夫在关系中设立了新的界限，确保她能够在婚姻中保持情感的开放性，同时保护自己的独立性。

　　作为母亲，布琳·布朗也面临着类似的挑战。在忙碌的工作、社会活动和家庭责任之间，她常常需要权衡和调整自己的角色。有一次，她的儿子向她表达了对她过于繁忙带给生活的困惑。在那一刻，布琳·布朗意识到，尽管她热爱事业，但她也需要在母亲的角色中设定界限，给孩子更多的时间与关注。她明白，人不可能做到每个方面都"完美"，因此，她选择在重要的家庭时刻，放下工作，专心与家人建立联系。而在工作时，她也设立了明确的界限，避免家庭事务的干扰，全身心投入学术与事业。

布琳·布朗通过自己在事业、家庭和个人生活中的经历，深入探讨了脆弱与界限之间的关系。她的研究和实践表明，脆弱并不是无条件地暴露自我，而是在设定健康界限的前提下，展现最真实的自己。她认为，脆弱是人类最深刻的连接源泉，但这并不意味着放弃保护自己的需求。只有在设定了明确的界限之后，我们才能在脆弱中找到力量，在真实中获得成长。

三、学会说"不"：让界限成为力量

秦柔（化名）是我的一位来访者，她是那种典型的"利他选手"。她总是尽力在工作中做到尽善尽美，努力满足家人、朋友、同事的需求。即使面对他人的压力，她也很难说"不"，总是把自己的需要放在别人之后，习惯性地在别人面前展示自己最好的一面。无论是繁忙的工作，还是和朋友的聚会，甚至是家里的琐事，秦柔总是"忙得不可开交"。她总觉得，只有这样，她才能得到别人更多的认可和爱。但随着时间的推移，她逐渐感到这种无休止的迎合和压榨，正在悄悄吞噬她的生活。

有一次，在经历了一个长期紧张的项目后，秦柔突然感到一阵极度的疲惫。这不仅仅是身体上的疲劳，更多的是一种深深的心理上的空虚和无力感。她开始反思：自己到底是在为别人而活，还是在为自己而活？这种无形的责任感和持续的压力，让她感到喘不过气来，却又不知道该如何改变。

在刷手机的间隙中，她偶然读到了心理学家阿德勒的一些观点。他认为，每个人在社会生活中都会采取一些防御机制来减轻外界的压力与干扰，其中设定健康的界限，便是一种非常有效的方式。阿德勒认为，个体需要意识到自己的心理需求，通过设立界限来保护自己的情感与心理健康。

秦柔第一次被这些理论深深触动，她开始认真思考：自己的生活中，界限在哪里呢？她渐渐意识到，自己一直在无意识地跨越自己的界限。她总是不敢拒绝别人，甚至把他人的需求看得比自己的更重，常常因此感到内疚。她突然明白，自己从未为自己设定过"心理边界"。正是这种过度的迎合和妥协，让

她的情感变得空虚，甚至影响到了她的身心健康。

一个周五的晚上，秦柔接到了一个老朋友的电话。她的朋友邀请她参加周末的聚会，虽然她感到筋疲力尽，但她本能地想要答应。就在她准备开口时，突然，一个声音在她心里响起："不必总是迎合别人，我也需要时间休息，不需要满足每个人的期望。"

她鼓起勇气，给朋友回了电话："谢谢你的邀请，但我真的需要休息，可能这次不能参加聚会了。"电话那头的朋友稍做停顿，然后理解地表示没关系。挂掉电话后，秦柔的内心感到一种久违的轻松感。

那一刻，她意识到，设定界限并不意味着自私，而是为了能够更好地生活、工作和关爱他人。通过设定清晰的界限，她感觉自己能够更专注于自己的需求，不再担心失去他人的认同。

当然，设定界限并非易事，尤其当我们面对亲近的人时，这种"拒绝"的感觉常常让我们心生不安。秦柔也不例外。一次，她的母亲打电话来，希望她能陪伴自己去医院做检查。那时，秦柔正忙于一个紧急的项目，根本没有时间照顾母亲。她感到有些犹豫：如果拒绝母亲，是否会让她失望？但是，她很清楚，如果一味迎合，自己不但无法完成工作，甚至可能会面临被辞退。

这时，她再次回想起阿德勒的理论："设定界限是为了保护自己，让自己有足够的能量去完成更重要的事。"这一次，她决定站稳自己的立场，给母亲打电话："妈妈，我这几天工作很忙，不能陪你去医院，但我可以帮你预约一个合适的时间。"母亲虽然有些失望，但理解了她的处境。

通过这次经历，秦柔逐渐学会了如何在日常生活中设定界限，保护自己的心理空间。在工作中，她开始学会合理安排自己的时间，拒绝那些不合理的工作要求；在家庭中，她开始为自己争取更多的私人时间，照顾自己的身体和情感需求；在社交中，她不再感到需要过度迎合他人，而是选择那些让自己感到舒适和愉悦的活动。

秦柔的转变，远不止于行为上的改变，更多的是一种心态上的升华。她不再强迫自己在每个场合都展现完美的形象，而是学会接纳自己的脆弱和不完美。通过设定界限，她找回了内心的平静和力量，变得更加懂得自我保护。设定界限并不意味着冷漠或疏远他人，而是为自己创造一个健康的情感保护屏障。它帮助我们在压力重重的社会中，保持个人的空间不被过度打扰。真正的自我保护，不是拒绝一切，而是通过温柔而坚定的界限，照顾好自己，只有这样才能更好地为他人付出。

四、健康界限的行动清单

设定健康界限是保护自己、增进人际关系和保持心理健康的关键。以下是一个实践性的健康界限行动清单，帮助你在日常生活中更加清晰地设定和维护自己的界限。

识别你的需求与感受

问自己。我的身体、情感和心理状态现在如何？我需要休息、安静的时间，还是社交活动？

定期反思。每周花一些时间自我反思，感受自己最近的情绪变化，识别是否有过度付出或情感消耗的情况。

明确"说不"的权利

练习拒绝。给自己一些情景练习，模拟如何在不同情况下说"不"，从小事开始。比如，拒绝额外的工作任务或不愿意参加的聚会。

使用委婉但坚定的语气。例如，"感谢你的邀请，但我这段时间需要专注于自己的健康／休息。"这样既能表达尊重，又能坚持自己的界限。

设定工作和休息的时间界限

限定工作时间。确定每天工作的结束时间，并尽量不超时。避免因工作过度而影响健康和家庭生活。

每周"无工作日"。安排至少一天的完全休息时间，不处理工作事务，专注于自己的兴趣和放松。

尊重自己的情感需求

识别情感界限。明确自己能承受的情感压力。比如，在友谊或亲密关系中，避免无休止的情感倾诉或承担别人过多的情感负担。

主动表达感受。当你觉得别人侵犯了你的情感界限时，及时而温和地表达出来。例如，"我现在需要一些时间安静，等我准备好了再继续谈"。

管理社交活动的参与度

选择性参与。评估每一个社交邀请，问自己："这次活动对我来说有意义吗？我能从中获得愉悦，还是感到压力？"

安排休息时间。在社交活动和私人时间之间找到平衡。确保自己有足够的时间独处，以便恢复能量。

保持身体与心理健康的界限

定期运动。每周安排适量的运动，帮助减轻压力和保持身体健康。通过锻炼，增强自我保护的能力。

心理健康日。定期为自己安排"心理健康日"，专注于冥想、阅读或其他能帮助你放松的活动。

设定家庭关系的界限

尊重个人空间。在家庭中，设定清晰的个人空间边界，确保自己有私人时间和空间来恢复和调整。

有效沟通。与家人讨论你的需求，设立清晰的界限。例如，告诉家人你需要某段时间集中精力工作，或者需要一个安静的晚上来放松。

学会优先排序

区分"必须做"和"希望做"的事情。每天列出待办事项，将最紧急、最重要的任务优先完成，避免让琐事占据你的时间。

学会放下不必要的任务。识别哪些任务是自己能够放手的，学会把不必要的压力留给别人。

培养自我关爱的习惯

定期休息。每天为自己安排短暂的休息时间，哪怕只是几分钟的深呼吸或小憩。

做自己喜欢的事。找到那些能让你感到愉悦的活动，并将它们作为定期的"疗愈"时刻，例如，阅读、听音乐或绘画。

评估和调整界限

定期检查界限。每隔一段时间，回顾自己的界限设定情况。是否仍然有效？是否有需要调整的地方？

灵活调整。随着生活和工作节奏的变化，适时调整界限。例如，某个阶段可能需要更严格的工作界限，而在另一个阶段，你可以放宽社交界限。

设定健康的界限是一项持续的练习，它不仅能帮助你更好地保护自己，还能让你在关爱他人时保持内心的平衡。通过这份清单，逐步建立起适合自己的界限，你将能够在充满挑战的生活中保持心理健康，充实且有力量地走向未来。

第十二章 如何在洪流的愤怒中找到温柔的宁静

> 愤怒是一种毒药，它会在你身体中流动，直到你不再能够控制自己。
>
> —— 马哈蒂尔·穆罕默德

愤怒，这种情绪虽然普遍存在，却常常被认为是一种负面的冲动，甚至是不可控制的暴力释放。实际上，愤怒是一种自我保护机制，它源于我们对某种不公平、侵犯或压力的反应。当我们感到自己的需求、价值或边界被挑战时，愤怒便在内心涌现。然而，愤怒本身并不是坏的情绪——它的力量能让我们意识到不公正、捍卫个人空间，甚至激励我们改变不合理的状况。问题在于，愤怒的表达方式和处理方式。如果我们不能有效管理愤怒，或者以极端的方式表达它，愤怒就会转化为伤害自己的武器，影响身体健康、人际关系，甚至人生的整体质量。

一、马来西亚的"政治巨人"——马哈蒂尔·穆罕默德

马哈蒂尔·穆罕默德是马来西亚历史上最著名的政治人物之一，他的领导生涯充满波澜壮阔的挑战。在他担任总理期间，曾面临无数的政治斗争、经济危机和国际压力。然而，在这一路的高压中，马哈蒂尔凭借自己超凡的冷静和深思熟虑的策略，在愤怒和压力中找到了应对的方法。

马哈蒂尔·穆罕默德的政治生涯有着鲜明的个人风格，尤其在他长期担任

马来西亚总理期间，经济改革、社会发展及政治权力的集中化使他成了争议的中心。马哈蒂尔以强势的政治手腕著称，但这种风格也让他成为许多反对者的攻击目标。随着时代的变迁，尤其是 1997 年亚洲金融危机的爆发，他面临的内外压力不断增加。

1997 年，亚洲金融危机让许多东南亚国家的经济陷入困境，马来西亚也未能幸免。在这一时期，马哈蒂尔面临着国家经济的崩溃、民众的恐慌，以及国际社会对他政策的指责。许多国家的经济学家认为马来西亚应该接受国际货币基金组织（IMF）的援助计划，但马哈蒂尔坚决反对。他认为，IMF 的干预会让马来西亚失去自主权，导致更多的贫困和不平等。

在这一关键时刻，马哈蒂尔的愤怒情绪达到了顶点。他对国际货币基金组织的反应并不温和，公开表示 IMF 的干预将使国家付出巨大的代价。与此同时，他对国内的反对声音也充满了愤怒。许多政治对手批评他未能有效管理经济危机，甚至在国内外的演讲中直言不讳地抨击他。

然而，正是在这片愤怒的汹涌波涛中，马哈蒂尔选择了冷静应对。他意识到，愤怒与冲动的决策只会使情况更加糟糕。与其将愤怒发泄在对手和国际社会上，不如通过理性思考和果敢的决策来改变局势。随后，他采取了一系列独立的经济政策，不依赖于国际援助，避免了外部干涉。他采取固定汇率政策，将马来西亚令吉与美元挂钩，以此稳定货币市场。此外，他还实施了一系列的资本管制措施，限制资金外流，防止国家经济陷入更深的危机。

这些决定让他在国内外受到了极大的压力和非议，但马哈蒂尔坚持冷静处理，从未被愤怒和情绪左右。他通过集中的决策权力，迅速应对了危机，最终马来西亚经济在几年内恢复了增长，并在亚洲金融危机后的几年里成为最为稳定的经济体之一。

马哈蒂尔公开表示，自己曾在危机最初时感到愤怒和沮丧，他曾经面临过巨大的情绪冲击，尤其在面对国内外的批评时。然而，正是通过这种深刻的情绪体验，他学会了如何在愤怒中找到冷静，避免被情绪所左右。他回忆道："在压力和愤怒的环境下，决策必须冷静。如果不能控制自己的情绪，就无法做出正确的判断。"

为了帮助自己保持冷静，马哈蒂尔采取了多种方式来调整心态。例如，他在面对关键决策时，会进行长时间的反思和深度思考，确保自己不仅仅是为了迎合短期的情绪反应，更是为了国家的长远利益。在这种情况下，他还加强了自己的沟通技巧，无论是在国际还是国内场合，马哈蒂尔总是尽量避免公开与敌对势力正面冲突，而是以冷静、理性的态度应对挑战。

马哈蒂尔的故事向我们传递了一个重要的启示：愤怒是情绪反应的一部分，而冷静的领导力来源于自我控制与智慧。在愤怒的洪流中，马哈蒂尔没有任由情绪支配自己，而是通过情绪管理、理性思维和果敢决策来化解危机。他不仅挽救了国家的经济，还为自己的领导力增添了光辉。

作为公众人物，马哈蒂尔的成功证明了情绪管理对领导力的重要性。在日常生活中，无论是面对工作中的压力、家庭中的冲突，还是外部世界的挑战，愤怒都可能成为我们做出不理性决策的催化剂。然而，正如马哈蒂尔所展现的那样，当我们学会如何将愤怒转化为冷静、理性和决策的力量时，我们就能够在任何情境下找到问题的钥匙，做出更明智的选择。

二、愤怒的心理机制

愤怒并非一瞬间的雷电，它往往是外界刺激与内在认知交织下的一场细雨。我们面对不满时，大脑中的"边缘系统"便悄然苏醒，特别是杏仁体，它像一位情绪的调度员，负责管理我们的情感反应。在此时，交感神经系统也开始活跃，身体悄然释放出一系列信号，如心跳加速、血压上升和肌肉紧张，这些反应仿佛让我们置身于一场"战斗或逃跑"的抉择之中——这其实是远古人类面对威胁时演化出来的应激机制。

然而，在现代社会中，愤怒往往并不源自生死存亡的威胁，而是与情感、社交和职业压力等复杂的情境紧密相连。比如，当同事忽略了你的建议，或者亲密关系中的裂痕渐渐加深时，愤怒的情绪便悄然而至。此时，虽然我们的身体反应仍然像是准备迎接一场激烈的冲突，但其实这些情境并不要求我们像昔日战士般激烈回应。

如果我们未能意识到这一点，愤怒就像一股失控的洪水，可能会冲刷掉我们的理智，给身心健康带来不小的负担。长期处于愤怒的状态，会导致慢性压力，甚至影响免疫系统、心血管健康和消化功能，增加患病的风险。

愤怒的影响

身体健康。研究发现，长期的愤怒情绪就像一颗潜伏的定时炸弹，可能对心脏健康产生不小的冲击。愤怒引发的慢性炎症会悄悄侵蚀我们的身体，增加高血压、心脏病甚至中风的风险。此外，愤怒会刺激激素的释放，尤其是皮质醇，这种与压力密切相关的激素若长期处于高水平，会削弱免疫系统，使我们更容易受到病痛的侵扰。

人际关系。当愤怒未得到有效管理时，它就像一颗不定时爆炸的火花，常常在言语和行为中留下难以愈合的伤痕。愤怒可能让我们不经意间伤害到他人，甚至破坏彼此的关系。尤其在亲密关系中，如果愤怒得不到冷静的疏解，往往会在双方心中筑起无形的障碍，变得难以跨越。

心理健康。若愤怒的情绪被长期压抑，它就像一股暗流，潜藏在我们的内心深处，可能会引发焦虑、抑郁等心理困扰。如果我们将愤怒肆意宣泄，又会像把烈火引向自己，陷入自责和内疚，进一步加重心理负担。因此，愤怒需要找到合适的出口，否则它就会变成一块无法承载的重石。

愤怒不仅仅是身体上的一种反应，还与我们的认知息息相关。心理学家指出，愤怒往往源自某种认知上的偏差，尤其在我们对事物的解读和反应上。例如，"过度概括"是一种常见的认知偏差。当我们把一次小小的挫折或冲突当成对自我的全面攻击时，愤怒便可能火花四溅，瞬间蔓延。再如"个人化"，即将他人的行为完全归咎于自己，认为别人是在故意挑衅，这种过度自我中心的思维也容易让愤怒升腾。

若我们未能觉察到这些认知偏差，愤怒便会像积攒的风暴，越积越大，最终无法抑制。愤怒作为一种自我保护的情绪，固然有其合理性与必要性，但若失控，它的负面影响不可小觑。生理、心理和认知的层层交织，使得愤怒常常难以自控。了解愤怒的根源与机制，能帮助我们更好地理解情绪的波动，从而采取更加温和而有效的应对方式，避免其变成一场无法收拾的风暴。

三、从情绪爆发到冷静思考

我坐在办公室的桌前，盯着那封电子邮件。标题清晰而冷酷："关于你的项目延期的反馈。"我深吸一口气，打开邮件，字里行间充满了批评与指责。那种感觉，像是被狠狠推了一下，心脏瞬间加速跳动，情绪在我体内蔓延，愤怒的魔爪呼之欲出。

"为什么每次都这样？我怎么可能完全按照他们的要求来做？已经修改 10

次了，现在告诉我延期有什么用？"我的脑海里充满了这些情绪化的声音。

我知道，我的情绪正在快速升温。几乎是立刻，我就开始质疑他们的判断和评价。那封邮件看似只是对工作进展的正常反馈，但在我心中，它变成了一种攻击，一种对我能力的质疑。

就像《情绪智力》中所说的那样——愤怒并非来自外部的事件本身，而是源于我们如何解读和评估这些事件。我意识到，这封邮件的内容，并没有直接让我生气，真正让我愤怒的，是我对这封邮件的个人评判：我觉得自己受到了不公正的对待，觉得我的努力被忽视了，甚至感到自己在他们眼中一无是处。

认知评估理论指出，愤怒的根源，不是某个人的批评本身，而是我们如何解读那份批评。我的内心剧烈地反应，仿佛这是对我人格的攻击，而非对我工作的一个合理反馈。这个认知的"偏差"，让我无法冷静地分析整个情况，反而让我陷入了一种愤怒的旋涡。

我很清楚，这种情绪无法单纯依靠外部的变化来解决。我可以选择与上司争辩，试图为自己辩解，但那只会让我更加愤怒，而且很可能还会恶化我们的关系。或者，我也可以选择沉默，把这些情绪压在心里。但我知道，如果我不面对这些情绪，愤怒就会像火苗一样，慢慢扩大，最终失控。

我决定冷静一下。我闭上眼睛，做了几次深呼吸，让自己的身体和情绪暂时放松下来。接着，我开始重新审视这封邮件，不是从情绪的角度，而是从一个理性的角度来分析。邮件的内容虽然批评了我的项目进展，但并没有攻击我的能力，它只是客观地指出了问题，并提出了改进的建议。然后，我意识到自己在看到批评时，第一反应是把它当作对我整个个人价值的否定，而这其实并不准确。

我开始尝试从一个更宽广的视角来看待问题：这份邮件的目的并不是要让我感到羞愧或者愤怒，而是为了帮助我改进和成长；它只是让我意识到工作中的某些不足，而这些不足正是我提升的机会。通过调整对这件事的看法，我的愤怒反应逐渐消解。

我回到电脑前，重新写了一封回信，并附上了我改进计划的详细说明。虽然我的心情依然有些不太舒畅，但我可以理智地看待问题，也可以冷静地表达自己的观点，而不是被情绪渲染。

这件事让我深刻意识到，愤怒本身并不可怕，可怕的是我们如何对待它。

温柔影响力

只要我们能正确评估事件，理解自己的情绪来源，就能避免愤怒对我们生活的侵蚀。而真正的挑战，正是学会如何调整我们的认知，让自己在面对愤怒时，拥有更多的选择空间。

通过这段经历，我渐渐理解了费舍尔的理论和愤怒的认知评估过程。在生活中，愤怒是一种正常的情绪反应，但它并不是最终的结局。通过理性分析和认知重构，我们可以打破愤怒的陷阱，找到更加理性与平和的应对方式。这不只是应对他人的批评，更是对自己情绪的管理和调节。

四、调整愤怒的行动清单

愤怒是一种常见而强烈的情绪，然而，如何有效地管理愤怒，避免它对我们个人生活和人际关系产生负面影响，是我们每个人都需要学习的技能。以下是调整愤怒情绪的行动清单，帮助我们在愤怒爆发时保持冷静和理性。

识别愤怒的迹象

感知身体信号。愤怒通常会在身体上表现出来，如心跳加速、呼吸急促、面部发红、肌肉紧张等。学会注意这些身体反应是识别愤怒的第一步。

情绪监测。当你感到愤怒时，先停下来问自己：是什么触发了这些情绪？这些情绪是不是对事件的合理反应，还是源自其他未解决的问题？

重新评估情境

认知重构。愤怒的根源通常是我们对事件的解读。尝试从不同的角度来看待事件，避免"黑白思维"。例如，换个角度思考批评的意图，可能它只是出于善意的反馈。

问题重构。将愤怒从个性化的攻击转换为具体问题的讨论。问自己："这件事真的与我的个人价值相关吗？"或者"这是不是我能够控制的情况？"

情绪转移

换个环境。如果愤怒难以控制，可以暂时离开引发愤怒的环境，给自己一些空间冷静下来。换个地方走一走，或者去安静的地方深呼吸。

转移注意力。做一些能帮助你放松的活动，如听音乐、画画、写日记、看书等，帮助你从愤怒的情绪中抽离出来。

表达愤怒的健康方式

使用"我"语句。与他人讨论愤怒时，使用"我"语句表达感受，而不是指责对方。例如，"我感到很失望，因为我们没有按时完成项目"比"你总是拖延，搞得我很生气"更有效。

清晰表达需求。愤怒背后往往藏有未表达的需求。与其仅仅宣泄情绪，不如试着清楚地表达你的需求或期望。例如，"我希望能更好地沟通，以便减少误解"。

冷静下来后反思

自我反思。事后，问问自己愤怒的根本原因是什么，是否有任何误解或过度反应的地方。通过自我反思，你可以更好地理解自己情绪的触发点。

学习与成长。每一次愤怒的情绪爆发都是一次自我学习的机会。思考是否存在可以改进的沟通方式，或者是否有更有效的应对策略。

定期进行情绪管理训练

冥想与正念。定期练习冥想和正念冥想，有助于增强情绪调节能力。正念、冥想能帮助你意识到当下的情绪，并接受这些情绪，而不是被它们控制。

情绪调节练习。通过情绪日记记录每日情绪波动，关注愤怒的原因，并思考如何应对，从而提高情绪管理的自我意识。

寻求专业帮助

心理咨询与治疗。如果愤怒已成为日常生活的一部分，影响人际关系和心理健康，可能需要寻求专业的帮助。心理治疗师可以帮助你理解愤怒的深层原因，并提供有效的情绪调节技巧。

参加愤怒管理课程。愤怒管理课程提供了针对愤怒情绪的结构化培训，帮助你更好地理解和控制愤怒。

培养耐心与同理心

增强同理心。当别人让你生气时，试图从对方的立场考虑问题。理解对方的背景和情境，可能会帮助你更宽容地看待他们的行为。

培养耐心。愤怒往往来自不耐烦。通过练习耐心，学会接受和适应生活中的不完美与不确定性，减少冲动的情绪反应。

以宽容和理解为最终目标

接受自己的情绪。愤怒是一种正常的情绪反应，它本身没有错。关键是如何管理它，使它成为一种积极的推动力，而不是让它成为破坏性情绪。

对他人宽容。学会宽容他人的错误，避免过度解读对方的行为。宽容不仅能帮助你减轻愤怒，从长远来看还能促进更和谐的人际关系。

调整愤怒不仅仅是控制情绪的爆发，更是学习如何以理性、冷静和理解的心态面对生活中的挑战。通过认知调整、情绪管理技巧及健康的情绪表达方式，我们可以有效地减少愤怒带来的负面影响，维护心理健康与人际关系的和谐。愤怒不再是消极的负担，而是自我成长的一个契机。

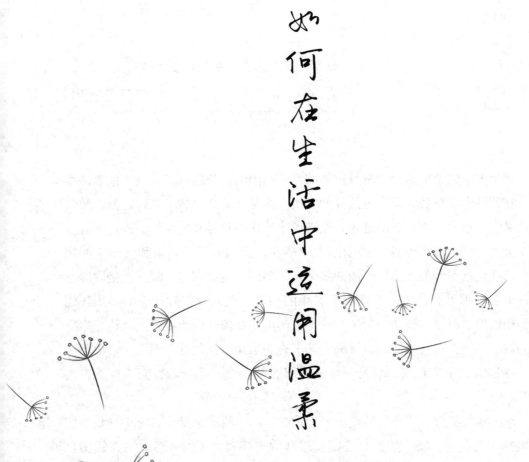

第三部分

如何在生活中运用温柔

第一章 如何激发学生的内在动力

为有牺牲多壮志，敢教日月换新天。

——毛泽东

相信大家的学生时代都有过这样的经历：因为一位老师，爱上了他教的学科。在我的学生时代，就有过这样的经历。遇见我的高中数学老师之前，数学对我来说，就是一道难解的谜题，充满了冷冰冰的符号和复杂的公式。

上高中时，我的数学老师刚刚大学毕业，充满教学的热情和对学生的执着。与我之前遇到的严厉、严谨的数学老师不同，他讲课时，眼里总是闪烁着一种光芒，那种光仿佛能照亮每个学生的心灵，激起我们对知识的渴望。他不会枯燥地去解题，他会一遍又一遍地拆解那些抽象的概念和公式，让原本晦涩的数学问题变得清晰而富有挑战，甚至充满乐趣。在他的课堂上，数学不再是冷冰冰的数字和规则，而是一场充满智慧的游戏，等待着我们去探索，去解开。

渐渐地，我发现我开始转变了对于数学这门学科的态度。有一年，我参加了奥林匹克数学竞赛，用我自己都没想到的成绩获得了第一名。站在领奖台上，我意识到，这不仅仅是一个单纯的名次，它更代表了我心灵的转变——我爱上了数学，但更爱的是那份源自老师的柔情和关怀。那时，我理解了一个道理：一个好老师，不仅能传授知识，还能点燃你内心深处对学习的热情，帮助你看见自己都未曾发现的可能性。

回想起那个阶段，我发现自己真正爱上数学的原因，除了学科本身，更是因为那位老师用他的耐心和执着，为我打开了一扇通向知识的窗。他并非把我看作一个仅仅需要"填鸭式"教学的学生，而是视我为一个可以与他共同探索、共同成长的伙伴。正如我现在所相信的——真正的教育，不仅是知识的传递，还是心灵的共鸣，更是教师与学生之间那份无声的默契和激情的相互点燃。好的老师不仅教会你知识，还教会你如何去热爱、去追求、去突破。在学习这条路上，老师是钥匙，而学科，则是我们打开新世界的大门。

一、学生内在动力的基石

在教育孩子的过程中，"温柔"常常被视作一种情感表达，但它不仅仅是温和的态度，更是一种深刻的教育力量，能够激发孩子的内在动力。相比于外部奖励和惩罚的激励，内在动力是持续的、持久的，它源于孩子对学习和成长的兴趣与热情。因此，如何以温柔的方式激发孩子的内在动力，成了当今教育领域中至关重要的话题。

这不仅是一个关于如何与孩子沟通的问题，还是如何理解孩子内心需求、尊重他们的自主性并引导他们发现自己热爱和追求的学习道路的深刻问题。让我们一起通过温柔的方式，激发孩子的内在动力，帮助孩子在充满爱与理解的环境中茁壮成长。

温柔与内在动力的心理学基础

温柔，作为一种温暖、理解和支持的情感表达，能够在潜移默化中激发孩子的内在动力。根据自我决定理论，人类的动机可以分为内在动机和外在动机。内在动机指的是孩子出于对某件事情本身的兴趣和热爱而去做它，而外在动机则来源于外部奖励或惩罚。

温柔的教育方式帮助孩子建立内在动机，尤其在满足孩子的自主性需求时。自主性是自我决定理论的三大核心需求之一，指的是个体希望自己的行为是出于内心的选择，而非外部强迫。当孩子感到自己是有选择权的，并且在关爱的环境中做出选择时，他们会更加积极主动地去学习和探索。

例如，一位母亲发现自己的儿子对数学学习产生了厌烦情绪。通过观察，她发现孩子并非讨厌数学本身，而是因为传统的、机械的数学练习让他感到枯燥乏味。于是，母亲通过与孩子共同探索数学在日常生活中的应用，比如，让孩子帮忙计算家里的购物费用，或者和孩子一起解答生活中的数学谜题，逐渐激发孩子对数学的兴趣。在这个过程中，孩子并没有感到压力，反而因为这些充满关爱的互动，逐步恢复了对数学的热爱。

二、如何以温柔激发孩子的内在动力

尊重孩子的兴趣，创造个性化的学习路径

孩子的兴趣是他们内在动力的重要来源。教育者应学会倾听孩子的心声，理解他们的兴趣和需求，而不是简单地将学习任务强加给他们。当孩子的兴趣和学习内容相契合时，他们会自然而然地投入其中，内在动力也会随之而来。

当孩子对某个领域表现出兴趣时，可以用温柔的话术引导他们进一步探索。比如说："你对这个话题很感兴趣，我也很想了解你是怎么想的。我们一起做些相关的活动，看看能学到什么新东西？"这种表达方式不仅尊重了孩子的兴趣，还让他们感受到被理解与支持，增强了他们的自主性。

例如，一位小学教师发现班上有一个学生对科学非常感兴趣，但对文学课表现冷淡。教师没有强制要求孩子提高文学成绩，而是与孩子共同设计了一个包含科学元素的跨学科项目，通过科学实验和写作相结合的方式，让孩子在自己感兴趣的领域中进行创作。结果，孩子的兴趣得到了极大的激发，渐渐地，他不仅喜欢上了科学，还开始对文学产生了兴趣。

给予孩子足够的自主空间和选择权

孩子的内在动力需要通过自主性来激发。当孩子感到自己是学习的主导者，而不是被动接受任务时，他们会更加投入。这并不是说放任不管，而是通过温柔的引导，让孩子在学习中找到自己的节奏和方向。

在引导孩子做决策时，可以使用类似话语："你觉得今天先做哪个作业比较好？或者你想先做哪个部分的练习？"通过给孩子选择的权利，他们能够感受到自我掌控感，从而提高内在动机。

例如，某位老师在课堂上实施了"自主选择时间"的策略，当学生完成了当天的任务后，可以自由选择参与项目或探索兴趣活动。这种方法给学生提供了选择权，他们不仅能更好地控制自己的学习进度，还能在感兴趣的领域获得更多探索的机会。孩子们因此变得更加积极主动，内在动机得到了有效激发。

温柔反馈，建立自信与成就感

在激发孩子的内在动力时，及时且具有建设性的反馈至关重要。温柔的反馈能够帮助孩子认识到自己的进步和成就，增强自我效能感。与其批评孩子的失败，不如通过正向反馈鼓励他们继续努力，重视过程而非仅仅关注结果。

在这个过程中，尤其要注意使用积极且富有建设性的反馈。比如，"我看到你在这个问题上付出了很多努力，虽然答案有些偏差，但你已经做得非常棒了！继续加油，下一次一定能做得更好。"这种反馈既肯定了孩子的努力，又给他们提供了继续前行的动力。

例如，一名绘画老师看到学生在创作过程中遇到困难时，没有直接批评他们的作品，而是鼓励孩子："我很欣赏你在构思上的独特视角，接下来我们可以一起讨论如何调整颜色和线条，让你的画作更生动。"这种反馈不仅帮助孩子改进了技巧，还增强了他们的自信心和继续创作的动力。

激发内在动机的关键是情感共鸣

教育的温柔不仅仅体现在语言上，更重要的是情感上的共鸣。当孩子感到自己被理解、被尊重，他们会更加愿意投入学习中。温柔的教育方式能够通过情感共鸣让孩子拥有安全感和归属感，这种情感上的支持能够使孩子在心理上更为成熟，并提升他们的内在动力。

在孩子表达困惑时，可以这样回应："我理解你现在的感受，我也知道这对你来说很有挑战，但我相信你能克服这个困难，我们一起想办法。"这种共情式的表达方式，让孩子感到自己并不孤单，从而激发他们克服困难的动力。

例如，一位音乐教师在课堂上用温柔的语气鼓励一个在钢琴演奏上遇到困难的孩子。她并没有批评孩子弹得不够好，而是通过细心的观察和鼓励性语言帮助孩子找出问题，并给予改进的建议。结果，孩子不仅在技术上有所提高，还因为教师的支持而增加了对音乐的热爱和自信。

获取内在动机的源动力

学生时期，我们常常更倾向于享受音乐课或体育课，这种偏好并非因为学科本身的趣味性，而是因为在这些课程中，我们获得了一种独特的轻松和愉悦的体验。这种体验与我们积极的心理需求密切相关。实际上，音乐和体育为我们提供了一个充满愉快氛围的空间，这种氛围让我们感到放松、自由，远离传统课堂的压力和紧张。

从心理学角度来看，人类天生倾向于寻求愉悦的体验，这种需求源自我们内在的正向情感和对积极情绪的追求。在享受音乐和体育活动时，我们能够释放情感、表达自己，同时享受身体的运动与协调带来的愉悦感。更重要的是，这种活动能够触发大脑中与快乐相关的神经化学物质的分泌，尤其是多巴胺和内啡肽。多巴胺是一种与奖励和愉悦感紧密相关的神经递质，它能够让我们感受到成就和快乐；而内啡肽则被称为"大脑的天然镇痛剂"，能够带来极大的身心放松感。通过这些神经递质的作用，我们的身体和心理都会处于一种积极的状态，进而激发我们主动参与的动力。

这种愉悦体验会带来积极的情感回馈，使我们更加愿意投入这些活动中，并在其中找到乐趣。当我们在轻松愉快的氛围中学习或锻炼时，学习或运动本身变得不再是负担，而是一种享受。这不仅有助于提高我们的学习效率，还能让我们在情感上产生对活动的热情和兴趣，进一步增强我们在其他领域的动力和表现。

简而言之，音乐课和体育课之所以让学生感到喜爱，不仅因为它们与我们日常学习的内容有所不同，还因为它们能够满足我们对愉悦和成就感的内在需求，激发我们的积极情绪和动力，使我们更容易投入学习和锻炼当中。这种愉快的体验实际上是人类天生对享乐和积极反馈的追求，这种体验又反过来促进了我们的学习和成长。

如果我们能够在其他学科中也找到类似于音乐和体育课所带来的愉悦体验，那么我们对这些学科的热情也将随之增加，进而激发我们强大的内驱力。在音乐和体育课中，我们能够感受到自由、放松和成就感，而这些体验不仅仅局限于某些特定的活动或课程。事实上，任何学科都有可能为我们提供类似的心理反馈，只要我们能够创造出一个适合的学习氛围和方式。

例如，在数学课上，如果能够将抽象的概念与实际的应用相结合，给学生提供解决实际问题的机会，那么学生在成功解答问题时所体验到的成就感和满足感，就能获得类似于音乐和体育课中的愉悦体验。这种成就感激发的多巴胺分泌能够帮助学生建立对学科的兴趣，并激发他们不断追求知识的动力。又比如，语言课如果能够通过角色扮演、讨论和创造性写作等方式，鼓励学生表达自我、发挥创意，也能带来类似的愉悦感，激发学生的参与热情。

这种愉悦体验的核心在于创造一种轻松而富有成就感的学习氛围，让学生在学习的过程中不仅能感受到知识的挑战，还能体验到成功的快感和个人成长的满足。正是这种正向反馈的循环，能够激发学生对学科的热情，从而激活他们的内在动力，让他们更愿意投入学习中，甚至在面对困难时，也能保持积极的态度和持续的努力。

因此，教育的关键不仅在于传授知识本身，还在于如何设计和呈现这些知识，让学生在学习过程中能够感受到类似于音乐和体育课的愉悦与满足感。通过这种方式，我们能够帮助学生找到学科中的乐趣，激发他们的内在动机，并引导他们持续探索与学习。这不仅能增加学生对学科的热爱，还能帮助他们在未来的学习道路上，保持持久的热情和动力。

温柔正是通过尊重孩子的兴趣，提供自主选择，在给予孩子温暖反馈的同时，与孩子产生情感共鸣，在他们心中种下内在动力的种子，让他们在充满鼓励的环境中茁壮成长。教育的真正意义，不仅在于知识的传授，还在于帮助孩子发现自我、激发潜力，最终成为自己生活的主人。在温柔中，孩子的内在动力会如春天的嫩芽，悄然生长、蓬勃向上。

三、《地球上的星星》：让每个孩子都闪耀

《地球上的星星》是一部触动人心的电影，它通过讲述一个有学习障碍的孩子——伊莎努的故事，深刻反映了教育真正的意义。该电影不仅仅是感人的亲子故事，它还深入探讨了教育的核心——关注每个孩子的个性，尊重他们的独特性，帮助他们发现自己内在的光芒。这部电影让我们反思：在追求成绩和标准化教育的背景下，我们是否忽视了孩子们最真实的需求？

教育的真正目标：激发孩子的潜能

传统的教育系统往往过于注重标准化的成绩和统一的要求，忽视了学生个体差异。这部电影通过伊莎努的成长历程，揭示了教育的核心目标：并不是单纯的知识灌输，而是帮助孩子发掘自己的潜力，并培养他们成为独立、有创造力的人。

伊莎努是一个有阅读障碍的孩子，他无法像其他孩子一样顺利地阅读和书写，导致他的学习成绩一直不理想，甚至被周围的人视为"差生"。然而，这个孩子并不缺乏聪明才智。他对艺术充满热情，能够通过画画展现自己独特的视角和创造力，只是他没有机会被发现和培养。直到拉姆·辛格老师的出现，

伊莎努才真正找到属于自己的舞台。拉姆老师通过观察伊莎努的优点，了解他的兴趣，并用富有创意的方法进行引导，帮助伊莎努重拾信心，发现自己的独特天赋。

教育不应该仅围绕成绩进行设计，更应该关注孩子的兴趣、情感和天赋。每个孩子都是独一无二的，他们的优点和潜力是多样的。教育者的责任在于发现并支持每个孩子的兴趣和天赋，引导他们找到自己的方向。就像电影中的伊莎努一样，或许某些孩子并不擅长传统意义上的学习成绩，但他们可能在其他领域如艺术、音乐、体育等方面有着无限潜能。教育的真正价值在于激发孩子的内在动力，让他们发现并追求自己的兴趣和梦想。

关注情感需求：用爱和理解弥补教育的缺失

伊莎努的故事告诉我们，教育不仅是知识的传授，还是情感的关怀。在传统教育中，孩子们的情感需求往往被忽视，尤其在面对困难和挑战时，教师和家长更多的是用批评和惩罚来纠正孩子，而忽略了孩子内心的脆弱和痛苦。电影中的伊莎努正是因为得不到理解和关爱，才被迫扭曲了自己的自信心，最终才会产生逃避和反叛的情绪。

拉姆老师的到来，让孩子们体验到真正的来自教育的爱。他没有急于批评伊莎努的学习成绩，而是用理解的眼光看待孩子，给予他更多的关爱和支持。在面对伊莎努的画作时，拉姆老师没有以成绩为标准，而是鼓励孩子发挥创意，并对他的进步和努力给予及时的肯定。正是这种爱的力量，让伊莎努逐渐恢复了信心，找回了自我。

作为教育者或家长，我们不能忽视孩子的情感需求。每个孩子都是一个感情丰富、充满好奇的个体，他们的情感世界同样需要被尊重和关爱。我们应该学会倾听孩子的心声，理解他们的需求，而不是仅仅关注他们的成绩和行为。教育需要通过理解、接纳和支持去激发孩子的潜力，而不是仅通过批评和惩罚让孩子变得冷漠和抵触。

尊重孩子的个性：教育不应统一化

电影中的另一个重要主题是尊重个体差异。每个孩子都有自己独特的学习方式和成长轨迹，不是每个孩子都能符合传统教育的模式。伊莎努的成绩并不是他能力的真实反映，而是传统教学方法和他自身认知问题的不匹配。正如拉姆老师所说："每个孩子都像星星，每个人都有闪耀的地方。"

温柔影响力

教育不应该是一成不变的，尤其在多元化的现代社会中。孩子们的成长需要更多的个性化和多样化教育，教育者应该根据孩子的特点提供不同的学习机会和支持方式。对于那些有特殊学习需求的孩子，我们应该提供更多的关注和理解，而不是简单地按照常规标准来评判他们。

尊重孩子的个性、发展他们的独特潜力，是我们每一个教育工作者应该承担的责任。电影通过伊莎努的成长过程，提醒我们，教育不仅仅是知识的传递过程，更是培养孩子独立思考和创新能力的过程。

教育与家庭的互动：父母是孩子最重要的支持者

除了学校教育，家庭教育同样扮演着至关重要的角色。在《地球上的星星》中，伊莎努的父母一开始并没有理解他，他们只关注成绩的提升，忽视了孩子的情感和需求。父母对于孩子的期望可能会无形中加重孩子的压力，尤其是当孩子无法达到父母的标准时。

然而，当伊莎努的父母意识到自己的错误，开始支持孩子的兴趣和选择时，孩子的成长得到了积极的改变。电影最后展现了一个温暖的场景，伊莎努的父母通过更加理解和支持的方式与孩子建立了更深的情感联系，这也为孩子的成长提供了强大的动力。

家庭教育的关键是支持和鼓励。父母应当成为孩子成长过程中最坚强的后盾，给予孩子足够的理解与陪伴，而不是单纯地追求学习成绩。通过支持孩子的兴趣爱好，帮助他们树立自信，我们可以帮助孩子更好地应对成长中的挑战，发现自己的优点。

每个孩子都是一颗星星，都有自己的闪光点。作为家长和教育者，我们的责任是通过温暖和理解，帮助孩子找到他们的光芒，让他们在人生的道路上，自信地走向未来。教育的力量来自爱、理解和尊重，让我们每一个教育者都成为点亮孩子未来的星光，照亮他们前行的路。

四、温柔语言的场景激活

鼓励学生表达自己

场景：学生在课堂上不敢发言，或者对自己的回答不自信时。

话术技巧：

"非常好，敢于尝试就是进步的第一步。你刚才说得很有意思，我们可以再从这里出发，继续探讨一下。"

"没有人是天生知道所有答案的，每个人都有不同的思考方式。你的观点很特别，我们一起看一下你的想法能引发什么新的问题吧。"

"每个人都可能在表达中有些不确定，但重要的是你愿意分享和尝试。你已经在进步了！"

心理学原理：这类话术强调了积极反馈和接纳学生的尝试，让学生感到自己被重视和鼓励，而非仅仅因为回答错误而沮丧。通过这类语言，可以帮助学生减少对发言的恐惧，增加他们的主动参与感和自信。

引导学生解决问题

场景：学生在解答问题时遇到困难，感到迷茫或焦虑时。

话术技巧：

"我们先冷静下来，试着分步思考，问题的第一部分你觉得可以从哪开始着手？"

"你觉得现在最大的难点在哪里？我们可以先从那个地方试着解决，其他的部分会变得更简单。"

"没关系，失败是成功的一部分。再试一次，这次我们可以尝试一种不同的方式。"

心理学原理：分步骤引导和逐步降低难度可以帮助学生从整体的焦虑中解脱出来，逐步找到解决方案。这种方法符合渐进式学习理论，通过逐步提升学生的认知负担，帮助他们建立自信心。鼓励学生再试一次，通过建立学生的心理韧性，让他们明白"失败"并非不可接受，而是通往成功的过程。

给予肯定与赞赏

场景：学生完成了一项任务，虽然结果不是很完美，但有明显的进步。

话术技巧：

"这次你在××方面做得非常好，尤其在××上，比上次有了显著的进步！下次我们再继续努力，做到更好。"

"你今天展示了很好的思考方式，尤其在处理××问题时，很有创造力。"

"我看到你付出了很多努力，你已经超越了自己的上一阶段，接下来我们一起继续进步。"

心理学原理：具体的肯定比单纯的"好"更有力量。具体化的表扬让学生明白自己在哪些方面有所提升，避免模糊的赞扬带来的心理反应。这种方式也符合"渐进式表扬"的原则，强调学生努力的过程和进步，而非单纯依赖最终结果，能够增加学生的内在动机。

创造安全的学习环境

场景：学生表达自己觉得某个问题很难，或是担心自己无法完成任务时。

话术技巧：

"我完全理解这个任务对你来说很有挑战性，实际上每个人都会遇到类似的情况，我们可以一起解决这个问题。"

"没关系，困难是我们学习的一部分。你不是一个人在努力，我们都可以互相帮助。"

"我们一起解决这个问题，我相信你一定可以找到自己的方式。"

心理学原理：这种话术建立了一个无评判且安全的学习环境。情感支持在教育中至关重要，学生在没有担心被批评的情况下，更容易主动表达困惑，寻求帮助。共情和支持能够增强学生的归属感，减少焦虑和不安，促进他们更积极地投入学习。

激励学生面对挑战

场景：学生在任务中遇到困难，表现出放弃的情绪时。

话术技巧：

"我知道这对你来说很难，但正是这些挑战，让我们能够成长。你已经做得很好了，我们再坚持一下，成果会是值得的。"

"有时我们的进步不是一蹴而就的，但是每一次尝试，都会让我们离目标更近一步。"

"如果每个挑战都那么容易，那就没有成长的空间了。你现在正是在为自己打下一个坚实的基础。"

心理学原理：挑战—支持理论认为，当学生面临困难时，适当的支持和鼓励能够让他们更有动力去面对挑战。通过积极的心理暗示，帮助学生看到挑战背后的意义，增强他们的心理韧性。坚持和努力被视为获得成功的必要条件，这样的激励话术有助于学生在面对困境时保持耐心，最终克服困难。

培养学生的自我思考能力

场景：学生在做作业时依赖于教师解答问题，缺乏独立思考时。

话术技巧：

"你有没有想过，如果你从这个角度来看问题，会有什么不同的发现？"

"我相信你自己也有很多想法，可以试着先思考一下，然后告诉我你的看法。"

"你是怎么理解这个问题的？也许我们可以一起探讨你自己的解题方法。"

心理学原理：这种话术促进了学生的自主学习和批判性思维，鼓励学生从不同角度看待问题，并帮助他们在学习过程中逐步形成独立思考能力。引导式提问能够激发学生的思考，使他们不依赖于外部答案，而是逐步培养自己独立解决问题的能力。

建立目标感和期望感

场景：学生在完成一项长期项目感到失去动力时。

话术技巧：

"你现在完成了××部分，这意味着离目标又近了一步，继续加油，接下来我们一起计划怎么做得更好。"

"想一想，你完成这个项目后，会带来哪些收获？这些成果是你努力的证明，你能看到自己的进步。"

"你已经为这个项目投入了很多时间和精力，我相信你会做到最好。让我们一起把最后的部分做到完美！"

心理学原理：目标设定理论指出，设定清晰的短期和长期目标能够增强学生的内在动机和持久动力。通过这些话术，我们帮助学生建立了对未来成果的期望，激发了他们坚持完成任务的意愿。同时，通过对过程的肯定，增强学生对自己能力的信心和对任务的归属感。

这些话术技巧不仅能够增强学生的自信心和参与感，还能帮助他们逐渐形成独立思考、解决问题和面对挑战的能力。在课堂上，通过语言的引导和支持，教师可以创造一个积极的、充满爱与尊重的学习环境，激发学生的内在动力，帮助他们成为更好的自己。

第二章 打造孩子自信和独立的秘密武器

> 我生来就是高山而非溪流，我欲于群峰之巅俯视平庸的沟壑。
>
> ——张桂梅

孩子的独立与自信，是他们在成长过程中最宝贵的两种品质。独立使他们能够自主地面对生活中的挑战，做出自己的选择；自信则让他们相信自己能够应对困难，勇敢地去追求目标。作为家长，如何有效地培养孩子的独立性和自信心？这不仅仅是技巧问题，更是心理学理解、温柔关怀与适时引导的综合体现。

一、独立与自信的内在机制

独立心理的根源

独立的心理结构并非天生具备，而是在孩子不断经历挑战、承担责任和做决定的过程中形成的。心理学家埃里克·森提出心理社会发展理论，其中"自主性与羞愧"阶段正是孩子从2—3岁逐渐开始学会独立的关键期。此时，孩子开始探索自己的选择和能力，父母的支持和适度放手，会鼓励孩子在实践中建立自信。

在此阶段，家长不应过度干预或保护，而应鼓励孩子去尝试，去做一些日常的决定，比如，选择衣服、决定午餐吃什么等。这些小小的决策为孩子的独立性奠定了基础。

自信心理的培养

自信心的根基在于孩子对自我能力的认知。心理学家卡罗尔·德韦克提出的"成长型思维"理论表明，当孩子相信自己的努力和策略能够带来进步时，他们的自信心便逐步得到加强。家长的角色是给予孩子肯定和鼓励，让他们感受到自己有能力应对各种挑战，而不仅仅是关注最终结果。

举例来说，家长可以鼓励孩子勇于面对挑战，无论是学业上的难题，还是生活中的小困境，让孩子感受到在困难面前自己能做到，不断积累成功经验，从而增强自信。

二、温柔的力量：支持与引导

家长在教育过程中发挥的"温柔力量"，并非简单的包容和纵容，而是在理解孩子的需求和情感的基础上，给予适时的支持和引导。温柔的教育方式可以帮助孩子在安全感中成长，从而促进独立和自信的培养。

给予适度的自由与空间

心理学家哈里·哈洛的研究表明，孩子在心理发展过程中，既需要亲密的依附关系，也需要适度的自主空间。如果父母过度控制或保护孩子，那么他们的独立性便无法得到锻炼。因此，家长在日常生活中，应给予孩子一些自我决策的权利，让他们从小事做起，逐步培养独立性。

例如，3岁的小孩可以选择自己喜欢的玩具，5岁时可以选择是否自己穿衣服，10岁时可以自己规划课外活动。这些"小小的自由"，是在家长的支持和鼓励下，孩子逐步走向独立的重要步骤。

积极的情感支持与鼓励

温柔的力量还体现在情感上的支持与鼓励。孩子在成长过程中，难免会遇到挫折和失败。家长的态度，尤其是如何回应孩子的失败，将直接影响孩子的自信心。在此时，父母应采取鼓励和正向引导的方式，而不是批评或惩罚。

例如，孩子在学习某项技能遇到困难时，可以对他说："没关系，每个人在学习的时候都会有困难，重要的是你在努力，继续坚持下去，你会越来越好。"这种语言能够帮助孩子理解失败是成长的一部分，增强他们面对困难的勇气。

培养孩子的情感智能

情感智能在孩子的成长中扮演着极其重要的角色，它不仅影响孩子与他人交往的方式，还直接影响他们的自信心和独立性。通过温柔的影响力，父母可以帮助孩子学会识别、表达和管理情绪，这将为孩子的心理健康和社会适应能力打下坚实的基础。

情感智能的基础是能够认识和理解自己的情绪。许多孩子在面对复杂的情感时可能会感到困惑或无法表达，而父母的引导和支持可以帮助孩子学会命名和理解这些情感。

教孩子情感词汇。孩子的情感词汇越丰富，他们就越能清楚地表达自己的情绪。父母可以通过日常对话教孩子认识各种情感，如"生气""难过""高兴""惊讶""害怕"等。比如，父母可以说："我注意到你似乎有点生气，是因为你觉得不公平吗？"

情感验证。当孩子表现出情绪时，父母应尽量避免批评或压抑孩子的情感，而是帮助孩子认识到这些情感是正常的。例如，"我能看出你现在有点失望，这样的感觉很自然，发生了什么让你这么难过？"通过这些方式，孩子逐步掌握把情绪具体化和命名，进而更好地理解自己，逐渐接受各种情绪的存在。

帮助孩子管理情绪

情绪管理是情感智能中的另一个关键技能，尤其在面对挑战和挫折时，孩子如何调节自己的情绪会直接影响他们的自信心和独立性。

提供冷静的策略。当孩子情绪激动时，父母可以引导孩子进行深呼吸、数数或暂时离开情境来冷静下来。例如，父母可以说："我知道你现在很生气，我们先深呼吸几次，冷静一下再继续讨论，好吗？"

让孩子看到情绪的起伏。教孩子认识到情绪是波动的，它们会随着时间变化而消退。这可以让孩子明白，即使在最难过或最生气的时刻，他们也能够从情绪中走出来，恢复冷静。

比如，当孩子非常生气时，父母可以说："我明白你现在很生气，但是你会发现，等一会儿你会觉得好一些。"通过这些情感管理的方法，孩子能够学会如何控制自己的情绪，而不是让情绪主导他们的行为，这有助于提升他们的自信心和情感稳定性。

鼓励情感表达：健康地表达感受

情感表达是情感智能的核心部分。很多孩子在情感表达上可能受到压抑，尤其是当他们感到愤怒或悲伤时，容易通过暴力或退缩来表达情感。父母的任务是帮助孩子找到合适的方式表达情感。

创造开放的沟通环境。父母应鼓励孩子随时分享自己的情感，而不是等待特定的时刻。可以通过日常对话或晚安前谈话，鼓励孩子表达当天的感受："今天你遇到了什么事情？感觉怎么样？"

模范情感表达。父母自己也应该为孩子树立一个健康的情感表达榜样。父母可以在合适的时候表达自己的感受："今天我也有点疲倦，所以我需要休息一会儿，等会儿我会感觉好多了。"通过这种方式，孩子可以看到情感表达是健康的、正常的，也是生活中不可缺少的一部分。

培养情绪韧性：从挫折中恢复

情绪韧性是指在遭遇压力和挫折时，能够积极调整自己并重新站起来的能力。通过培养孩子的情绪韧性，他们能够更加自信地面对生活中的挑战，并能更好地独立思考和解决问题。

鼓励从失败中学习。父母可以通过引导孩子看到失败和挫折中的积极因素，帮助孩子建立韧性。比如，面对失败，父母可以说："虽然这次没有成功，但你学到了什么？下次我们可以怎样做得更好？"

建立积极的心态。帮助孩子发展乐观的思维方式，使他们在面对困境时能够看到希望和解决方案。这种积极的心态能够增强孩子的自信心和独立性，让他们在未来遇到困难时，能够保持冷静和乐观。

三、如何通过语言增强孩子的独立性和自信心

家长在与孩子的沟通中，语言的选择至关重要。语言不仅是传达信息的工具，还能深刻影响孩子的心理状态、情感反应和行为倾向。尤其是正面反馈和建设性批评，能够有效激发孩子的独立性和自信心。

正面反馈的核心

正面反馈的核心是给予孩子肯定，不仅仅是对结果的肯定，更是对努力、进步和过程的认可。正如心理学家巴尔杜里所说："正向反馈不仅能增强个体的自信心，也能增加个体对未来挑战的积极期待。"

温柔影响力

当孩子完成了一项任务，即便这项任务并未完美完成，家长也应当通过正面的语言给予鼓励和肯定。

例如说："你今天做得很好，尤其在××方面，你比上次进步了很多。""我看到你非常努力，虽然还不是最完美的，但这已经是一个很好的开始。"

这种语言会帮助孩子理解努力本身的重要性，鼓励他们继续挑战自己的极限，培养独立解决问题的能力。

建设性批评的策略

批评不等于否定，而是帮助孩子意识到不足并从中成长。建设性批评的目的是帮助孩子认识到自己可以通过努力改善和改变，而不是单纯地贬低。

例如，如果孩子没有完成作业，父母可以这样说：

"今天你有点儿分心，我知道这很常见。如果你集中精力，你会发现其实作业是很容易完成的。我们来一起想想，怎么能在下次避免这个问题？"

这种批评并不是指责，而是引导孩子从错误中吸取经验，并提供解决问题的建议。通过这种方式，孩子会感觉到自己是可以通过努力改善的，从而保持自信。

鼓励独立的语言技巧

鼓励独立性不仅仅是在孩子完成某些任务时给予赞扬，还包括在日常交流中通过语言让孩子意识到他们具备独立处理问题的能力。

家长可以使用以下语言技巧来激励孩子的独立性：

使用开放式问题。比如，"你觉得怎么样？""你认为这应该怎么做？"而不是直接告诉孩子该做什么。通过这种方式，孩子能够自己思考并做出决策。

鼓励自己解决问题。当孩子遇到难题时，家长可以引导孩子自己寻找答案："你有什么办法解决这个问题吗？"这种方式能够激发孩子的独立思考和解决问题的能力。

明确表达信任。当孩子面临挑战时，父母应明确表达自己对孩子的信任："我相信你能做到，我会在你需要帮助时支持你。"

情感引导的语言技巧

在帮助孩子建立自信心时，情感的引导尤为重要。家长应避免使用情感压迫性的语言，而是通过温柔、理解的语言来支持孩子，帮助他们在情感上建立自信。

共情回应。当孩子遇到困难或情绪波动时，家长应该通过共情回应孩子的感受。比如，"我理解你现在很难过，这确实让人失望，但你已经尽了全力，下一次会更好"。

积极强化情感表达。鼓励孩子表达自己的情感，而不是压抑情绪。家长可以通过这样的语言引导："我知道你有很多感受，告诉我你的想法，我会在这里倾听。"

鼓励孩子独立思考和决策

"你觉得今天做这件事的最佳方式是什么？我很想听听你的想法。"通过提问而非直接给出答案，家长鼓励孩子思考，并做出自己的选择，这有助于增强孩子的独立性。

关注努力而非结果

"我很高兴看到你付出的努力，不管结果如何，你已经做得很好了。"这种话语能够帮助孩子认识到，努力和过程才是成功的关键，而不是一味地追求结果。

鼓励孩子面对挑战

"这次你遇到了一些困难，但你已经做得很棒了！如果你再试一次，说不定会有不同的结果。"这种正向的鼓励可以帮助孩子看到挑战中的机会，从而增强他们的自信心。

培养失败后的反思习惯

"这次你没有成功，但你已经知道了哪些地方可以改进。下次再试的时候，我们可以一起想想新的方法。"通过这样的方式，孩子能够学会从失败中总结经验，而不是把失败视为挫败。

四、家长角色分析下的教育方式

母亲角色的影响

母亲在孩子的成长过程中，通常起到更加细腻和情感支持的作用。母亲的温柔与耐心能够为孩子提供情感上的安全感，但过于保护孩子也可能导致孩子缺乏独立性。因此，母亲在鼓励孩子独立的过程中，需要保持一种平衡：既要给予足够的情感支持，又要逐步放手，让孩子承担更多责任。

父亲角色的影响

父亲通常在家庭中承担着更多的教育责任，尤其在塑造孩子的自信心方面。父亲常常能够通过激励、挑战和榜样的力量，帮助孩子树立自信。特别是在男孩子的教育中，父亲的影响尤为重要，他们可以通过体育活动、社会交往等方式，帮助孩子增强自信心。

单亲家庭与教育方式的适应

在单亲家庭中，家长可能面临更多的挑战，如时间有限、精力分散等。然而，单亲家庭的孩子通常会更加独立，家长可以通过更加合理的时间安排和情感支持，帮助孩子建立独立性和自信心。重要的是，单亲家长要学会平衡工作与家庭，给孩子足够的关注与关爱。

让独立与自信成为孩子的一部分

独立和自信是孩子心理发展中不可或缺的品质，作为家长，我们的责任是通过理解心理学理论，提供温柔的支持与指导，并通过语言和实践培养孩子的独立性和自信心。通过让孩子有机会自主选择、在失败中成长，并在成功中获得鼓励，我们不仅能够帮助他们形成坚实的心理基础，还能在他们的生活中播种勇气和力量。孩子的独立与自信，将伴随他们走向未来的无限可能。

五、建立稳定的支持系统

孩子的自信和独立性需要一个稳定的情感和实际支持系统作为保障。这不仅是父母的陪伴和引导，还包括家庭氛围、规则建立和榜样作用。一个稳定的支持系统能为孩子提供安全感，同时让他们有空间去探索和成长。

营造家庭中的安全感

家庭的稳定和支持是孩子建立自信的基石。孩子需要知道：无论遇到什么情况，他们都可以依赖父母和家庭。

无条件地接纳。向孩子传递一个重要信息——无论他们的行为或成绩如何，他们都会被父母接纳和爱护。例如，在孩子失败时，父母可以说："你在我们心中永远是最棒的，重要的是你努力了，我们永远支持你。"

创造稳定的家庭节奏。日常生活中，规律的作息和家庭活动能够让孩子感受到安全和可靠。例如，每周固定的家庭时间（如一起吃晚餐或游戏时间）让孩子有一种稳定的情感连接。

鼓励孩子承担责任

一个支持性的系统并不意味着过度保护，而是适当引导孩子参与到家庭和日常生活中，从承担责任中获得独立性和价值感。在许多家庭中，家务通常是父母的"专利"，孩子的角色更多是观察者。然而，通过让孩子参与到家务劳动中，可以有效地培养他们的责任感和独立能力。

分配简单任务。为孩子安排一些力所能及的家庭任务，比如，摆餐具、照顾宠物或整理自己的玩具。这让孩子感受到自己是家庭的一部分，同时建立责任意识。

认可孩子的贡献。当孩子完成任务时，及时肯定他们的努力。比如，"谢谢你帮忙摆好餐具，这让我们的晚餐准备变得更轻松了。"

通过给予孩子任务，他们会逐渐学会自我管理和决策，从而变得更加自信。

建立明确的规则和边界

规则和边界不是对孩子的限制，而是为他们提供稳定和清晰的行为指南。孩子在明确的规则框架内会感到更安全，也更容易培养独立性。

清晰的沟通规则。让孩子理解规则的意义，比如，为什么需要固定的睡眠时间或为什么要遵守玩耍的时间限制。这种透明的沟通让规则更容易被接受。

灵活但一致地执行。当孩子打破规则时，避免过度批评，而是以温和的方式重申规则的重要性。比如，"我们规定睡觉时间是晚上 8 点，这样你能有足够的睡眠时间，明天才有精力学习和玩耍"。

这种方式让孩子明白规则的存在是为了帮助他们成长，而不是限制他们。

培养积极的自我对话

自我对话是孩子与自己进行的内部交流，这种对话在很大程度上影响他们的情绪和行为。孩子的自我对话如果充满负面评判，容易让他们陷入自我怀疑和消极情绪中，而积极的自我对话能增强他们的自信心，提升独立解决问题的能力。许多孩子在面对困难或挫折时，容易产生负面的自我评价，比如，"我做不到""我不够聪明"，或者"我永远也不行"。父母的任务是帮助孩子识别这些负面想法，并通过理性分析来挑战它们。

识别消极想法。当孩子表达自己无法做到某事时，父母可以与孩子一起识别这种消极的自我对话，并帮助他们认识到这并不符合事实。例如，孩子可能会说："我永远学不好数学。"父母可以回应："你遇到困难时很难过，这是正常的，但你一直在努力，慢慢你会越来越好。"

挑战消极信念。帮助孩子思考这些负面想法的根源，并寻找反证。例如，"你认为自己做不到，但你已经通过努力提高了数学成绩，不是吗？你能继续这样做"。

通过这种方式，孩子不仅能够意识到负面自我对话的无益，还能学会用理性和事实来反驳这些自我怀疑。

教孩子使用积极的自我鼓励语言

积极的自我对话不仅仅是避免消极言辞，更重要的是教孩子如何用积极的语言与自己对话。这能帮助孩子在面对挑战时保持积极的态度，并对自己的能力保持信心。

自我激励的句式。教孩子使用积极的语言，比如，"我可以做到""我一定能学会""这是一个学习的机会"。父母可以在孩子困难时使用这些积极语言。例如，当孩子在做作业时遇到难题，父母可以引导他说："这道题看起来有点难，但我相信你能找到解决办法。"

肯定自己的努力。帮助孩子意识到，不是所有的成功都在于结果，而是过程中的努力和成长。例如，"虽然这次比赛没有赢，但你已经尽了全力，你的进步很大，我们一起为你的努力感到骄傲。"

通过这样的方法，孩子能更加积极地看待自己和自己的能力，培养起积极的自我对话习惯。

通过榜样作用提供支持

孩子最初的行为模式往往是通过模仿父母和家庭成员建立的。因此，父母的榜样作用是支持系统的重要组成部分。

展示自信和积极的态度。在孩子面前展示解决问题的能力和乐观的态度，让他们学会如何面对挑战。例如，父母可以说："虽然今天遇到了一些困难，但我想试试不同的方法，下次会更好。"

情绪管理的榜样。当父母遇到压力或困难时，用健康的方式处理情绪，比如，深呼吸、表达感受或寻求解决方案。这种行为会影响孩子如何应对自己的情绪和问题。

家庭支持系统还包括帮助孩子建立与外界的积极联系。孩子在与同伴、老师或其他社会成员互动中，能够逐渐增强独立性和自信心。

支持孩子参与团队活动。鼓励孩子参加兴趣班、运动队或社区活动，通过团队合作建立自信和归属感。

引导孩子解决社交问题。如果孩子在社交中遇到问题，父母可以提供指导而不是直接介入。例如，"你觉得如果和小朋友分享玩具，会让他更愿意一起玩吗？"

这些社交经历让孩子感受到家庭之外的支持，从而增强他们的独立性和适应能力。

建立稳定的支持系统不只是给孩子一个温暖的家庭环境，更是通过规则、责任和榜样作用，让孩子在安全感中逐渐探索独立性和自我价值感。通过无条件的接纳、适当的责任分配、规则建立和社交支持，孩子会逐步成为情感健康、充满自信并具备独立能力的人。

六、哈利"男扮女装"：伊能静的教育之道

在当今社会，性别教育逐渐成为人们关注的话题，家长如何正确看待并引导孩子的性别认同和自我表达，成了教育中的一项重要议题。伊能静，这位曾经的歌手、演员和作家，既在事业上取得了成功，也在育儿过程中展现出了独到的教育理念。在她与儿子哈利的相处中，伊能静坚持"尊重与自由"的育儿哲学，尤其在面对哈利男扮女装这一事件时，她的态度和处理方式，为我们提供了一个很好的教育范本。

哈利，作为伊能静与庾澄庆的孩子，他的成长历程一直备受公众关注。特别是他在社交平台上分享自己男扮女装的照片后，更是引发了网友的广泛讨论和争议。部分人认为，男孩穿上女性服饰是一种自我表达和个性展示，家长应该给予支持和理解。另一些人则认为，这种举动不符合传统的性别规范，甚至可能会给孩子带来困惑，出现效仿。

然而，伊能静并没有回避这一话题，也没有给予任何过度的解释，而是通过社交平台坦然表达自己的观点。她说："这是哈利自己的选择，他想穿女装，

我没有限制。我认为，每个孩子都有权利表达自己，无论是穿衣打扮、兴趣爱好，还是个性特征，家长应该给予尊重。"

伊能静的育儿理念：尊重与自由的教育哲学

伊能静的教育理念一贯强调"尊重"和"自由"。她相信，孩子的个性发展应该得到充分的尊重，而家长在教育过程中更多的是引导和支持，而非控制和束缚。伊能静的这番话反映了她对孩子自主性和表达自由的高度重视。在她看来，孩子的性别表达、性格发展和兴趣爱好，都是其独立个性的表现，作为父母，最重要的责任是尊重孩子的选择，鼓励他们在自由的空间中去探索、去成长。

伊能静曾在多个场合表示，教育孩子不仅仅是教他们如何做一个"好"孩子，更重要的是帮助孩子学会如何成为一个"自信"的个体。她认为，孩子只有在一个宽松和尊重的环境中，才能拥有勇气去面对自我、接受自己的独特性，并最终形成独立的人格。

男扮女装：探索与自我表达

哈利穿女装的事件，并不是一时的冲动，而是他作为一个孩子在成长过程中对自我表达的一次探索。心理学研究表明，孩子在成长过程中会通过各种方式探索自我，性别表现只是其中之一。对于许多孩子来说，穿异性服装并不意味着他们对性别认同产生了困惑，只是他们对周围世界的一种好奇与试探。

伊能静对此的处理方式正是她育儿理念的体现。她没有强迫哈利去适应某种特定的性别角色，也没有因为外界的目光而对哈利的行为进行否定。她相信，男孩穿女装并不等于"变性"或"性别混淆"，而是哈利在自己成长过程中选择的一种独立的、自我表达的方式。这种尊重孩子自由表达的态度，让哈利能够在母亲的支持下，勇敢地探索自己的兴趣和个性。

伊能静还在一场访谈中说道："哈利在这个年龄阶段对所有事物都有好奇心，他穿什么衣服并不代表他有什么特殊的喜好，他只是在探索自己的身份和表达方式。作为母亲，我不想给他设限，我希望他能够自由地选择，找到自己真正喜欢的东西。"

伊能静的教育理念在面对性别表达和性别认同时，显得尤为与时俱进。传统观念往往将"男孩"与"女孩"划分得非常清晰，认为男孩就应该穿蓝色、穿裤子、做硬朗的事情，而女孩则应该穿粉色、穿裙子、做温柔的事情。然而，现代社会对于性别的认知已经发生了深刻的变化。越来越多的家长开始意识到，性别不应被单一的、固化的框架所限制。尤其在孩子的教育中，更应该去除性别刻板印象，给予孩子更多的自由。伊能静通过哈利的例子，向社会传达了一种更为开放和包容的育儿理念。她没有让传统的性别认知压制孩子的个性，而是鼓励哈利通过穿衣、打扮，甚至选择自己喜欢的活动真实地探索自己。

自我认同与独立人格的形成

通过这件事，哈利不仅仅是在探索自己的性别认同，更是在逐步形成自己的独立人格。心理学家认为，孩子在成长过程中，尤其在青春期之前，通常会经历一系列的自我探索阶段，这些阶段有助于他们理解自己的身份和位置。伊能静通过不干涉、不评判的方式，给了哈利足够的空间去探索和表达，而这种支持性的育儿方式，恰恰是帮助孩子形成自信、独立人格的关键。

孩子的性别认同和自我表达，是他们个性发展的重要组成部分。伊能静作为母亲，通过支持哈利的自由表达，帮助他在成长过程中更加清晰地认识自我，逐渐形成更加自信和独立的个性。她的教育方式告诉我们：家长不必强行干预孩子的成长轨迹，而是应该提供一个理解、宽容和支持的环境，让孩子在探索和体验中找到自己的位置。

尊重与自由，培养自信独立的孩子

伊能静与哈利的故事不仅仅是一个关于男孩穿女装的新闻事件，更是对现代家庭教育理念的生动诠释。在这个信息多元化的背景下，传统的性别认知和教育方式已不再完全适应孩子的成长需求。伊能静通过她的实际行动，证明了尊重孩子个性表达的重要性，也为我们展示了如何通过宽容和理解，让孩子在自由和尊重中成长。

每个孩子都是独特的，他们的兴趣爱好和个性特点，都应该得到充分的尊重和理解。作为家长，我们的责任不仅仅是养育孩子，更重要的是为孩子提供一个宽松自由的成长环境，让他们能够自信、独立地面对世界，勇敢地做自己。

第三章 用理解和关怀激励你的团队

天下莫柔弱于水，而攻坚强者莫之能胜。

——老子

作为领导者，你是否曾经感到困惑：团队的动力在哪里，是通过强硬的命令，还是不断加码的业绩压力？你可能忽视了一个最简单也最强大的方式：理解与关怀。是的，领导力并不只是掌控和指挥，更在于通过温柔的力量，创造一个能够激发团队潜力，让每个人都能尽情发挥的环境。这种温柔的领导方式，不仅能激发团队的创造力，还能让每一个成员在你的关怀下感受到自己的价值和力量。

一、任正非的人性化管理

当谈到激励团队时，传统的激励方法往往停留在物质奖励和目标导向的层面，领导者通过奖励、晋升、薪酬等手段激励团队成员努力工作。然而，这种方式虽然有效，但在如今这个多变且压力巨大的职场环境中，已经显得有些单一和表面。越来越多的研究和成功的企业案例表明，真正有效的团队激励，往往来源于领导者的理解与关怀，而不仅仅是激励技巧和奖惩机制。

我们来探讨一种新的激励模式，这种模式不再单纯依赖于表面上的"奖励"或"压力"，而是通过领导者深度理解团队成员、建立真正的情感连接，从而释放每个个体的潜力，并通过这种潜力的释放推动整个团队的卓越表现。

激励的内核：心理学的"深度驱动"

传统的激励理论中，我们经常听到马斯洛的需求层次理论，它将人的需求划分为从生理需求到自我实现的不同层次。然而，现代心理学的研究指出，真正的激励并不是单纯满足需求那么简单。事实上，深度驱动才是推动人们持续前进的核心动力。

深度驱动并非外在的奖励或物质回报，而是一种内在的情感需求和价值感的体现。当人们在工作中找到与自身价值观相契合的目标，并且在团队中感受到归属感与理解时，他们的行动力和创新能力会被激发出来。领导者的理解和关怀，正是唤醒这种内在驱动力的关键。

著名心理学家丹尼尔·平克在他的《驱动力》一书中认为，人的三大驱动力分别是自主性、能力感和关联感。领导者如果能够理解员工的内在需求，并帮助他们在工作中找到自主性，提升能力感，增强与团队的关联感，那么员工的工作积极性和创新精神将会大大提升。

领导者的理解力：超越表面的关注

领导者的角色，往往被定义为决策者、方向的指引者、资源的调配者等，但这些角色都只是浅表层面的职能。在当前复杂多变的职场中，领导者的核心能力，应该是理解力。而这种理解力，不是表面的关心或应付，而是深入到团队成员的心理世界，理解他们的动机、需求、情感状态，进而激发他们的最大潜力。

理解并不意味着纵容，而是深度理解每个团队成员的独特性和个人需求，基于这种理解进行差异化的管理与支持。心理学中的"深度共情"，强调不仅仅是聆听，更是进入他人的情感世界，看到他们的盲点，理解他们的渴望，并在此基础上做出回应。

华为作为全球领先的技术公司之一，其创始人任正非的管理哲学一直是许多人关注的焦点。任正非深刻理解，企业的成功离不开每一位员工的创新和努力，而每个员工的创造力，往往源自他们对工作目标的认同、对企业文化的归属感，以及领导者的支持与理解。

华为的文化强调的是"狼性"，即团队成员要具有拼搏精神和强大的执行力，但这种文化背后，是任正非对团队成员心理需求的深刻洞察。在华为，员工不仅仅被要求达成业绩指标，更重要的是在工作中找到与自己内心认同的使命感。任正非始终强调，不是每个员工都要成为最强的技术专家，而是要在团队中找到自己最适合的位置，并在这个位置上做到最好。

任正非通过亲自与员工沟通，了解他们的想法，关注他们的成长与发展，创造了一个支持创新、鼓励自我突破的氛围。他让员工明白，成功不只靠个人的拼劲，也离不开团队的协作和集体的力量。在这样的领导风格下，华为不仅在技术创新上屡创奇迹，还在管理和企业文化建设上走在了行业的前列。

华为的成功不仅在于技术实力，还在于其深厚的企业文化。任正非曾多次强调，华为始终把"尊重员工"作为企业文化的核心。华为内部的每一位员工，都感受到公司对个人价值的高度重视。任正非自己常常说："我们并不是把员工当作工具，而是作为合作者来看待。每个员工都应该在这里实现自我价值。"

华为提倡"让每个人都能发光"的企业文化，尊重员工的个人差异，并通过多样化的职业发展路径和公平的竞争机制，激发员工的创造力。领导者在团队成员遇到困难时，给予适时的鼓励和理解，帮助他们重新找到信心，这种尊重与关怀的文化，推动了华为无数的技术突破和创新。

"温柔的力量"如何激发创造力

"温柔的力量"这一概念的核心是"无形的支持"。它并非直接作用于工作任务的完成，而是通过领导者的态度、语言和行为，塑造一种积极的团队氛围。温柔的力量能够让团队成员在面对压力和挑战时，仍然感受到支持和鼓励，从而激发他们的创造力和解决问题的能力。

然而，这种温柔并非盲目的宽容，而是结合实际需求，给予团队成员适当的心理空间和情感支持。例如，当员工遇到困难时，领导者的关怀与鼓励，可以帮助他们释放焦虑和压力，从而恢复自信，重新投入工作。

美国西南航空是全球最为成功的航空公司之一，其创始人赫伯·凯莱赫有一句名言："员工首先，客户其次。"他坚信，只有当员工感受到关怀和支持时，才能将这种正能量传递给客户，最终创造卓越的业绩。赫伯·凯莱赫的管理哲学中，强调"关怀文化"。他不仅仅关心员工的工作表现，更关心员工的情感和生活。他通过提供灵活的工作制度、家庭支持计划等措施，让员工能够更好地平衡工作与生活，从而在工作中展现出更加积极和创新的态度。

二、如何通过话术激励团队

在团队管理中，语言是一种极其强大的工具。领导者通过精心设计的话术，不仅能够传达信息、激发行动，还能激励团队成员的情感与认同感。优秀的领导者善于运用语言的力量来激励团队，尤其在困难时刻，领导者的话语能够为团队注入巨大的动力。

"我知道这对你来说很有挑战，但我相信你的能力！"这种话术可以让员工感受到挑战背后的支持与信任，增强他们的信心，并激发他们面对挑战的动力。

"如果有困难，不要犹豫，我会在你身边。"提供支持的承诺是对团队成员情感的一个重要回应，它可以减少员工的焦虑，使他们感到安全，从而专注于问题的解决。

"你做得很好，这个问题的解决方案很创新，我们可以从中学到很多。"及时的肯定和赞扬可以让员工感受到自己的努力得到了认同，这种认可不仅能增加其自信心，还能够激发他们继续创新的动力。

领导者的语言不仅仅是沟通的工具，更是一种影响团队心理和行为的力量。通过恰当的话术，领导者能够帮助团队在困难中找到动力，在压力中重建信心，在协作中激发潜能。

真正的领导力，源于懂得如何用语言点燃团队的希望与激情。话术不只是技巧，更是一种对团队的深度理解和情感共鸣。通过这种艺术，领导者既能推动团队达成目标，又能让成员在每一次挑战中，感受到成长与归属的意义。

三、领导者的"软性"管理策略

在一个竞争激烈、压力巨大的职场环境中，员工不仅需要明确的目标和有力的指引，还需要心理与情感上的支持。传统的管理方式往往强调效率、任务分配和目标完成，但这种以结果为导向的管理模式忽略了人作为社会个体的情感需求。而现代管理学和心理学越来越清晰地指出，真正卓越的领导力，不仅体现在任务的完成上，还体现在对团队成员情感和心理需求的关注上。

关怀，已不再是传统管理中的"软性"策略，而是一种能够激励团队、增强凝聚力和释放创造力的核心领导力技能。关怀管理不仅仅是"关注员工的感受"，更是一种基于温柔的实践，它要求领导者用人性化的方式解决实际问题。

关怀的力量：管理不止于任务，更关注个体的成长

传统管理方式更多聚焦于目标和任务完成，但关怀管理从个体出发，关注团队成员的想法、需求和职业发展。需求层次理论指出，人类的高层次需求只有在低层次需求被满足后，才能得到激发。

一家互联网公司在高速发展后，团队成员普遍感到倦怠，效率开始下降。公司的产品总监注意到团队的情绪问题，他没有单纯地通过增加奖金或强制加班解决问题，而是选择与团队成员进行一对一沟通，倾听他们的真实想法。

在沟通中，他发现许多人感到压力过大，缺乏心理支持。于是，他邀请了一位心理咨询师为团队举办了一场关于压力管理的"工作坊"，并在日常工作中设立了"心理安全时段"——允许团队成员在特定时间段内，暂停工作进行自由交流或情感释放。结果，团队的士气迅速回升，工作效率也迅速提升。员工表示："感受到领导对我们的关怀，不仅仅是口头的承诺，更是真正的行动。"

关怀的关键：解决问题，而不是单纯的情感安抚

关怀并不等于"好好先生"式的纵容，它要求领导者在理解团队成员情感的基础上，找到实际可行的解决方案。关怀需要切实的行动支持，帮助员工在困难中找到解决路径。

一家制造企业的生产部门在某次项目中因原材料供应问题导致进度延迟，团队成员感到无助。经理李先生首先在部门会议中表示："我知道大家最近压力很大，问题的确不在你们身上，是供应链出了问题。"他迅速联系供应链团队，亲自协调资源，甚至借用个人关系确保关键原材料的到位。同时，他还鼓励团队灵活调整工序，将非关键工序先行完成，减少整体工期的浪费。同时，他为一线员工申请了额外的假期补偿，并安排部门内轮休，让每个人都能适当放松。最终，项目按时完成，而员工也因为感受到了领导的关怀并提升了行动力，从而更加信任并支持李先生的工作。

从"关怀"到"赋能"：鼓励自主性与责任感

关怀管理并不只是"帮助员工解决问题"，更重要的是通过支持和信任，激发员工的潜能，让他们成为自己的问题解决者。这种"赋能式关怀"能够在团队中建立长期的信任和合作文化。

一家创意公司的设计团队在处理一个复杂的客户项目时陷入了瓶颈，成员们对最终方案始终无法达成一致，导致项目停滞。团队领导人没有直接介入提供具体解决方案，而是问了团队两个关键问题："如果我们从客户的角度思考，这个项目最重要的是什么？你们认为自己现有的资源中，哪些能够带来最大的价值？"

他同时表示："我相信你们一定能找到最佳解决方案，我会在你们需要时随时支持。"这种表态让团队感到既被信任，又有责任感。他们迅速展开新一轮的讨论，并在没有外部干预的情况下，成功完成了项目。

通过关怀构建团队文化：打造心理安全感

关怀管理不仅仅是针对个体的短期行为，更是一种能够塑造长期团队文化的策略。在一个强调心理安全感的环境中，团队成员敢于表达真实想法，敢于承认错误，并且在挑战中更具有韧性。

一家全球性科技公司的创新部门设有一个"失败复盘日"，员工在会上分享自己工作中犯过的错误，并讨论从中学到的经验。部门主管通过这些复盘传递一个信号："在这里，失败不可怕，我们要从中学会如何变得更好。"

这种文化让团队成员在平时的工作中更愿意尝试大胆的想法。一次，一位年轻工程师提出的"跨界融合"创意方案最终被采纳，并推动了公司在新领域的产品突破。这位工程师表示："如果不是主管创造了这种包容失败的氛围，我根本不会提出这个想法。"

四、温柔管理的五个关键实践

陈述事实不评判。主动倾听团队成员的需求和情感，用"我理解你的感受"来共情，而不是急于下结论或评价。

给予实质支持。不仅要表达关心，还要提供具体资源或行动帮助。例如，调整工作负担、优化流程或提供专业辅导。

建立信任感。在日常沟通中展现真诚和一致性，确保团队成员感受到领导者的可靠性和真心。

鼓励开放对话。在团队中营造一个开放的环境，让每个人都能无惧表达意见，甚至敢于挑战现状。

传递长期关怀。通过关注员工的职业发展和个人成长，帮助他们找到在团队中的长期价值感。

关怀管理并不是一种"额外"的领导力技巧，而是一种深刻的实践哲学。它以情感为纽带，以行动为支撑，不仅能够帮助团队成员在挑战中找到力量，还能塑造一个高效、信任和创新的团队文化。真正优秀的领导者，不是通过命令和控制管理团队，而是通过关怀与支持，激发每个成员的潜能。关怀是最具力量的领导艺术，它让团队成员明白，他们不是为目标而工作，而是为归属和意义而奋斗。

五、董明珠：从奋斗到卓越，铸就格力传奇

在我国企业界，有许多令人敬佩的女性领导者，而董明珠无疑是其中最为突出的代表之一。她不仅是我国家电行业的翘楚，还是女性领导力的象征。她的故事，是从一个普通销售员到企业掌舵人的奋斗史，也是一个充满决心、智慧与坚定的现代传奇。

从基层员工到格力的灵魂

董明珠出生于江苏南京的一个普通家庭。一次偶然的机会，她被珠海海利空调器厂（格力电器前身）的招聘广告上高额的提成吸引。于是，她毅然辞职加入格力电器，成为一名基层销售人员。在男性主导的商业环境里，董明珠面临着巨大的挑战。她不仅要克服性别偏见，还要在竞争激烈的家电市场中，为格力争取到更多的市场份额。

她深知，做销售不仅仅是推销产品，更是推销自己的信念和热情。她的工作风格严谨、执着，常常是以身作则，带领销售团队加班加点，亲自去与客户沟通。她的销售业绩逐渐开始突飞猛进，最终让她从普通员工晋升为公司的高层管理者。

"做市场最好的产品"：从产品创新到全球化布局

进入格力的早期，董明珠就意识到，企业要在竞争中脱颖而出，必须有核心竞争力，而这个竞争力就是产品。在她的带领下，格力将"质量第一"作为企业的核心价值观，并大力推动技术创新与自主研发。董明珠多次强调："如果你不创新，不去做更好的产品，企业就会落后。"这种对产品品质的执着，使得格力从一个地方性品牌逐渐发展成了全球知名的家电巨头。

董明珠推崇"工匠精神"，她认为，企业的成功离不开每一个细节的打磨

和每一项技术的突破。她曾亲自带领团队攻克空调技术的瓶颈，将格力空调推向国际市场，并一度成为全球最大的空调生产商。她的决策让格力从单纯的产品制造商，成功转型为全球化运营的企业。

董明珠对技术创新的推动，使得格力成为我国家电行业的领军企业之一。她不仅要求企业在国内市场占据领导地位，还提出了国际化战略。如今，格力不仅在我国市场占据优势，还在海外市场获得了显著份额，成为全球家电领域的佼佼者。

敢于挑战，打破固有规则

董明珠的成功并非偶然。她的成功很大一部分得益于她敢于突破常规，打破行业规则，挑战权威。

一个典型的例子是她对"经销商模式"的拒绝。在家电企业的传统模式中，依赖经销商网络来扩大销售是普遍做法。然而，董明珠认为，这种模式不仅利润分成多，容易导致企业与终端市场的脱节，还会影响品牌形象的统一管理。她坚持实行直销模式，采取"厂商一体"的策略，直接面对终端消费者，这一举措使得格力在市场竞争中占得先机。

此外，董明珠在格力的经营管理中十分注重团队建设。她坚信，企业的成功离不开团队的力量。在她的领导下，格力注重培养忠诚而有创造力的员工，建立了相对完善的激励机制与培训体系。她鼓励员工大胆创新，敢于提出独立见解，这种包容与激励的领导方式，极大提升了员工的积极性和创造力。

坚韧不拔的"铁娘子"

董明珠的坚韧和果敢在她的个人经历中表现得尤为突出。许多人认识董明珠，首先是因为她在格力的卓越表现，但她的故事远不止于此。她在职场中的坚韧不拔，尤其在面对外部质疑时，展现了她无所畏惧的强大内心。

2009年，董明珠面对一次重大的挑战。那时，格力面临着经济危机和市场萎缩的压力，许多企业的领导者选择保守应对，而董明珠却果断提出了"破冰"计划。她提出，格力必须加速产品创新、提升管理效率，并在全球市场寻求更多的增长机会。很多人都怀疑这个计划能否成功，但董明珠坚信，只要敢于挑战，抓住机遇，就能迎来崭新的未来。

这份坚韧与果敢也让董明珠在许多场合成为"女性榜样"。她通过自身的努力和决策，不仅打破了性别偏见，还向社会证明了女性在商业领域同样能够取得卓越成就。她的成功，赋予了许多女性更多的勇气和信心，去追求自己的梦想并实现自我价值。

格力的未来：领导力的传承

作为格力的掌舵人，董明珠不仅为公司效益带来了持续的增长，还通过她的智慧与领导力，打造了一个稳健的企业文化。她从不满足于现状，总是以更高的标准要求自己和团队。"格力的成功，不是一个人的功劳，而是团队合作的结果。"董明珠在多个场合如此表示。

她不仅仅是格力的领导者，更是企业文化的塑造者。她强调企业不仅要追求商业上的成功，还要担负起社会责任。无论是在国内公益活动中，还是在海外市场的拓展中，董明珠都一直坚守着"责任与使命"的理念。

董明珠的故事是一个充满拼搏、智慧与勇气的传奇。她通过不断的努力和创新，将一个地方性的家电品牌带向了全球，成了家喻户晓的商业领袖。而她对格力的经营哲学，尤其是"做最好的产品"和"团队的力量"这两个核心理念，也为许多企业提供了宝贵的经验。

在我国乃至世界商业领域，董明珠是不可忽视的榜样。她不仅打破了性别的局限，还通过实际行动向世人展示了一个女性在领导岗位上，能够用坚定的信念、无畏的挑战和深邃的智慧去成就伟大的事业。董明珠的故事，给所有女性树立了一个榜样：无论面对何种挑战，只要坚持自己的信念、勇于创新与突破，终能达到顶峰。

第四章 温柔是爱情中最强有力的武器

但愿人长久，千里共婵娟。

——苏轼

如果你问，我们最希望遇见什么样的爱人，答案或许不尽相同。有人喜欢美丽的样貌，有人喜欢独立的个性，有人喜欢性感的身材，有人喜欢成熟的魅力，等等。我想，真正的答案或许是这样：我们希望拥有一个能够温柔对待自己的人。

在这个快节奏的世界里，温柔越来越像一种奢侈品，尤其在爱情中。我们每天被时间推着往前走，忙着工作，忙着应酬，忙着浏览短视频，却常常忘了停下来，用一种柔软的方式去触碰彼此的心。这种缺失的温柔，不是情感的冷漠，而是一种"太忙了"的借口。可是，现代人真的还能负担得起爱情的温柔吗？

一、"情场"变成"战场"，温柔去哪儿了

社交媒体改变了我们看待爱情的方式。你有没有发现，很多人在感情中变得越来越像"竞争者"，聊天不秒回，心里就开始盘算对方的用意；争吵时，谁也不愿先低头，好像温柔意味着输掉了这场辩论。心理学家约翰·鲍尔比的依恋理论告诉我们，人类的亲密关系深受早期依恋模式的影响，而现代人早已

习惯于"防御性依恋"：害怕受伤、害怕暴露脆弱，所以用冷漠和疏离掩饰真实的情感需求。

晓林和女友雯雯吵架了，原因只是雯雯发现晓林在社交媒体上多关注了几个女生。晓林觉得莫名其妙，雯雯则因为缺乏安全感爆发了情绪。两人僵持不下，晓林说："你这样太不讲道理了。"雯雯委屈地回道："那你就去找别人吧！"这种对抗听起来熟悉吗？在现代爱情中，我们总是把争吵当作输赢的战场，却忘了用温柔去探究彼此真正的需求。

这种缺失的温柔与心理学上的情感验证密切相关。情感验证指的是，通过语言或行动确认并接纳对方的感受。当伴侣说"我今天好累"，如果你的反应是"有什么好累的，不就是工作吗？"这不仅是情感验证的缺失，还是对关系的一种伤害。温柔的反应则是："听起来你今天过得不太轻松，要不要一起聊聊？"这样的回应能让对方感受到被理解，而非被忽视。

温柔，是忙碌时代的稀缺品

在心理学上，温柔被看作是一种安全感的传递，它在告诉对方："无论你是什么样子，你都是值得爱的，是被接纳的。"温柔在现代爱情中的稀缺，往往源于我们对时间和注意力的匮乏。信息过载的时代，我们更愿意花时间刷短视频，而不是静下心来倾听伴侣的感受。

我曾在公众号上读到过这样一个故事，深深触动了我：一对新婚夫妻，因为繁忙的工作几乎没有时间好好沟通。妻子常常抱怨丈夫的冷漠，而丈夫则觉得妻子的抱怨不可理喻。有一次，丈夫出差回家，带回了一盒妻子大学时最喜欢的榴梿味糕点。当他递给她时，轻轻说道："你最近照顾家里辛苦了。"那一瞬间，妻子的眼泪夺眶而出。

只有她知道，丈夫为了给她带回这份心意，需要换乘3次，继而转车再排队。这背后，凝结的不是简单的物质，而是丈夫对她日常辛劳的看见。温柔，不是空洞的言语，而是细腻的行动，它让人感受到——在那些看似平凡的日常琐事中，彼此的心意和情感从未走远。而实践温柔的意义就在于：当我们的情感迷失时，只要想到那一刻，足以抵过岁月漫长。

还有这样一则视频：一对即将离婚的夫妻，在冷静期内，妻子提议这一个月不争吵，每天出门拥抱亲吻，下班也是。最初，两个人因为长时间的情感疏离，行为显得有点僵化，慢慢地，脸上有了笑意，再后来，拥抱变成了习惯。

因为这样温柔的仪式，双方的身体有了靠在一起的习惯。我们常说习惯很难改变，当我们习惯和某人的身体建立连接之后，再去改变，就像在和自己的身体做分割。这样的温柔重复了一个月，她们从离婚走向了蜜月。温柔就是这样，在我们的不经意间，柔和了岁月，惊艳了时光。

温柔为什么被认为是软弱的退让

很多现代人害怕在爱情中展现温柔，越来越习惯于用"对抗"的方式解决问题。在心理学上，这种倾向可以归结为"对立性需求"——一种源于不安全感的心理机制。它让人们在关系中更倾向于保护自己，而非信任对方。然而，大量的心理学研究表明，温柔是一种高度成熟的情绪调节能力。它让我们有勇气在矛盾中去缓和关系，而不是加剧冲突。

在争吵中，如果伴侣选择妥协，可能会被解读为懦弱或不够强势。但实际上，温柔的妥协是一种成熟的情感管理能力，能够有效地缓解冲突。然而，在强调"个体独立性"和"自我价值"的现代文化中，温柔反而被视为"失去主导权"的表现。

想象这样一个场景：你和伴侣因为家务分工吵得不可开交。伴侣指责你懒惰，你觉得对方要求太多。此时，通常的反应可能是反驳、攻击，甚至冷战。然而，温柔的表达可能是这样："我知道你希望我们能一起分担更多，但我最近真的很累。也许我们可以一起看看怎么调整？"这不是妥协，而是以一种智慧的方式告诉对方：我愿意为了我们的家努力，我也愿意和你一起面对家里的风雨。

温柔不是单纯的情绪表达，而是一种深刻的情感智慧。心理学上，温柔可以被视为一种"感知能力"和"回应能力"的结合。感知能力让我们敏锐地察觉伴侣的情绪波动，而回应能力则帮助我们以关怀的方式做出行动。这两者共同构成了温柔的核心。

也许有人会问，温柔是不是等于爱？答案是：不完全等同。爱是一种包容广泛的情感，而温柔是爱的一种具体表达方式。心理学家斯滕伯格的爱情三角理论认为，亲密、激情和承诺是爱情的三大要素，而温柔则贯穿于亲密之中。温柔让爱情的亲密更真实、更有温度。

"爱自己"等于拒绝温柔吗

现代人喜欢谈"爱自己"，这已经成为现代社会中最广泛传播的心理学概念之一。人们被鼓励将关注点从取悦他人转向满足自己的需求，尤其在爱情中。然而，许多人误解了"爱自己"的真正含义，将它等同于自私、冷漠，甚至是对亲密关系中温柔的拒绝。

心理学家克里斯汀·内夫提出的自我关怀理论为我们解开了这一误区。真正的"爱自己"并不是无视他人的需求，而是用一种健康的方式既爱自己也爱别人。在健康的亲密关系中，温柔是"爱自己"的延伸，它让你能够在拥抱自己真实感受的同时，用温柔的方式回应伴侣的情绪。

莉莉是个典型的"独立女性"，她拒绝在爱情中展现"软弱"。她的恋人阿哲因为感受不到她的情绪回应，最终选择分手。后来，莉莉在心理咨询中逐渐意识到：温柔和脆弱并不冲突。她开始学着用更柔和的方式表达自己的需求。比如，当她感到失落时，她不再沉默，而是告诉对方："我最近压力有点大，希望你能多陪陪我。"她发现，这种温柔的表达不仅让自己感到更被理解，还让对方更愿意靠近。

二、现代爱情的特征与困境

在这个快节奏的时代，爱情也变得越来越"高效"。社交媒体、短视频、即时通信工具让我们习惯了"秒回"的满足，也让耐心和等待逐渐退出了舞台。现代人的爱情更像是一场效率游戏：匹配、交往、磨合，甚至结束，一切都在不断提速。然而，在这一切的快速旋转中，我们是否已经失去了最重要的东西——温柔？

心理学家丹尼尔·卡尼曼的"双系统理论"提出，人类的决策行为分为快思考和慢思考两种模式。而现代爱情的困境恰恰在于，我们用"快思考"处理了一段需要"慢思考"的关系。快速约会、社交点赞、朋友圈秀恩爱，这些表面的亲密关系缺乏真正的深度连接。而温柔，作为一种需要耐心、关注和投入的情感表达，在这样的环境中被无情地压缩甚至忽略。

社交媒体与现代爱情的特征

社交媒体在现代爱情中扮演了一个复杂的角色。一方面，它为人们创造了更多的连接机会，让爱情得以迅速萌芽；另一方面，它也带来了大量的干扰和不安。

比较文化的压力。社交媒体让我们习惯了将自己的生活与他人进行比较。

看到别人每天秀恩爱、收到奢侈礼物、去高级餐厅，我们很容易对自己的关系产生怀疑："为什么他没有像那个人一样给我送礼物？""我们是不是不够亲密？"这种比较让人们对关系的关注点从感受转向了表现，而温柔——这种无法量化、无形的情感价值，被置于次要位置。

短时刺激。社交媒体也培养了人们对短时满足的偏好。一段关系中的期待逐渐变得快速且具体：秒回消息、立即道歉、迅速解决问题。这种对速度的要求，削弱了人们对情感复杂性的理解。阿杰和女友岚经常因为"消息回得慢"而争吵。在岚看来，阿杰不秒回就代表"他不爱我"，但阿杰却觉得，岚忽略了他的工作节奏。这样的矛盾，根本不是爱不爱的问题，而是两人对时间和节奏的需求不同。但在快节奏的文化中，温柔的倾听和包容越来越难以实现。

社交媒体还催生了表演型亲密关系。那些为别人而展示的亲密瞬间。情侣们开始注重关系的"可见性"，而不是其真实的情感深度。秀恩爱的照片、撒糖的视频，变成了一种社交"货币"，而非两人独享的美好回忆。这种现象无形中削弱了温柔的存在，因为温柔的特质是内向而私密的，它需要在两人之间建立，而不是向外界展示。

忙碌生活对温柔的侵占。现代人忙着工作、学习、社交，爱情成了日程表上的一个项目——需要"高效安排"。但爱情是一种需要空间和时间的关系，温柔的表达更是如此。当两个人都被生活压得喘不过气时，谁还有精力去注意对方微小的情绪变化？

碎片化爱情。碎片化的时间让我们越来越难以专注。很多人习惯在短暂的休息时间给伴侣发几条消息，但真正的深度交流却越来越少。这种碎片化的互动削弱了爱情的连接感，温柔的表达更无从谈起。

情感外包。把温柔的需求交给其他人或事物，比如，心理咨询师、宠物，甚至是虚拟伴侣。研究发现，越来越多的人选择与 AI 或虚拟对象建立情感连接，而不是处理真实人际关系中的复杂性。虽然这些情感外包对象可以在短期内满足一些需求，但它无法取代人与人之间真实的温柔互动。

社交媒体催生出的这些"短时诱惑"让人们的情感需求变得多元又细碎，似乎每个人都在追求着不同的情感体验和满足，原本需要时间过滤的美好爱情也随之变得功利而浮躁。人们开始追求表面的完美和虚荣的满足，而忽视了爱情中真正重要的东西——真诚、理解和包容。

快节奏时代的爱情困境

在信息和流量的裹挟下，爱情被卷入一场无法抗拒的洪流。大量快速、便捷的元素正悄然改变着爱情的形态，让现代年轻人的亲密关系陷入新困境。爱情，这一原本应该基于内心感受和相互理解的情感，正在以一种轻量化的形式悄悄袭来。"搭子"文化正是这一转变的缩影，它指的是人们基于某种共同兴趣、需求或活动而结成的临时性、功能性社交关系，这种关系通常较为松散，并不涉及深层次的情感交流或过多的私人生活干预。

"搭子"文化最大的特点是"明确边界"，而这恰恰是现代爱情中备受推崇的品质之一，希望自己的生活不被过多打扰。有人说，爱情应该是纯粹的情感连接，远远超越了功能性需求。"搭子"关系只停留在一种浅层的互动上，而爱情需要情感、亲密度和长期投入的叠加。也因此，年轻人的爱情观迎来了新挑战。

过度依赖外界评价

外界评价本身并非全然负面，适度的社会反馈有助于我们认识自己的不足，并及时调整和改进。而当这种评价成为衡量自我价值的主要标准，甚至唯一标准时，问题便随之而来。社交媒体作为现代社交的重要平台，无疑加剧了这一趋势。

在社交媒体上，人们展示着自己的生活、成就和观点，同时也浏览着他人的分享，进行无声的比较。这种比较往往是不公平的，因为我们只看到了他人精心挑选和美化后的生活片段，忽视了背后的努力和付出。这种片面的比较让我们更容易产生自卑和不满，进而更加依赖外界的评价来确认自己的价值。

过度依赖外界评价也给爱情带来巨大的压力。我们时刻担心自己的表现是否符合他人的期望，是否能够得到他人的认可和赞许。这种压力不仅让我们在爱情中变得小心翼翼、畏首畏尾，还可能导致我们做出一些违背内心意愿的决定。当爱情变成一种需要"点赞"和"认可"的行为时，两个灵魂之间的静谧连接便悄悄断了线。

忽视情感细节

情感细节是爱情中不可或缺的一部分，它体现在日常生活的点点滴滴中。一个温柔的拥抱、一句贴心的问候、一个关心的眼神……这些看似简单的行为，却能够传递出深深的爱意与关怀。它们如同爱情的润滑剂，让关系更加顺畅与和谐。

快节奏的生活让我们对伴侣的情绪变化变得迟钝。当我们不再关注对方的情感需求与细微变化时，就很难及时发现并解决问题。这种忽视不仅会让对方感到被冷落与不被重视，还会逐渐积累起不满与失望，最终引发更大的冲突与矛盾。此外，忽视情感细节还会削弱爱情的信任基础。信任是爱情中最宝贵的财富之一，而情感细节正是建立信任的重要途径。当我们开始忽视对方的情感表达与需求时，就会让对方产生怀疑与不安，从而破坏掉原本坚固的信任关系，而温柔正是建立在对这些细节的关注之上。

情感资本化

情感资本化是指将情感或关系中的互动、行为和表达转化为某种可以交换、衡量或展示的资本。在现代社会，特别是在社交媒体和消费主义的共同作用下，爱情越来越多地被包装、记录，并用于获取社会认同和个人价值感。

情感资本化的核心并不在于感情本身，而在于通过感情获取某种外部回报：社交认可（点赞、评论）、经济利益（展示消费能力），或者身份认同（我是一个"幸福的人"）。这种现象在当代爱情中越发普遍，对亲密关系带来深刻的影响。尤其在缺乏安全感的人际关系中，情感资本化是一种对感情价值的外部验证方式。比如，通过对比他人关系的"优越性"来弥补内心的不确定。

情感资本化的表现形式包括以下几个方面：

社交媒体的"爱情秀"。在社交媒体上，晒幸福几乎成为一种常态。从生日礼物的开箱视频，到情侣旅游的精心剪辑，这些看似甜蜜的展示，背后可能隐藏着对外部评价的渴望。比如，花几个小时修图，发一张与男友在餐厅的合影，配文"纪念我们在一起的一周年"。因为这是男友迟来的补偿，发图的原因是希望获得朋友们的羡慕和点赞。

"消费型亲密关系"。爱情的资本化也表现在消费行为中。一些人将爱情的价值与物质等同，例如，通过昂贵的礼物、奢华的约会证明对伴侣的重视。比如，阿杰在情人节给女友买了一个名牌包，他的朋友们评价他"真是男友榜样"，他的动机更多是为了获得他人对自己的认可。

"关系中的权力展示"。在一些关系中，情感资本化表现为通过亲密行为获得对伴侣的控制或优势。例如，阿华在聚会中刻意夸大伴侣对他的付出，用这段关系证明自己值得被爱。她的伴侣却感到被情感绑架，因为这些"付出"

被放在了台面上。

"感情衡量工具"。情感资本化让爱情被量化和比较。例如，关系中的一方可能会用伴侣的"表现"（如买礼物的次数、对重要节日的态度）来评估这段关系是否"值得"。例如，小丽觉得男友不够爱她，因为他没有在纪念日发朋友圈。尽管男友表示更注重私下的陪伴，但小丽仍觉得"爱得不够用心"。

情感资本化让爱情变得量化和表面化，而温柔是一种去资本化的力量。它提醒我们，真正的亲密关系不是为别人而存在，而是为了两颗心的相遇与滋养。温柔是一种反对资本化的姿态，它在日常的点滴中，传递的是无法用数字和符号衡量的情感深度。通过实践温柔，我们可以帮助自己的关系回归真实，摆脱情感资本化的陷阱，让爱情不再是外界的表演，而是内心的丰盈体验。

三、如何在快节奏中找回爱情的温柔

在充斥着忙碌与焦虑的生活节奏里，我们追逐效率、习惯快速决策，甚至把爱情也纳入时间管理的框架。然而，这种快节奏的生活并没有让我们更幸福，反而让我们在亲密关系中逐渐丧失了最重要的东西：耐心。匆匆忙忙的生活让我们总是"做得多、感受得少"，找回温柔的第一步，就是重新学会关注伴侣的情感和需求。

约翰·戈特曼的研究指出，幸福的夫妻在日常互动中，正面行为（如鼓励、微笑、拥抱）和负面行为（如批评、冷漠、指责）的比例应为 5∶1 以上。温柔是创造正面行为的核心，它不仅能缓和矛盾，还能让彼此感受到"爱是安全的"。

有一个很感人的真实故事：一对结婚 50 年的老夫妻，妻子因阿尔茨海默病逐渐忘记了丈夫是谁，但丈夫依旧每天陪伴她、喂她吃饭、为她读她喜欢的诗。有人问他："她已经不记得你了，你为什么还这么努力？"丈夫微笑着回答："但我记得她是谁。"这份温柔不仅是一种情感，还是一种坚持，一种在时间和困难中不褪色的承诺。

> **放慢节奏，从关注开始**

理解语言背后的情绪。我们不仅仅是听伴侣说了什么，而是理解他们背后的情绪和想法。放下手机、停下忙碌，用专注的态度聆听，是温柔的开始。当伴侣抱怨工作时，不要急于给建议，而是说："听起来你今天很辛苦，能不能

多跟我说说？"当伴侣感受到被关注和重视，情感上的连接会更深。

用目光传递温柔。研究表明，眼神接触可以增强亲密感。在交谈时，试着注视伴侣的眼睛，用温暖的目光表达你的专注与关心。

在繁忙中创造"温柔时间"

即使生活再忙碌，也可以通过计划和刻意的安排为关系腾出空间，让温柔有机会生长。

每天 5 分钟的"温柔时刻"。在一天中留出 5 分钟，只属于彼此。这个时间可以是一起喝茶、简单拥抱，或者分享当天的感受。短短几分钟的交流，也能为忙碌的生活注入一丝温柔。

每周一个"无干扰的约会"。在快节奏的生活中，每周安排一个固定时间，和伴侣单独相处，无须太多仪式感，只要双方能够专注于彼此即可。比如，一起去散步、共进早餐，或者一起完成一个小任务。

学会管理情绪，用温柔化解冲突

忙碌的生活容易让人情绪化，而情绪化常常是温柔的最大敌人。学会在情绪上升时管理自己，是找回温柔的重要一步。

暂停冲突，等待情绪冷却。在争吵时，学会暂停，用温柔的话语请求一段"冷却期"。比如，当你和伴侣因为琐事争吵时，不妨说："我们现在都有点情绪化，我需要冷静一下再好好聊。"情绪冷却后，沟通会更加理性，也更容易带着温柔去理解对方。

用"我感受"代替指责。在表达不满时，用"我感受"代替"你总是"。与其说"你总是迟到"，不如说"我感到有点失落，因为我很期待和你一起度过的时间"。

从细节中重建温柔

温柔不需要惊天动地的举动，而是体现在日常生活的细节中。即使在忙碌中，也可以通过微小的行为让温柔成为一种习惯。

用行动表达爱意。温柔的行为往往是无声的。例如，伴侣忙碌时为他准备一杯热茶，在早晨出门前轻轻拥抱对方。

表达感激。感激是温柔的另一种形式。在快节奏的生活中，很多付出会被视为理所当然，而温柔地表达感激能让对方感受到被重视。比如，说一句"谢谢你今天帮我处理那件事情，真的让我轻松了很多"，通过简单的感激话语，让对方知道他／她的努力被看见。

与自己和解，找到内在的温柔

忙碌的生活常常让人忽视了对自己的温柔。而一个懂得对自己温柔的人，更容易将这种态度带入亲密关系。

给予自己时间和空间。在繁忙的生活中，学会停下来问问自己："我现在感觉如何？"通过照顾自己的情绪，让自己成为一个更温柔的人。

接受自己的不完美。快节奏的生活容易让人对自己过于苛责。学会对自己的不足保持耐心，也会让你更容易以温柔的态度面对伴侣。比如，在犯错时对自己说："我尽力了，下次会更好。"

技术时代的"断舍离"

科技让生活更高效，但也无形中吞噬了温柔。减少科技对生活的干扰，是找回温柔的有效途径。

设定"无手机时刻"。每天在和伴侣互动时，设定一个无手机时段，将注意力完全放在对方身上。比如，晚饭时间将手机放到一边，专注于分享当天的经历。

减少社交媒体的影响。社交媒体会制造对爱情的比较和焦虑感。学会屏蔽外界的"秀恩爱文化"，专注于自己的感情。比如，设立"社交媒体断网日"，减少被外界评价绑架的可能。

用仪式感重塑温柔

在流量为王的生活中，温柔往往被忽略，而仪式感能让温柔再次浮现。

固定的情感仪式。为彼此创造独特的习惯，比如，每次分开时给对方一个拥抱、出门前亲吻。

节日中的小创意。利用节日或特殊日期，通过小而用心的方式表达爱意。比如，在伴侣生日时手写一封信，用回忆和未来的期待填满这一天。

温柔不是一种天赋，而是一种选择。我们常常无意识地忽略温柔，但每一次停下来关注、倾听、表达和感激，都是一种温柔的实践。温柔可以穿越忙碌，重新连接人心。正如心理学家埃里克·弗洛姆所说："爱是主动的行为，是一种通过关怀和尊重让另一个人生命成长的能力。"

现代爱情复杂、忙碌，甚至疲惫，温柔是这个快节奏环境里的"慢产物"，它不是昂贵的礼物，不是惊天动地的承诺，而是每一次平凡却深刻的在意。当我们愿意卸下"盔甲"，用一颗柔软的心去触碰对方的情绪时，爱情才能真正走得长远。

爱，从温柔开始；魅力，也因温柔而丰盈。

四、陆毅与鲍蕾：一场"慢爱情"的完美实验

在浮华的娱乐圈中，真爱往往被灯光和掌声淹没。但陆毅和鲍蕾的爱情，就像一杯慢煮咖啡，散发着细腻的香气，让我们重新思考爱情的真正意义。当下的年轻人喜欢用"秒回""高甜""心动瞬间"定义感情，但陆毅与鲍蕾的爱情却似乎在用另一种方式回答着：真爱不是快速燃烧，而是持久发热。

相遇是偶然，长久是选择

如果用今天的眼光来看陆毅和鲍蕾的初遇，这或许更像是一场校园恋爱里的"社交盲盒"。两人在上海戏剧学院相识，初见时并没有所谓的一见钟情。他们只是普通的同学，偶尔合作，偶尔聊天，情感却在日复一日的互动中悄然发酵。

当下年轻人热衷于通过社交媒体或算法匹配寻找"灵魂伴侣"，但陆毅和鲍蕾的故事告诉我们：真正的爱或许更像一株植物，需要耐心地浇灌与等待，才能看到它开花结果。心理学家约翰·戈特曼的研究表明，长期关系中最重要的不是"热烈的吸引"，而是"持续的善意"。陆毅和鲍蕾正是这样，在日常的细微中，默默为每一次不经意的遇见积攒着善意。

慢爱与坚守：平凡生活的浪漫哲学

两人毕业后，陆毅凭借《永不瞑目》等作品迅速走红，成为无数人心中的偶像。面对突如其来的成名和外界的诱惑，陆毅始终保持清醒，他公开承认鲍蕾是他的女朋友。在拍戏时，无论多忙多累，他都会抽空给鲍蕾写信或打电话。而鲍蕾则选择放弃自己的演艺事业，默默支持他的梦想。

在今天这个人人追求"势均力敌"的爱情时代，鲍蕾的选择或许会被视为"退让"。但从另一个视角看，她其实在践行一种"慢爱情"的哲学——将成就感从竞争转向陪伴，用深厚的情感联结，填补彼此生活的空白。

心理学中的"自我扩展理论"解释了这一现象。两人在彼此关系中不断将对方融入自己的生活，形成一种"我们"的认同感。鲍蕾的付出并不是牺牲，而是一种主动选择，去共享彼此的成长与喜悦。

仪式感的坚持：爱，从未平淡

年轻人常感叹爱情容易变得"鸡肋"，可陆毅和鲍蕾却懂得如何在生活中保持仪式感。有一次，鲍蕾过生日，陆毅在忙碌的工作间隙偷偷为她准备了一封手写的信，信中并没有华丽的辞藻，只写了这样一句话："鲍鲍，和你在一起的每一天，都是我心里最重要的日子。"

心理学研究指出，夫妻间的小仪式，无论是一句真挚的问候，还是一顿特别的晚餐，都有助于增强关系中的情感联结。陆毅和鲍蕾的仪式感，正是在平淡中注入了浪漫的温度。

面对当代爱情观的金句反思

鲍蕾曾在采访中说道："爱情不是你一个人在舞台上的独角戏，而是两个人一起排练出的人生剧本。"这句话颇具深意，特别是放在如今这个"个人优先"的时代。越来越多的年轻人追求"独立自主"与"个性张扬"，却忽略了爱情真正的本质——"我们感"。

心理学家赫尔曼·赫塞曾说过："幸福就是找到一个与你心灵契合的人，共同经历时间的雕琢。"这句话在陆毅和鲍蕾身上得到了完美诠释。他们没有用过分的浪漫举动去惊艳时光，而是在柴米油盐中，把爱情过成了"我们"的模样。

"慢爱情"的意义：为年轻人提供另一种答案

陆毅和鲍蕾的爱情故事，为当下的年轻人提供了一个新角度：爱情不是追求极致的心动瞬间，而是追求共同成长的旅程。快速约会、瞬间的火花可能会带来短暂的甜蜜，但真正让人心安的，是那种细水长流、相濡以沫的深厚感情。在这个所有人都奔跑的时代，也许停下来，像陆毅和鲍蕾一样，慢慢地去爱，才能找到真正的幸福。爱，不是找到一个完美的人，而是学会用爱让彼此更加完美。

己所不欲，勿施于人。

——孔子

"所有美好的人际关系，最终都指向同一个方向——成为更好的自己。"这句话听起来像是一句哲思，但它背后却蕴藏着人际关系的终极真相。人际关系，从亲密爱人到普通朋友，从职场同事到路人交集，看似在连接彼此，实则也在塑造我们自己。

每一段关系，都是一面镜子，映射出我们的需求、欲望、缺点和潜力。它们的存在，既成全了我们的社交需求，也推动了我们的人格成长。

一、与朋友相处：看到自己的宽容与界限

朋友，是我们在人际关系中的第一个"自主选择"。和家人不同，他们不是与生俱来的关系，而是我们用时间、经历和情感精心挑选出的"伙伴"。正因为这种选择的自由性，朋友关系成为我们观察自己、发现自己、修炼自己的重要途径。在这段关系中，我们既能看见自己的宽容，也能发现自己的界限。这并非简单的"对错判断"，而是透过彼此的交互，让我们从另一种生活中窥见自己成长的可能性。

有人说："一个人宽容的极限，藏在他与朋友的冲突中。"与朋友的相处，

让我们不断在对方的缺点中学会接纳，也在自己的坚持中设定边界。比如，当你和一个朋友意见不合时，是选择妥协、争执，还是彼此保留的看法？这不仅仅是一次关系的考验，也是一次你与自己价值观的对话。每一次接纳别人的不同，其实都在扩展我们理解世界的边界。

朋友关系中的吸引力法则

心理学认为，人们会被与自己有共同兴趣、价值观、生活方式的人吸引。这种吸引建立起朋友关系的基础，也为我们提供了一面"镜子"，让我们更清晰地看到自己的性格、需求，以及渴望成为的人。我们选择的朋友，往往反映了我们内在的自己。喜欢追求新鲜感的人，可能会选择同样热爱冒险的朋友，因为他们希望通过这种关系强化自己的探索欲。内向谨慎的人，可能会偏好稳重的朋友，因为这样的关系能让他们感到安全和舒适。

这种现象不仅是对我们现状的折射，还暗示着我们的成长方向。比如，你的朋友中是否有那种你"很羡慕但感觉无法企及"的人？这种羡慕，可能是你渴望成为的那一面。有时候，我们会在朋友中寻找"理想化的自我"，希望通过对方的生活方式和行为模式，弥补自己在某些方面的缺失。然而，这种关系也可能因为过度"投射"而失去平衡。比如，有些人过于依赖朋友的建议或肯定，最终失去自我判断；而另一些人则希望朋友永远按照自己的期望行事，这种控制欲会逐渐破坏关系的和谐。

朋友关系中的"冲突试炼"

真正的友谊从来不是一片坦途。冲突，是朋友关系中不可避免的考验，而这种考验，恰恰是我们认清自己边界的重要时刻。

心理学研究表明，健康的人际关系需要"正面互动"与"负面互动"保持在5∶1的比例。换句话说，偶尔的冲突并不可怕，反而是友谊发展中必要的调和剂。比如，当你的朋友忘记了一个对你很重要的承诺时，你的第一反应是什么？是生气？是委屈？还是选择不去计较？这些情绪反应的背后，暴露了你对朋友的期待和对关系的要求。

在冲突中，我们才能真正明白对方在意的是什么，哪些是他们的原则。通过冲突，我们学会为自己发声，表达自己的需求和底线，而不是一味迁就。冲突不是友谊的终点，而是关系深化的契机。一次有效的冲突修复，往往能让关系更稳固。

宽容与边界：朋友关系的平衡艺术

朋友关系的美好之处在于：它允许我们犯错，也允许我们不断试探彼此的边界。真正的朋友，不是无条件地接纳一切，也不是无限度地容忍，而是懂得宽容彼此的小缺点，同时坚守对彼此的尊重。宽容意味着接纳对方的不完美，但不意味着忽视自己的感受。比如，一个朋友总是习惯迟到，你可以理解这是其性格问题，但如果这种行为让你感觉被忽视，你就需要适时表达自己的不满。

心理学家卡尔·罗杰斯提出"无条件积极关注"的概念，强调在接纳他人时，也要尊重自己的感受。朋友关系中的宽容，就是一种"有条件的接纳"——接纳他们的不完美，但不放弃对关系的基本期待。

朋友关系中的边界感，是保持健康互动的关键。比如，在情绪低谷时，是否敢于告诉对方"我需要一点时间冷静"？在对方的过分要求面前，是否敢于拒绝？边界不是疏远，而是保护。它让朋友关系更加轻松，同时避免了情感的消耗。

朋友关系的终极意义：帮助我们成为更好的自己

朋友关系的最大价值，不在于陪伴我们度过欢乐与悲伤，而在于通过这种关系，我们学会如何面对世界，面对自己。哲学家列维纳斯提出"他者"的概念，认为我们通过与他人的互动，找到自我存在的意义。朋友，作为最亲近的"他者"，是一种安全的实验场。在朋友关系中，我们可以尝试不同的相处方式，甚至可以犯错而无须担心关系破裂。

每一段友谊，都是一次接触新世界的机会。朋友带给我们的，不只是生活的陪伴，还有更多可能性——他们的兴趣、见解、生活方式，都会悄然影响我们的视野，甚至改变我们的人生轨迹。朋友是一面镜子，反射出我是谁；也是一座桥梁，通向我可以成为的样子。

二、与爱人相处：理解自己的深层需求

如果说朋友是一面清晰的镜子，爱人则是一片深邃的湖水。在亲密关系中，我们的内心需求被无限放大，安全感、归属感、自我价值等都以不同形式浮现。每一次争吵、妥协与修复，都是一次心理成长的练习。

在心理学中，依恋理论解释了我们的亲密关系模式。那些渴望控制关系的人，往往是因为内心深处的不安全感；而习惯逃避冲突的人，可能在潜意识中

温柔影响力

害怕面对自己的脆弱。与爱人相处，其实是一次与自我深层需求的和解。当我们能够正视自己的恐惧、敏感或依赖，我们也在关系中变得更成熟。爱一个人，不是为了找回失落的自己，而是为了拼出更完整的自己。

亲密关系的心理密码：从依恋到成长

亲密关系，是人际关系中最复杂、最深刻的存在，映射出我们的深层需求和内心的脆弱与渴望。爱人关系看似是两个人的互动，实际上是一场与自己情感需求的对话。无论是甜蜜的瞬间，还是冲突的时刻，与爱人关系中的每一个细节，都在推动我们更深入地理解自己。

依恋理论认为，婴儿早期与照护者的互动模式，会影响我们成年后的亲密关系。这种依恋模式分为三种主要类型：

安全型依恋。对爱人有信任，愿意依靠彼此，同时保持独立性。

焦虑型依恋。容易对爱人产生不安全感，渴望得到更多的关注和承诺。

回避型依恋。害怕过于亲密，倾向于保持一定距离，避免情感依赖。

在亲密关系中，我们会不自觉地重复这种依恋模式。例如，焦虑型的人可能会反复确认对方的爱，而回避型的人可能在关系过于亲密时选择疏远。与爱人关系的重要意义在于，它让我们有机会重新审视自己的依恋模式，并努力调整。比如，一个焦虑型的人可能通过伴侣的包容，学会信任；而一个回避型的人可能通过爱人的坚持，逐渐打开心扉。

爱中的投射：从对方身上看到自己

心理学家荣格认为，我们往往会爱上那些"投射"了我们内心某种渴望或缺失的人。比如，一个内向的人可能会被外向、开朗的伴侣吸引，因为对方体现了他/她想要成为的那一面。然而，这种投射也可能导致关系中的矛盾。例如，我们希望伴侣完美地满足自己的需求，却忽略了对方的真实个性。我们在关系中不断要求对方改变，却不愿意面对自己的问题。

亲密关系中的成熟，不是改变对方以满足自己的投射，而是通过关系看到自己的不足，并主动成长。比如，如果你总是对伴侣的冷漠感到不满，是否说明你对安全感的需求过高？如果你无法容忍伴侣的情绪波动，是否因为你自己也害怕脆弱？

冲突与和解：爱的深层修炼

亲密关系中的冲突看似破坏和谐，但实际上，它是关系深化的契机。每一次冲突，都在考验我们如何更好地表达需求，如何在尊重对方的同时守住自己的底线。心理学研究发现，健康的夫妻不是没有冲突，而是懂得如何有效地修复冲突。关键在于关注情绪背后的需求，冲突的根本原因往往不是事件本身，而是未被满足的情感需求。

冲突的本质是情感的碰撞，而这种碰撞往往暴露了我们的真实需求。例如，你因为对方忘记纪念日而生气，可能是因为你内心深处渴望更多的关注。你对伴侣的不妥协感到挫败，可能是因为你习惯于压抑自己的需求。通过冲突，我们学会了如何更清晰地表达自己，也学会了如何更敏锐地理解对方。

亲密关系的平衡：依赖与独立

在亲密关系中，依赖并非完全的贬义词。健康的依赖意味着信任和支持，而不是将自己的幸福完全寄托于对方。真正成熟的亲密关系，能够在依赖与独立之间找到平衡。比如，你可以在疲惫时向对方寻求安慰，因为对方是你信赖的人。再比如，对方因为某些原因缺席，你依然能够独自面对生活的挑战。

亲密关系不是固定的状态，而是一个动态的平衡过程。当一方过于依赖时，另一方可能会感到压力；当一方过于独立时，另一方可能会感到疏离。因此，关系的成长在于两人不断调整步调，适应彼此的需求。

爱人关系的终极意义：成为更完整的自己

亲密关系的美妙之处在于，它让我们看到自己的阴影，同时也让我们发现自己的光亮。通过与爱人关系，我们学会了如何表达情感，如何接纳不足，如何变得更有力量。爱人的出现，让我们更清晰地看到自己真正渴望什么，是安全感、尊重，还是更多的自由？

在与爱人的关系中，我们被迫面对自己的脆弱与矛盾，而这些正是成长的契机。每一次冲突、妥协和和解，都在帮助我们塑造一个更加完整的自我。爱不是占有，而是映照。透过对方的眼睛，找到更真实的自己。

三、与同事相处：发现自己的成长边界

职场是我们与人交往的另一个重要场域，常被称为"第二战场"。在这里，关系的维系不再完全出于情感，更多是基于任务、效率和利益。与同事相处，看似是关于合作与竞争，但其深层意义远超工作本身：它是一场与他人共舞、与自我较量的心理成长之旅。也正是在这种理性的氛围中，我们更容易看到自

己的成长边界。

一个喜欢主导的人，可能需要学会倾听；一个习惯服从的人，可能需要尝试表达。与同事的每一次互动，都在反映我们如何看待自己，如何对待他人。比如，当你面对一个"难搞"的同事时，你会选择退缩还是面对？这不仅决定了你能否完成工作，也塑造了你在逆境中的心理韧性。合作是发现边界的过程，而成长则是突破边界的结果。

同事是"社会化能力"的映射

职场是高度社交化的环境，同事间的交往，往往反映了我们的社会化能力——从沟通表达到情绪控制，再到与他人共情的水平。与同事的关系，是自我在群体环境中的外化。

当面对团队会议时，你是否习惯性地保持沉默？这可能反映了你在群体中缺乏信心。如果你太过急于表达，可能意味着你对自己的意见需要更多的确认感。面对同事的批评，你是下意识地防御，还是能冷静地倾听并回应？在团队协作中，你能否做到理性处理情绪，而不是将压力转嫁给他人？

心理学家埃里克·伯恩提出的"交互分析理论"认为，每个人在互动中都会扮演不同的角色：父母、成人或儿童。职场中的同事关系，常常激发我们这些内在角色的切换：面对新同事，你可能不自觉地成为"指导者"角色；面对权威型领导，你可能会回归"孩子"的顺从角色。

职场冲突是"心理边界"的碰撞

职场冲突是不可避免的，因为每个人都有独特的目标、方法和个性。当冲突发生时，我们的反应方式，反映了我们对心理边界的认知。那些总是抢功劳、打断你发言或拖延进度的同事，是否让你感到愤怒？这时的愤怒，可能是在提醒你：你的界限被越过了。

如果你习惯于避免冲突，可能意味着你在关系中缺乏自信，或者不愿直面矛盾。成长的关键在于，学会用理性的方式解决冲突，而不是回避问题。冲突的根源往往不是事件本身，而是隐藏的需求未被满足。例如，你对同事的指责感到不满，可能是因为你希望得到更多的尊重。

冲突的目的不是证明谁对谁错，而是找到一个让双方都能接受的解决方案。

职场合作不仅仅是任务的完成，更是权力、信任与责任的相互制衡。当你在团队中合作时，你会不断面对以下心理挑战：如何在众人面前表现自己，而不让他人感到被威胁？如何与不同性格的人相处，而不让自己感到压抑？如何接受别人的意见，而不否定自己的价值？

职场团队中，每个人的风格各异。与性格不同的人合作，可以帮助我们突破对世界的狭隘认知及对自我的限制。心理学中的"信任账户"理论指出，合作中的每一次真诚、尊重与支持，都是为关系"存款"；而每一次忽视、指责与背叛，都是"取款"。只有存款多于取款，关系才能持续健康发展。

与同事的关系，最终指向"发现更好的自己"

通过与同事的互动，我们不断发现自己的心理模式：是否容易因为批评而否定自己？这可能反映了你的自尊需要更多支持。是否害怕表达不同意见？这可能说明你需要增强自己的自信心。职场关系的真正意义，不是让我们与所有人都成为朋友，而是通过关系发现自己的边界与潜能。

与同事相处，看似在解决工作问题，实则在解决心理问题。每一段职场关系，都是自我成长的一次练习。通过与同事的互动，我们不仅完成了工作的目标，也磨炼了更强大的心智。职场是你性格的磨刀石。每一次合作与冲突，都是在打磨更"锋利"的自己。

四、与陌生人相处：拓宽自己的心胸

陌生人，这个我们日常生活中最频繁接触却最容易忽略的群体，他们像是背景音乐，存在于我们的生活环境里，却似乎并不属于我们的生活。事实上，与陌生人的关系隐藏着人际交往中最独特的心理价值：它们既是我们探索世界的一扇窗口，也是我们拓宽心胸的重要途径。

在当今快节奏的社会中，我们习惯了用效率和熟悉感来维系关系，导致许多人忽略了陌生人关系中的独特意义。心理学告诉我们——陌生人不仅仅是我们的"过客"，他们更是我们成长路上的"催化剂"。帮助他人不仅能提升幸福感，还能增强自我价值感。在与陌生人的互动中，我们学会尊重他人的差异，也学会接纳更广阔的世界。

陌生人是一种"低负担的关系"

陌生人关系最大的特点在于，它不要求我们过多投入情感或承担责任。这种"低负担"使得与陌生人的互动更加轻松自如。这种互动形式被称为"弱连接"。

社会学家马克·格兰诺维特提出的"弱连接理论"认为，陌生人关系虽然不深，但它为我们提供了与不同群体互动的可能性，从而拓宽了我们的社会资源和认知视角。超市收银员的一句"早上好",让我们感受到生活的温暖。在地铁里帮陌生人一把,会让我们意识到助人的快乐。与出租车司机的闲聊,可能会打开一个新的思路。

与熟人不同,陌生人没有对我们过往的固有印象,因此,他们对我们的互动更加客观。与陌生人交流,可以让我们感受到一种自由的表达,甚至可能发现自己性格中未曾察觉的部分。

你会更愿意对陌生人坦白自己的焦虑,因为他们不会评判你的过往。你可能因为陌生人的一句赞美而感到惊喜,因为那是一种纯粹的认可。

在与陌生人的互动中,善意的表达可以拉近彼此的距离。一个微笑、一句问候,甚至一个简单的"谢谢",都会让彼此的世界温暖几分。在餐厅向服务员说一句"辛苦了",你可能会看到对方眼中的感激。在公交车上为陌生人让个座,你可能会收获一句真诚的"谢谢"。这些善意的互动,不仅让陌生人感受到温暖,也会让我们自己感到满足和愉悦。

从陌生人身上学到的世界观

每一个陌生人,都代表着一种你可能未曾了解的生活方式。他们的经历、观点和价值观,能够让我们看到更广阔的世界。与一位异地游客的交流,可能让你发现另一座城市的文化魅力。

在咖啡店听陌生人谈论他的工作经历,可能会为你的职业发展提供灵感。与陌生人互动的最大价值在于——它打破了我们的思维定式。心理学研究表明,与多样化的人群接触,可以提升我们的认知灵活性,增强对世界复杂性的接受能力。你可能从一位街头艺术家身上学到自由的意义,你也可能从一位出租车司机身上感受到生活的坚韧。这些不同视角的输入,会让我们变得更加包容和开放。

与陌生人互动虽然轻松,但也需要一定的心理边界。过度开放可能导致情感的耗竭,而过度防御则可能错失成长的机会。学会在分享个人信息时保持适度,避免让自己处于被动位置。

尊重对方的界限,不要因为好奇而过多探究他人的隐私

与陌生人相处时,健康的心理屏障能够保护我们的情绪稳定。比如,在面对陌生人的负面情绪时,我们可以试着理解,但不必将其带入自己的情绪状态。关注当下的互动,而不是试图解决对方的所有问题。学会"情感卸载",在帮助陌生人后,将对方的情绪从自己的心中释放。

陌生关系的终极意义,不在于关系的深度,而在于它为我们提供了一种打

开心灵的可能性。尊重陌生人，就是尊重这个世界的多样性。陌生关系不是我们生命的核心，但却是我们成长的重要助推器。他们让我们发现，原来生活还有更多的可能性，原来人与人之间的距离并没有那么遥远。陌生人是世界的碎片，拼凑起来，是属于自己的，完整的"心灵地图"。

五、关系的终极：遇见更好的自己

无论是朋友、爱人、同事还是陌生人，每一段关系的存在，都在教会我们与自己对话。那些让你感到快乐的人，让你看到了自己最柔软的一面；那些让你感到痛苦的人，则让你看清了自己的局限与恐惧。我们渴望建立关系，不是为了逃避孤独，而是为了在与他人的互动中，修炼出逐渐完整的自己。人际关系是心灵的旅程，终点却始终是自己。

关系是一面"多棱镜"：让你看见不同的自己

每一段关系，都是一个视角。我们在他人眼中是不同的自己：在朋友眼中，我们可能是那个有趣、可靠的倾听者；在爱人眼中，我们可能是敏感而需要呵护的一面；在同事眼中，我们可能是专业、严谨的形象。这些多元的视角，帮助我们了解自己在不同场景中的表现，甚至发现那些被忽略的特质。朋友的认可让我们知道，我们可以带来欢乐和支持；同事的批评提醒我们，或许我们需要提升沟通技巧。

心理学家查尔斯·库利提出了"镜中自我"的概念，认为我们的自我认知，很大程度上来源于我们感知他人对我们的看法。通过关系，我们逐渐形成了自我认同，也不断修正了我们的行为模式。

关系是一场"投射实验"：看见自己的需求与渴望

心理学家荣格认为，人际关系中的爱与冲突，很多时候来源于"心理投射"。我们会将内心的需求、渴望，甚至不满，投射到他人身上。你爱上一个人，可能是因为他体现了你渴望成为的样子。你对一个人感到厌恶，可能是因为他反映了你不愿面对的部分。一个追求完美的人，可能会因为爱人随性、不拘小节而感到不满，但实际上，这反映了他自己无法接纳不完美的一面。一个总是需要被肯定的人，可能会对朋友的冷漠感到生气，这其实是内心缺乏安全感的表现。

关系中的成熟，不是改变对方以适应我们的投射，而是通过觉察投射来发现自己的需求，并主动调整。当你在关系中感到愤怒或失落时，问问自己：这个情绪的来源是什么？它是否反映了我的某种未被满足的需求？学会通过对方的行为，反观自己的内心，而不是一味要求对方改变。

关系是一座"情绪实验室"：学会接纳与控制

关系，特别是亲密关系，是情绪的集中展现地。每一次争吵、冷战或和解，都是我们对情绪的探索与练习：愤怒，让我们学会如何在不伤害他人的情况下表达不满；悲伤，让我们学会如何在关系中寻求支持而不是逃避；喜悦，让我们意识到分享幸福的重要性。

美好关系的意义在于，它不仅让我们感受情绪，也让我们更好地管理情绪。情绪管理的关键，不是压抑情绪，而是找到表达与平衡的方式。在生气时，学会用不伤害对方的方式表达；在悲伤时，允许自己寻求支持，而不是强装坚强；在快乐时，学会分享喜悦，让关系更有温度。

关系是一场"动态平衡"：寻找依赖与独立的界限

美好关系的核心在于，它既能让我们感受到连接，又能让我们保持独立。过度依赖会让人感到窒息，过度独立则会导致疏离。心理学家鲍恩提出的"分化理论"认为，一个人要在关系中既能保持与他人的情感连接，又能维持自己的独立性，这才是成熟的表现。

在健康的关系中，我们可以在需要时寻求支持，感受到被爱的安全感；在独立时保持自己的成长，不迷失在关系中。

关系的终极意义：成为更完整的自己

如果把人生比作一条河流，人际关系就是两岸的风景，甚至是流经的山川。它们塑造了河流的路径，引导它向前，最终汇入更宽广的海洋。而美好的人际关系，则是那些让河流清澈、流速平稳的关键力量。诗人卡勒德·纪伯伦在《先知》中描述："就像橡树与松柏在同一个花园里并肩而立，却不会在彼此的阴影中生长。"美好关系的意义，不在于你我是否靠得足够近，而在于我们是否能在彼此的存在中，生长出属于自己的自由与独立。

所有关系的尽头，指向的都是内心。它让我们明白，关系的核心价值并非外在的联结，而是通过他人，映射出内心深处未被触及的自我。真正成熟的关系，不是试图改变对方以适应自己，而是通过关系成就更好的自己。那些让你感到幸福的关系，往往不是因为对方"完美"，而是因为它让你变得更完整、更自由。关系是人生中最重要的课堂。而美好的关系，不是束缚，是放飞；不是改变，是成就。每一段让你成长的关系，都是一次你与自己和解的旅程。

第四部分

温柔影响力的行动清单

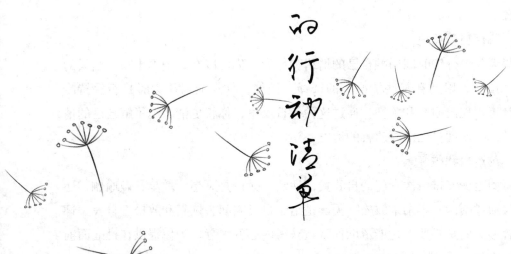

第一章 自我觉察与自我关怀

温柔的力量从自我开始，若自己内心并未获得足够的关怀和支持，我们无法给予他人温柔。为了养成自我觉察和自我关怀的习惯，以下是一些具体的行动步骤。

每日自我反思

每天花 5 分钟时间回顾自己的情绪和行为。你可以在日记本中写下当天的感受、反应，以及在某些情况下的选择。例如，你在面对压力时是否保持冷静？是否表现出耐心和关怀？通过这种每日反思，你将更清晰地了解自己的情感波动，并发现自己需要改善的地方。

每周自我关怀

每周至少安排一次专门的自我关怀活动。无论是冥想、散步、做瑜伽，还是仅仅通过阅读一本书来放松，关键是给予自己空间去恢复和放松。自我关怀不是奢侈，而是必要。它能帮助你重新获得内心的平静，为你提供在挑战面前坚持下去的力量。

观察内心的批评声音

每当你感到自我批评或自我怀疑时，尝试暂停，问自己："这个声音真的来自我内心的真实想法，还是一种无意识的习惯？"通过观察并质疑这些批评的声音，你可以学会与自己建立更加温柔的对话方式，而不是陷入自我否定的陷阱。

设定温柔的界限

学会为自己设立健康的界限，不仅是对他人的，也包括对自己的。明白什么让你感到不适，学会在必要时说"不"，并尊重自己的需求。温柔并不意味着无限制地迎合他人，而是学会在关心他人的同时，也保护好自己的内心。

反思小目标

每天反思自己的情绪和行为，思考是否做到自我关怀并展现温柔。

每周进行一次自我关怀的活动，放松身心，给自己时间恢复。

第二章　与他人建立深度连接

温柔是一种智慧，让心灵归于宁静。

——余秋雨

温柔的影响力不仅仅体现在自己与自我相处的方式上，它同样在于你如何与他人互动，如何以真诚和理解去建立深度的关系。建立深度连接的关键在于理解对方的需求、尊重对方的情感，并在交流中展现出真心的关怀。以下是一些具体的行动步骤。

主动倾听与关注

每当与他人交流时，尽量全身心投入，不分心于手机或其他事务，专注于对方所说的内容。真正的倾听，不仅仅是听对方的语言，更包括感知对方的情感和未说出口的想法。用眼神、微笑和身体语言来表达你对对方的关注，确保他们感到被理解和尊重。

关心他人的情感需求

试着超越表面交流，深入了解他人的内心世界。问问自己："对方今天可能经历了什么？""他们现在的情绪状态是怎样的？"无论是家人、朋友还是同事，了解对方的需求并主动提供支持，能够增进彼此的信任和情感连接。

以温柔的方式提供帮助

当别人需要帮助时，尽量以温柔的方式伸出援手。不是通过强迫或要求，而是通过询问："我能为你做些什么？"尊重对方的选择，不管他们是否愿意接受你的帮助。在提供帮助时，避免任何形式的评判或指责，要单纯出于关心和愿意支持的态度。

在冲突中保持冷静与理解

在与他人发生分歧时，尽量避免情绪化的反应。温柔的力量表现为在争执和冲突中依然能保持冷静，并试图理解对方的立场。你可以使用"我理解你的感受，但……"这既能传达出你对对方的尊重，同时也在表达自己观点时不失温和。

定期联系与关怀

不要等到人际关系有问题时才去关注他人，定期和亲朋好友保持联系，尤其在他们可能经历困境时。简单的一条问候消息，或者一次面对面的交流，都会让对方感受到温暖和支持。这种关怀能够让彼此之间的关系更加稳固。

反思小目标

每周与至少一个人进行深度对话，确保你全身心投入，理解他们的想法和感受。

定期发送关心信息，让他人感受到你真诚的关注和支持。

第三章 突破自我设限

温柔地爱自己，是治愈内心创伤的第一步。

——路易斯·海

每个人都有自己潜意识里的限制，这些限制可能来自过去的经历、社会的期望，甚至是自我设定的标准。温柔的力量要求我们打破这些无形的障碍，勇敢地面对未知的挑战。通过积极的自我探索和行动，我们可以超越那些看似无法逾越的界限。以下是一些具体的行动步骤。

识别内心的限制信念

每当你遇到困难或挑战时，停下来问自己："我为什么觉得自己做不到？"这些想法或许源自过去的失败，或是别人对你能力的低估。通过记录下这些限制性的信念，你可以开始挑战它们。问问自己："这个信念是否真实？""我是否只是在设限自己？"通过这种方式，你可以在自己的潜意识中意识到并开始改变这些限制。

设定小目标，逐步超越自我

突破自我设限不必一蹴而就。你可以从设定一些小的、具体的目标开始。比如，每天坚持早起 10 分钟，或每周挑战自己做一件不太擅长的事情。通过逐步实现这些目标，你不仅能够增强自己的自信心，也能渐渐打破对自己的限制。每一次的小突破，都是对自己能力的重新定义。

挑战舒适区，迎接未知的挑战

每次当你感觉到自己在舒适区时，尝试主动做出改变。去尝试新事物、学习新技能，或者到自己不熟悉的环境中。你可能会发现，这些挑战并不像你想象的那样可怕，而是成就和成长的起点。不要害怕失败，失败本身就是成长的一部分。记住，温柔并不意味着永远待在安全区，而是鼓励自己迈出舒适区，去迎接更多的可能性。

重塑对失败的看法

每当你面临挑战时，不要害怕失败。失败并不等于无能，反而是通向成功的必经之路。改变你对失败的看法，学会从失败中吸取教训，而不是让它成为你继续前进的障碍。你可以问自己："这次经历教会了我什么？""如何避免下一次同样的错误？"通过这种反思，你不仅能够从失败中获得力量，还能在失败中看到自己的成长。

鼓励自己勇敢地迈出第一步

无论你有多么害怕未知，迈出第一步总是最重要的。不要让自己被恐惧和不安所困扰。开始时不必完美，但一定要开始。每一次的行动，都会让你离目标更近一步。通过保持自信和勇气，你会发现自己有更多的潜力和力量去克服那些自认为无法超越的障碍。

反思小目标

每周设定一个挑战性的目标，挑战自己突破一点点的限制，看看自己能做到什么。

记录每一次突破的经历，回顾并庆祝每一个微小的胜利，逐步积累自信。

第四章 温柔地应对挑战与冲突

生活中的挑战和冲突不可避免，但真正的强大不在于回避这些问题，而是在面对这些挑战时，能够保持冷静、理智，并且以温柔的方式应对。温柔的力量并不意味着回避冲突，而是在冲突中保持内心的平和，不因情绪激烈反应而做出后悔的决定。以下是一些具体的行动步骤。

保持冷静，避免情绪化反应

当面对冲突时，我们常常容易被情绪所驱使，做出过于激烈的反应。温柔的力量要求我们在冲突中先保持冷静。深呼吸几次，给自己几秒钟的时间反思，问问自己："我现在的反应是不是最理智的？""我是否能够以更平和的方式表达我的观点？"通过这种情绪的自我控制，你可以避免在冲突中做出情绪化的决定，保持理智并找到更好的解决方案。

尊重他人的观点与情感

在冲突中，尤其在意见不合时，重要的是保持对他人感受和立场的尊重。温柔的力量要求我们站在对方的角度思考，理解他们的观点和情绪，而不是一味地坚持自己的立场。你可以尝试说："我理解你为什么这么想，你的感受是很重要的。"通过这种方式，既可以表达出自己的观点，又能展现出对他人情感的关怀，帮助冲突得到有效的解决。

用建设性的语言表达自己

温柔的交流不等于回避冲突，而是在表达自己时尽量避免伤害对方的情感。学会用建设性的语言来表达自己的观点，例如，"我觉得……"而不是"你总是……"避免指责和攻击，可以有效降低冲突的激烈程度。通过温柔而坚定的方式表达自己的想法，不仅能保护自己的立场，还能保持对他人的尊重。

寻求解决方案，而不是纠结于问题本身

温柔的力量要求我们将注意力集中在解决问题上，而不是在冲突中不断纠结于彼此的过错。每当遇到冲突时，试着问自己："我们如何一起解决这个问题？"通过将焦点转向解决方案，而非责怪对方，你可以有效地减少冲突带来的负面情绪，促使双方达成共识。

学会适时放手，选择放下

在某些情况下，温柔的力量意味着学会放手。当你意识到某些问题无法短时间内解决，或者某些冲突无法得到双方的理解时，适时地放下可能是最好的选择。这并不代表妥协，而是通过放下，给自己和他人更多的空间，避免无谓的对抗。在冲突中，选择温柔并不意味着放弃自己的原则，而是放下那些不必要的争执，专注于更高的目标。

反思小目标

在每一次冲突中，试着保持冷静，并在情绪反应之前给自己几秒钟时间反思。

每周检视一次自己在冲突中的表现，思考是否尊重了对方的观点，并寻求了解和解决问题。

第五章 让赞美成为一种习惯

慈善的行为比金钱更能解除别人的痛苦。

——卢梭

每天至少一次真诚地赞美他人

在日常生活中，我们往往忽视了他人身上的优点和努力。我们太过于专注自己的事务，常常忘记给予他人足够的肯定。让赞美成为一种习惯，首先从自己开始，确保每天至少赞美一次他人。无论是对同事、家人、朋友，还是陌生人，都要发现他们的优点并真诚地表达出来。

行动示例：今天对同事说"你今天的报告准备得非常详细，我从中学到了很多东西"，或者对家人说"你做的饭菜真的很美味，每次吃都很有满足感"。简单的赞美不仅能让对方感到被认可，也能让你更加关注他人。

学会赞美他人的具体行为，而不是空泛的评价

赞美要具体，避免泛泛而谈。空洞的"你真好"不如具体的"你总是很有耐心，每次我有问题你都很认真帮我解答"。通过具体的行为表达赞美，这样不仅让对方感受到真诚，也能增强赞美的力度和意义。

行动示例：不是简单地说"你真棒"，可以说"我特别佩服你在会议中的表现，你的观点清晰、说服力强，真的让大家受益匪浅"。

用赞美传递感激与关怀

赞美不仅仅是对他人行为的认可，更是一种情感的传递。通过赞美，我们传达对他人付出的感激之情和对他们的关怀。尤其在工作和日常生活中，我们可以通过赞美让他人感受到他们的努力和存在是值得被珍视的。

行动示例：每天找一个机会对家人说"感谢你今天帮我做家务，我真的很感激你的付出"，这不仅是对对方行为的肯定，也是增强亲密关系的纽带。

善于夸奖他人的优点，而非仅仅关注缺点

很多人习惯于指出他人的不足，忽视了他们的优点。温柔的影响力强调通过夸奖他人的优点来提升他们的自信心。每个人都有自己的闪光点，学会发现他人的长处，并给予真诚的赞美。

行动示例：当同事完成一个项目时，不要只关注细节上的不足，而是要说"你在项目的整体规划和执行上做得非常好，解决了很多难题，大家都很佩服你"。

在团队和集体中鼓励赞美文化

赞美不仅仅是个人行为，它还可以成为团队文化的一部分。在工作中，定期的互相赞美和肯定能够大大提升团队的凝聚力和合作精神。每个人都会因此感受到自己的价值，并且更加愿意为集体奉献。

行动示例：在团队会议中，可以设立一个"赞美时刻"，让每个人分享自己对其他成员的赞美。比如"今天我想感谢小李，她的工作细致入微，总是能够及时发现问题并提出有效的解决方案"。

对自己也要进行正面的自我赞美

赞美他人是一种美德，但自我赞美同样重要。学会欣赏自己的努力和进步，认可自己的每一份付出，这不仅能提升自信心，还能帮助我们保持积极向上的心态。没有人比自己更值得赞美，学会自我肯定，能够更好地面对挑战。

行动示例：在结束一天工作后，对自己说"今天我做得很好，完成了所有任务并且处理得非常高效。我为自己感到骄傲！"

赞美他人时避免带有任何条件

赞美要发自内心，不带任何条件或期望。真诚的赞美是无条件的，它不是为了回报，而是为了让对方感受到被认可和尊重。带有条件的赞美反而会让人感到不真诚，甚至产生反感。

行动示例：在对别人表示赞美时，不要带有任何"如果你能……"的前提，而是简单真诚地说"你的这项工作真的做得很好，我看到了你的努力和智慧"。

养成定期给他人写赞美信或便条的习惯

书面表达是赞美的另一种方式，它能够让赞美更加具体和长久。可以通过写一封简短的感谢信、卡片或便条来表达对他人的感激与赞美。书面赞美有时比口头的更有力量，因为它是一种可以保存、回味的情感表达。

行动示例：给一位合作伙伴写一个感谢便条，比如"感谢你在过去项目中的支持和帮助，你的专业精神和敬业态度让我受益匪浅，我期待我们未来的合作"。

让赞美成为一种习惯，不仅能增强他人的自信和动力，还能推动社会和工作环境的积极转变。通过真诚、具体、无条件的赞美，我们不仅能传递温暖与关怀，还能在无形中影响他人，营造出更加积极、和谐的社会氛围。让赞美成为一种生活方式，它将变成你影响他人、改变世界的重要力量。

反思小目标

设定每天赞美至少一位他人，可以是同事、朋友、家人或陌生人。

每天晚上花几分钟时间回顾当天的赞美时刻。你今天赞美了谁？这次赞美是否让对方感到被关注？你有没有表达得足够具体和真诚？

第六章 关爱无声，让温柔开出花

> 我们领教了世界是何等凶顽，同时又得知世界也可以变得温存和美好。
>
> ——村上春树《海边的卡夫卡》

温柔的力量不仅是个人成长的工具，也是一种可以感染他人、改变环境的力量。当我们用温柔的方式与他人互动时，我们的言行会像涟漪一样传播开来，影响周围的人。无论是在家庭、工作，还是社会中，每一个温柔的举动都能引发连锁反应，为整个环境注入更多的善意和理解。以下是一些具体的行动步骤，帮助你在日常生活中传递温柔的影响力。

用理解和关怀回应他人

在日常生活中，无论是与家人、朋友，还是陌生人互动，都尽量以理解和关怀为前提。例如，当别人表达负面情绪时，不急于打断或反驳，而是倾听并表示理解："我知道你现在可能很难受，我愿意支持你。"这种温柔的回应能够让对方感到被重视，也为你们之间的关系注入更多的温暖。

通过小举动传递温暖

影响力并不需要通过宏大的行动实现，它可以体现在每一个细节中。每天问候邻居、为同事的努力表示感谢、对服务人员微笑并说一声"谢谢"——这些微小的行为，都会让温柔成为一种习惯，并让周围的人感受到你的善意。

269

用鼓励代替批评

当他人犯错或遇到挫折时，试着用鼓励的方式帮助他们，而不是批评或指责。比如，你可以对正在努力的同事说："你已经做得很棒了，我们一起想办法把问题解决。"这种温柔而正面的语言能够激励对方，同时避免让他们感到挫败或防备。

在团队中倡导温柔的文化

无论是在工作还是社交圈中，你都可以通过自己的温柔行为去影响团队的文化。用温和的方式表达自己的意见、为他人的贡献点赞、在出现分歧时主动沟通——这些行为会鼓励更多的人以相同的方式对待他人，从而营造一种支持和理解的氛围。

激发他人的温柔潜力

通过你的言行，鼓励身边的人也去实践温柔的力量。例如，你可以用温和的方式处理冲突，给他人做出榜样；或者，在看到他人的善举时，及时给予肯定和赞扬，让他们感受到温柔的价值。温柔的影响力不是强加于人，而是通过感染他人，让他们自主去传递这种力量。

以宽容面对不理解

并非每个人都能立刻理解温柔的意义。有人可能会质疑温柔的力量，可能对你的温柔行为表示冷漠，甚至误解。在这些情况下，重要的是不要因此而放弃。温柔并不意味着要求对方立刻改变，而是坚持用自己的行为证明温柔的价值。你的坚持，最终会触动他人。

反思小目标

每天做一件温暖他人的小事，比如，一个微笑、一句问候或一份帮助。

定期反思自己是否通过行动传递了温柔的影响力，并记录这些行为带来的变化。

参考文献

中文图书类

［1］［美］马歇尔·卢森堡.非暴力沟通［M］.刘轶，译.北京：华夏出版社，
2021.

［2］林正刚.正能量：职业经理人的养成［M］.浙江：浙江人民出版社，2012.

［3］［美］罗伯特·西奥迪尼.影响力：如何让你的影响力持久有效［M］.赵
灿，译.北京：中信出版社，2020.

［4］［美］皮克·耶尔.安静的力量［M］.叶富华，译.北京：中信出版社，
2016.

［5］周静，王一帆.领导力与管理沟通［M］.四川：西南交通大学出版社，
2021.

［6］何炳棣.读史阅世六十年［M］.上海：中华书局，2012.

［7］张华兰，［美］道格·斯特里查吉克.心理韧性［M］.上海：上海教育出
版社，2024.

中文期刊类

［1］陈刚.《温柔壳》：银幕装置投射下的理性与疯癫［J］.当代电影，2023，
21（7）：23-25.

［2］袁济喜.“温柔敦厚”与秦汉审美文化再建［J］.中国高校社会科学，
2021，12（11）：133-143.

［3］夏秀.朱熹对“温柔敦厚”的哲学阐释［J］.中州学刊，2020（2）：144-

150.

［4］李明，王晓 . 温柔与情感沟通：人际关系中的情感调节与共情机制［J］.
心理学报，2021，53（4）：602-614.

［5］张琳，李华 . 领导中的温柔：领导风格与团队氛围的影响研究［J］. 组织
行为学报，2020，37（2）：98-110.

［6］陈梅，张婷 . 情感劳动中的温柔：职场人际互动的探索［J］. 职业心理学，
2019，45（1）：24-36.

［7］王飞，黄磊 . 温柔在亲密关系中的影响：心理学视角下的情感支持机制
［J］. 家庭心理学杂志，2022，40（3）：198-209.

［8］赵玉，黄丹 . 温柔与自我表达：情感调节在情感工作中的作用［J］. 社会
心理学研究，2018，31（5）：142-153.

［9］刘海，李娜 . 现代社会中的温柔力量：情感纽带与人际关系的维系［J］.
当代社会心理学，2023，56（2）：211-223.

［10］张欣，李宏 . 温柔与心理健康：情绪管理中的积极作用［J］. 心理学前沿，
2021，28（6）：465-476.

［11］刘雪，杨琳 . 亲密关系中的温柔：沟通与冲突调节的作用［J］. 心理学与
行为研究，2020，22（4）：340-352.

［12］周敏，赵莹 . 温柔领导力：从女性视角看领导风格的影响［J］. 管理学报，
2019，36（3）：274-288.

英文图书类

［1］GOLEMAN，D. *Emotional Intelligence：Why It Can Matter More Than IQ*
［M］. New York：Bantam，1995.

［2］BROWN，B. *Daring Greatly：How the Courage to Be Vulnerable Transforms
the Way We Live，Love，Parent，and Lead*［M］. New York：Gotham Books，
2012.

［3］GRANT，A. *Give and Take：A Revolutionary Approach to Success*［M］. New
York：Viking，2013.

［4］COVEY，S. R. *The 7 Habits of Highly Effective People：Powerful Lessons in*

Personal Change［M］. New York：Free Press，1989.

［5］SANDBERG，S. *Lean In：Women，Work，and the Will to Lead*［M］. New York：Knopf，2013.

［6］CUDDY，A. *Presence：Bringing Your Boldest Self to Your Biggest Challenges* ［M］. New York：Little，Brown，2015.

［7］MAXWELL，J. C. *The 21 Irrefutable Laws of Leadership：Follow Them and People Will Follow You*［M］. Nashville：Thomas Nelson，1998.

［8］SINEK，S. *Start with Why：How Great Leaders Inspire Everyone to Take Action*［M］. New York：Portfolio，2009.

［9］CIALDINI，R. B. *Influence：The Psychology of Persuasion*［M］. New York：HarperBusiness，2006.

［10］LENCIONI. *The Five Dysfunctions of a Team：A Leadership Fable*［M］. San Francisco：Jossey-Bass，2002.

英文期刊类

［1］BROWN，J.，& WHITE，M. The Power of Gentleness：Psychological Insights into Emotional Influence［J］. *Journal of Emotional Psychology*，2023，45（5）：113-125.

［2］JOHNSON，A.，& WILLIAMS，K. Resilience and Soft Power：The Role of Gentle Leadership in Building Teams［J］. *Leadership and Psychology Review*，2022，38（3）：91-104.

［3］DAVIS，P.，& CARTER，L. Cultivating Gentleness in the Workplace：A Psychological Approach to Conflict Resolution［J］. *Journal of Organizational Psychology*，2021，29（6）：152-164.

［4］WHITE，T.，& GREEN，D. Emotional Resilience through Softness：The Impact of Gentle Behavior on Personal Growth［J］. *Psychology Today*，2023，60（2）：78-90.

［5］MILLER，S.，& HARRIS，J. The Intersection of Gentleness and Strength：A Psychological Exploration［J］. *Journal of Positive Psychology*，2021，35（4）：

123-135.

［6］FOSTER，R.，& LEE，A. Gentleness as a Social Construct：Cultural Variations and Implications［J］. *Cultural Psychology Journal*，2022，41（5）：204-217.

［7］KIM，H.，& LEE，Y. Emotional Intelligence and Gentleness：The Role of Soft Power in Modern Leadership［J］. *Journal of Emotional Intelligence*，2020，22（3）：45-59.

［8］CLARKE，E.，& MASON，L. Building Trust through Gentleness：A Study on the Role of Empathy in Social Relationships［J］. *Social Psychology Review*，2022，27（4）：101-112.

［9］MOORE，C.，& WILLIAMS，P. Understanding the Balance Between Softness and Strength in Personal Growth［J］. *Journal of Psychological Research*，2021，52（6）：67-78.

［10］HARRIS，M.，& YOUNG，G. The Gentle Leader：How Soft Leadership Styles Impact Organizational Success［J］. *Leadership Studies Quarterly*，2020，18（1）：132-145.

［11］SCOTT，L.，& TAYLOR，D. Gentleness in Action：A Practical Guide to Applying Soft Power in Everyday Life［J］. *Applied Psychology Review*，2023，41（7）：89-102.

［12］WILLIAMS，T.，& BENNETT，J. Gentleness and Assertiveness：How Soft Power Can Create Strong Relationships［J］. *Journal of Interpersonal Psychology*，2022，33（4）：120-134.

后　记

　　终于将这本书写到最后一个字，我轻轻合上电脑时，内心似有万千思绪涌动。

　　回望创作的过程，这些章节的诞生并非一蹴而就：从最初的灵感萌芽，到轮廓缓缓成形，再到一遍又一遍地修改润色，无不充满了踌躇、犹豫与期盼。书中人物的声息仿佛仍在脑海回荡，他们的喜怒哀乐早已与我的心血交织在一起。有时，他们像不听话的孩子，始终不肯如我所愿地朝着既定的方向发展；有时，他们又像知己，在沉默中陪伴我度过某个无星的夜晚，使我从疲惫的笔端重新找到前行的勇气。

　　在漫长的书写过程中，我深深体会到：写作不仅仅是将故事呈现给读者，更是与自己对话的一种方式。那些我曾在深夜中推敲的词句、曾在清晨里涂改的章节、曾在午后反复咀嚼的情节，无不记录着我的成长与蜕变。写作的苦与乐、顿挫与欣喜，如同隐形的雕刻刀，将当初朦胧而杂乱的想法雕琢成现在的这本书。

我并不奢望这本书能成为万众瞩目的焦点，也不希冀读者们对它的评价尽善尽美。我只是希望——它能为你在某个寂静的时刻提供一缕温柔的陪伴，或在你思索人生的片刻成为一点闪光的注脚。若能如此，这些日夜的酝酿、这些笔墨的耗费、这些不眠的思考，便都有了意义。

至此，一切尘埃落定。我在此轻轻道一声谢：感谢那些给予我鼓励的人、给予我灵感的人、给予我坚持动力的人；感谢时间的洗礼与沉淀，也感谢阅读此书的你，无论在故事中找到了什么，愿它都能在你的人生旅途中留下一点温暖或一束坚定的光。

2025.1